中 国 国 家 标 准 汇 编

479

GB 25695～25723

（2010 年制定）

中国标准出版社　编

中国质检出版社
中国标准出版社

北　京

图书在版编目（CIP）数据

中国国家标准汇编：2010年制定．479：GB 25695～25723/中国标准出版社编．—北京：中国标准出版社，2012
ISBN 978-7-5066-6516-2

Ⅰ．①中… Ⅱ．①中… Ⅲ．①国家标准-汇编-中国-2010 Ⅳ．①T-652.1

中国版本图书馆CIP数据核字(2011)第187923号

中国质检出版社
中国标准出版社 出版发行
北京市朝阳区和平里西街甲2号(100013)
北京市西城区三里河北街16号(100045)
网址：www.spc.net.cn
总编室：(010)64275323 发行中心：(010)51780235
读者服务部：(010)68523946
中国标准出版社秦皇岛印刷厂印刷
各地新华书店经销

*

开本 880×1230 1/16 印张 23 字数 582 千字
2012年1月第一版 2012年1月第一次印刷

*

定价 220.00 元

出 版 说 明

1.《中国国家标准汇编》是一部大型综合性国家标准全集。自1983年起，按国家标准顺序号以精装本、平装本两种装帧形式陆续分册汇编出版。它在一定程度上反映了我国建国以来标准化事业发展的基本情况和主要成就，是各级标准化管理机构，工矿企事业单位，农林牧副渔系统，科研、设计、教学等部门必不可少的工具书。

2.《中国国家标准汇编》收入我国每年正式发布的全部国家标准，分为“制定”卷和“修订”卷两种编辑版本。

“制定”卷收入上一年度我国发布的、新制定的国家标准，顺延前年度标准编号分成若干分册，封面和书脊上注明“20××年制定”字样及分册号，分册号一直连续。各分册中的标准是按照标准编号顺序连续排列的，如有标准顺序号缺号的，除特殊情况注明外，暂为空号。

“修订”卷收入上一年度我国发布的、修订的国家标准，视篇幅分设若干分册，但与“制定”卷分册号无关联，仅在封面和书脊上注明“20××年修订-1，-2，-3，……”字样。“修订”卷各分册中的标准，仍按标准编号顺序排列(但不连续)；如有遗漏的，均在当年最后一分册中补齐。需提请读者注意的是，个别非顺延前年度标准编号的新制定的国家标准没有收入在“制定”卷中，而是收入在“修订”卷中。

读者配套购买《中国国家标准汇编》“制定”卷和“修订”卷则可收齐上一年度我国制定和修订的全部国家标准。

3.由于读者需求的变化，自1996年起，《中国国家标准汇编》仅出版精装本。

4.2010年我国制修订国家标准共2846项。本分册为“2010年制定”卷第479分册，收入国家标准GB 25695～25723的最新版本。

中国标准出版社

2011年8月

目　　录

ICS 91.220
P 97

中华人民共和国国家标准

GB/T 25695—2010

建筑施工机械与设备 旋挖钻机成孔施工通用规程

Building construction machinery and equipment—Borehole construction general regulations for rotary rig

2010-12-23 发布　　2011-07-01 实施

中华人民共和国国家质量监督检验检疫总局
中国国家标准化管理委员会　发布

前　言

本标准按照 GB/T 1.1—2009 给出的规则起草。

本标准由中国机械工业联合会提出。

本标准由全国建筑施工机械与设备标准化技术委员会(SAC/TC 328)归口。

本标准负责起草单位:北京市三一重机有限公司、北京建研机械股份有限公司、北京南车时代重工机械有限责任公司、湖南山河智能机械股份有限公司、福田雷沃国际重工股份有限公司、山东鑫国基础工程有限公司、郑州川岛机械设备有限公司、深圳市华测检测技术股份有限公司、北京建筑机械化研究院。

本标准主要起草人:黎中银、郭传新、黄志文、吴岳、朱建新、王庆军、魏德胜、郭冰、伏卫忠、易迪升、吴方晓、刘慧彬。

建筑施工机械与设备
旋挖钻机成孔施工通用规程

1 范围

本标准规定了建筑施工机械与设备　旋挖钻机成孔施工(以下简称:旋挖钻成孔)的工艺规程。

本标准适用于旋挖钻机的成孔施工。

2 规范性引用文件

下列文件对于本文件的应用是必不可少的。凡是注日期的引用文件,仅注日期的版本适用于本文件。凡是不注日期的引用文件,其最新版本(包括所有的修改单)适用于本文件。

GB 50202　建筑地基基础工程施工质量验收规范

GB 50300　建筑工程施工质量验收统一标准

JGJ 46　施工现场临时用电安全技术规范

JGJ 94　建筑桩基技术规范

3 术语和定义

下列术语和定义适用于本文件。

3.1

稳定液　drilling fluid for stability of borehole wall

钻孔过程中起到保护孔壁、平衡土压力及悬浮渣土等作用并具有与混凝土不相混合特性的浆液。稳定液的主要材料包括水、膨润土、重晶石、羧甲基纤维素、钠盐、碱类、渗水防止剂、腐殖酸族分解剂及木质素族分解剂等,稳定液又俗称泥浆。

3.2

黏度　viscosity

泥浆在流动时,泥浆内部固体与固体之间、固体与液体之间、液体分子之间的内摩擦力。施工现场常规使用的测量方法是漏斗黏度测量法,单位为秒。

3.3

泥皮　mud wall

由稳定液的扩散作用在孔壁上形成具有一定强度的低渗透层。

3.4

清孔　hole clean

对孔底沉渣进行清理达到设计要求的过程。

3.5

超方　ouergrouting

混凝土灌注量大于设计要求的用量。

3.6

缩径 borehole shrinkage

已成桩孔孔壁局部向孔内方向凸出但未脱离原生土造成孔径减小的现象。

3.7

吸钻 kelly suction

钻头在提升过程中，由于稳定液的流通通道被阻塞，钻头下部产生负压形成对钻头的吸着作用。

3.8

搅动液化 stirred liquefaction

黏土或含水量高的淤泥质黏土层，当钻头钻进时，其孔壁原生土在钻头搅动作用下形成稀泥的现象。

3.9

塌方 cave-in

collapse

孔壁土与原生土脱离掉入成孔内的现象。

3.10

无循环浆液护壁成孔施工工艺 static slurry hole support boring craft

用无循环稳定浆液保持孔壁稳定的一种成孔施工工艺。

3.11

套管护壁成孔施工工艺 cased boring craft

利用套管保持孔壁稳定的一种成孔施工工艺。

3.12

干作业成孔施工工艺 dry drilling craft

无需采取护壁措施直接用旋挖钻机取土成孔施工工艺。

3.13

成孔施工 borring construction

旋挖钻机以适当的成孔施工工艺进行钻孔作业，达到设计要求的桩孔孔径、桩孔深度、桩孔垂直度的全过程。

4 施工前期准备

4.1 资料准备

4.1.1 工程内容资料

包括桩长、桩径、桩型、工程量、工程进度、水电运输配备情况等工程内容的资料。

4.1.2 地质资料

主要包括工程地质、水文地质等信息的地质勘查报告。

4.1.3 工程质量资料

主要包括桩孔位、桩孔直径、桩孔深度、桩孔垂直度及沉渣厚度等方面的质量指标要求。

4.1.4 工程安全资料

施工人员及设备安全、地上地下设施、文物及自然环境等的保护措施。

4.2 场地准备

4.2.1 施工场地的地面状况

地面是否坚实平整，当地面不能满足旋挖钻机接地比压要求时，应采取相应措施满足施工要求。

4.2.2 施工场地的空中状况

地上障碍物如电杆、架空线等。

4.2.3 施工场地周围建(构)筑物的状况

临近建筑物的用途、地下工程情况及其附属设备类型等。

4.2.4 施工场地地下与地上各种公共设施状况

包括自来水管、下水管道、煤气管道的位置、深度、管径、已使用年限及腐朽程度，消防栓位置，地下埋设物是否需要拆迁或维护。

4.2.5 施工场地周围道路状况

包括道路的种别、道路的宽度、交通状况(交通量、行车重量)、交通规则、路面铺设的状态与修复方法等。

4.3 施工工艺方法的选择

根据地质条件及工程要求，选择合理的施工工艺方法，常用的工艺方法包括：无循环泥浆护壁成孔施工工艺、套管护壁成孔施工工艺、干作业成孔施工工艺。

4.4 钻机及钻杆的选择

根据工程地质条件及工程内容选择钻机及钻杆。

4.5 钻头的选择

根据地质条件及工程要求，钻头的选用原则如下：

a) 在淤泥、黏土层可选用单层底钻斗，如果孔径小可采用开体式钻斗或带卸土板的钻斗。
b) 在黏性不强土层、砂土、胶结较差粒径较小的卵石层可选用双底捞砂钻斗。
c) 在非含水性土层、冻土层可选用直螺旋、锥螺旋钻头。
d) 在强风化岩层可选用锥螺旋钻头和双底旋挖钻斗。
e) 在中风化基岩可选用截齿筒钻、锥螺旋钻头、双底截齿捞砂斗。
f) 在微风化基岩可采用截齿筒钻、锥螺旋钻头配合互制自由面，再由截齿捞砂斗清底；也可采用牙轮筒钻配合锥螺旋钻头，再由截齿捞砂斗清底。
g) 在碎石、卵石地层可选用筒钻或双层筒钻。
h) 在漂石及大卵石层可选用冲抓锥钻头及卵石筒式钻头等。

4.6 配套设备的选择

包含泥浆系统设备、维修用设备、水电辅助设备及其他用具等。

4.7 事故预防及处理方案

根据施工环境及地质情况等，针对施工过程中可能出现的事故制定预防措施及处理方案。

5 成孔施工工艺流程

5.1 无循环泥浆护壁成孔施工工艺

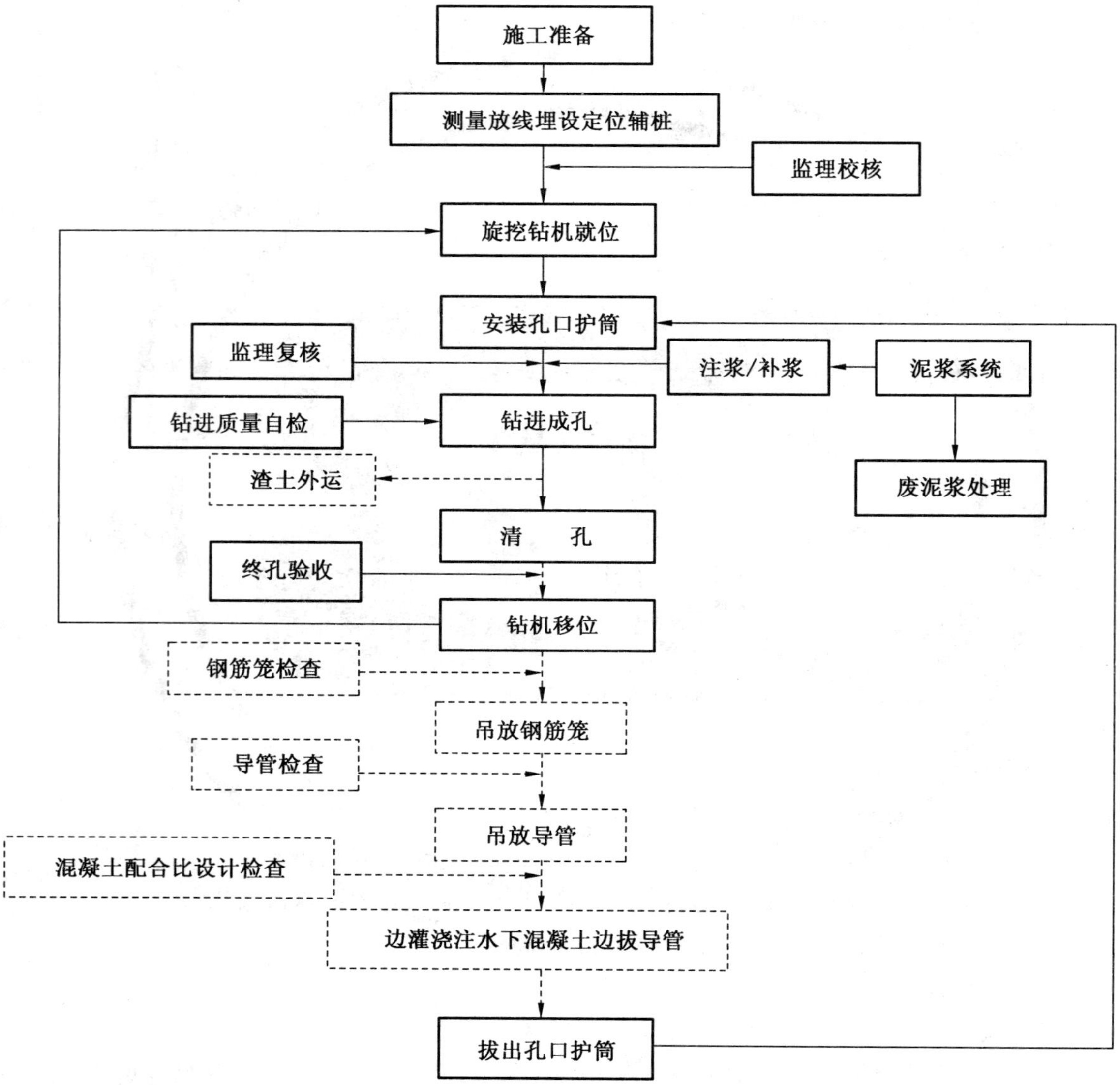

注：虚线部分不是旋挖钻孔施工作业内容。

图 1 无循环浆液护壁成孔施工工艺流程图

5.2 套管护壁成孔施工工艺

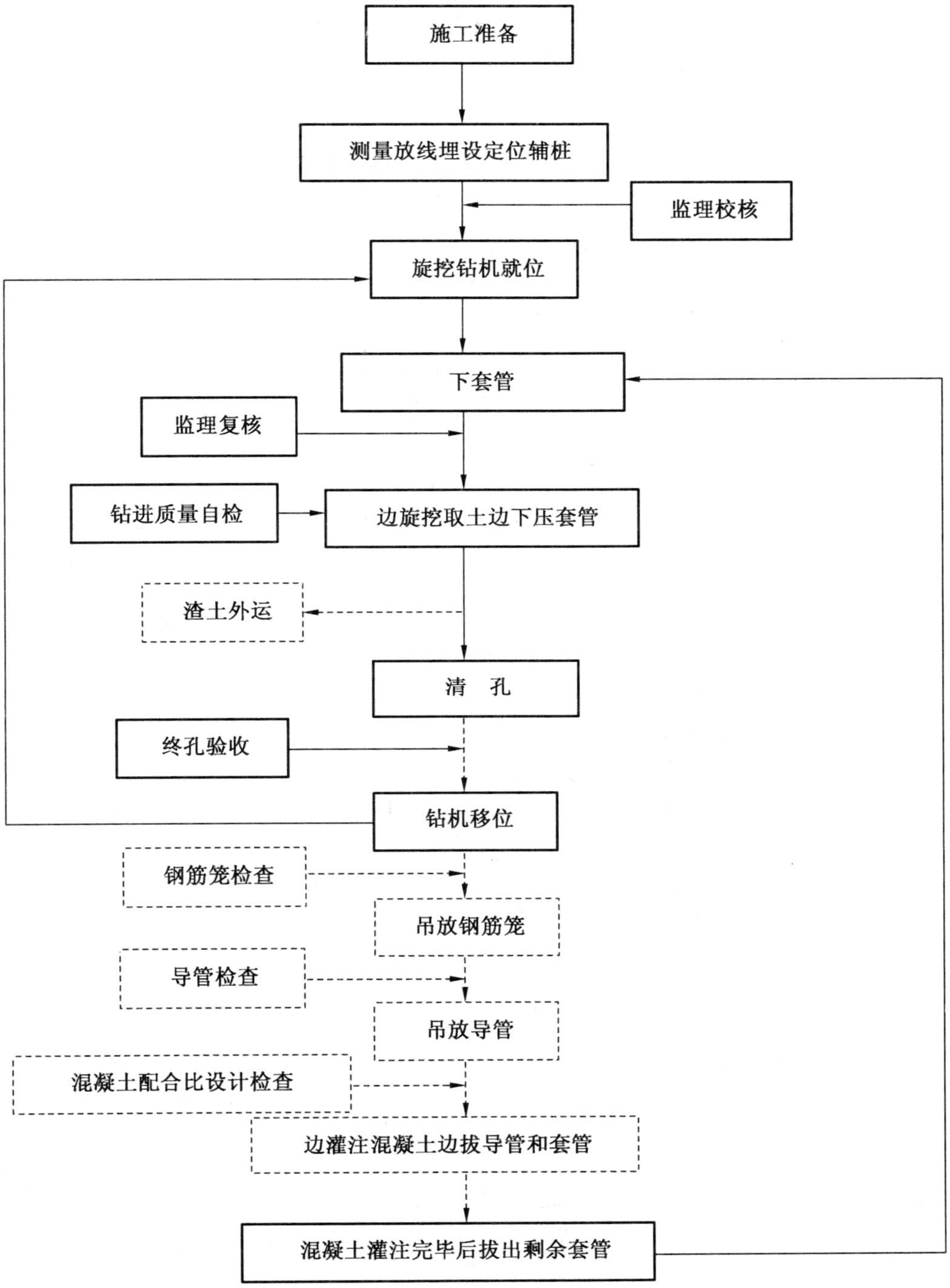

注：虚线部分不是旋挖钻孔施工作业内容。

图 2 套管护壁成孔施工工艺流程图

5.3 干作业成孔施工工艺

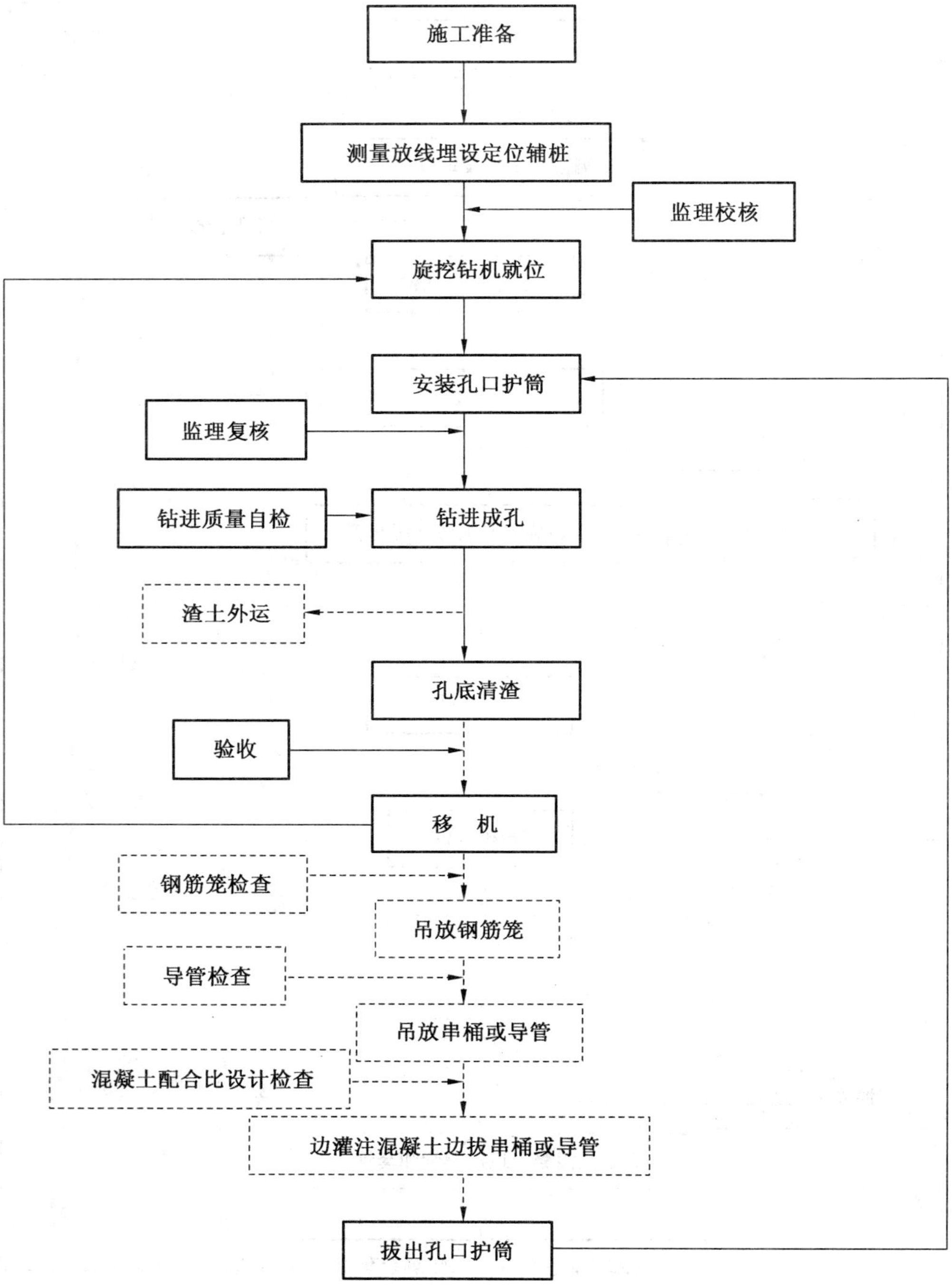

注：虚线部分不是旋挖钻孔施工作业内容。

图3 干作业成孔施工工艺流程图

6 成孔施工

6.1 成孔前的检查

成孔施工前应进行各类检查，主要内容如下所述：

a) 检查钻头及配套设备的完好程度；

b) 检查钻头的直径及磨损状况；

c) 检查泥浆的性能指标；

d) 检查泥浆系统的状况；

e) 检查套管或护筒；

f) 检查成孔检测的仪器设备。

6.2 钻机移动及就位

钻机移动及就位主要内容如下：

a) 测量放线并埋设副桩；

b) 设备移动操作应遵守钻机使用说明书之有关规定；

c) 钻机要由指挥人员指挥，并按预定的行走路线进行移动；

d) 钻机就位应考虑钻头换取、排土、运输等的方便性，并考虑与副桩不发生干涉。

6.3 孔口护筒或套管埋设

孔口护筒或管埋设主要内容如下：

a) 护筒内径应大于桩孔直径 100 mm～300 mm，松散易坍塌地层选大值，密实稳定地层选小值；

b) 护筒顶易高出施工水位或地下水位 2.0 m，并高出施工地面 0.5 m。同时其高度尚应满足孔内泥浆面高度的要求；

c) 孔口护筒或套管埋设后，其中心与桩位中心的偏差应小于 50 mm；

d) 孔口护筒的底端应埋设到不透水的稳定层；

e) 对于不稳定地表土孔口护筒埋设时，应对周围进行换土填实或预处理。

6.4 泥浆配置与使用

泥浆配置和使用主要内容如下：

a) 泥浆的成分：水、膨润土、碱、羧甲基纤维素(CMC)、水解聚丙烯酰胺(PHP)、铁木质纤维磺酸钠盐(FCLS)、重晶石、堵漏剂等，成分组成可视桩孔深度及地层土质情况选定。一般膨润土为水的 6%～8%，碱为膨润土的 3%～5%，羧甲基纤维素(CMC)为膨润土的 0.1%～0.3%，但实际配置用量应根据试验测定；

b) 泥浆配制的基本测定项目：相对密度 1.05～1.3、黏度(16～28)s、胶体率≥96%、pH 值 8～10、含砂率≤4%等；

c) 泥浆水头控制：一般高于地下水位 1 m～2 m。在地下水位受水位涨落影响时，泥浆面以高出最高水位 1.5 m 以上为宜。在含有承压水地层施工应首先考虑平衡承压水头及封堵强透水层，并留出 0.5 m～1 m 的安全量；

d) 成孔施工过程中应根据桩孔内泥浆量的变化及时补充泥浆，保持桩孔内泥浆水头稳定；

e) 成孔施工过程中应随时测定泥浆项目指标，并依据实际情况进行调整。

6.5 钻进过程

6.5.1 黏土层成孔施工

旋挖钻机成孔施工宜用于黏性土、粉土、砂土、填土、碎石土及风化岩层。各种地层钻孔有如下各自不同的特点：

为避免在该地层成孔施工中可能出现吸钻、钻不进、打滑、搅动液化等问题，可采用如下预防和处理措施：

a） 增大泥浆压，平衡孔壁压力；
b） 选用设置有良好通水机构的钻头；
c） 减小钻头升降速度；
d） 扫孔放钻；
e） 控制回次进尺量；
f） 合理改进钻头；
g） 选用正确的操作方法等措施。

6.5.2 砂土层成孔施工

为避免在该地层成孔施工中可能出现孔壁坍塌、漏浆、扩径、沉渣层过厚及埋钻等事故，可采用如下预防和处理措施：

a） 选用优质泥浆，形成良好的护壁作用；
b） 选用合理水头压并保持其稳定；
c） 合理选配钻头；
d） 减小钻头升降速度；
e） 控制回次进尺量等措施。

6.5.3 泥岩层成孔施工

为避免在该地层成孔施工中可能出现吸钻、打滑等施工问题，可采用如下预防和处理措施：

a） 合理改进钻头；
b） 扫孔放钻；
c） 控制回次进尺量；
d） 提前准备小片石、卵石等辅料，打滑时抛入孔底；
e） 选用正确操作方式等措施。

6.5.4 碎石层、卵石层成孔施工

为避免在该地层成孔施工中可能出现卡钻、塌孔、钻不进、斜孔、漏浆、掰齿、断钻杆等施工问题，可采用如下预防和处理措施：

a） 合理选配钻头；
b） 采用低回转速度；
c） 准备干黏土快、干水泥粉、防渗剂等辅料，漏浆时抛入孔内；
d） 控制回次进尺量等措施。

6.5.5 砂岩层成孔施工

为避免在该地层成孔施工中可能出现磨齿、钻不进、斜孔、断钻杆等施工问题，可采用如下预防和处

理措施：

a） 合理选配钻头；

b） 选用正确操作方式；

c） 正确改进钻头等措施。

6.5.6 脆性岩层施工

为避免在该地层成孔施工中可能出现磨齿、钻不进、斜孔、掰齿、断钻杆等施工问题，可采用如下预防和处理措施：

a） 合理选配钻头；

b） 采用正确操作方式；

c） 正确改进钻头等措施。

6.5.7 灰岩、溶洞地层施工

为避免在该地层成孔施工中可能出现卡钻、塌孔、钻不进、斜孔、漏浆、掰齿、断钻杆等施工问题，可采用如下预防和处理措施：

a） 合理选配钻头；

b） 选用优质泥浆；

c） 采用正确操作方式；

d） 准备片石、黏土、防渗剂等辅料；

e） 准备薄壁护筒；

f） 正确改进钻头等措施。

6.5.8 淤泥层施工

为避免在该地层成孔施工中可能出现缩颈、塌孔、钻不进等施工问题，可采用如下预防和处理措施：

a） 合理选配钻头；

b） 准备长护筒穿过；

c） 采用正确操作方式；

d） 准备片石、黏土等辅料；

e） 准备薄壁短护筒进行屏蔽等措施。

6.6 钻机移位

钻孔移位的要求如下：

a） 设备移位、运输操作必须遵守使用说明书之有关规定；

b） 钻机移位要由指挥人员指挥，按预定行走路线进行移位。

6.7 成孔施工安全

成孔施工应注意安全，要求如下：

a） 现场施工人员应了解成孔工艺、施工方法和操作要点，以及可能出现的事故和应采取的预防处理措施；

b） 每次提出钻头时，应检查钻头和钻杆连接销子、钻头门连接销子以及钢丝绳的状况，并应清除钻头上的渣土；

c） 成孔施工宜采用跳挖方式；

d） 钻斗倒出的土石方距桩孔口的最小距离应大于 6 m，并应及时清除；

e) 根据钻进速度同步补充泥浆，保持所需的泥浆面高度不变；
f) 密切观察孔口泥浆面变化，及时判断孔内事故情况，根据预案及时正确处理事故；
g) 随时查看桩孔施工附近地面有无开裂现象，防止桩机和护筒发生倾斜或下沉；
h) 成孔施工时应保证钻机稳定、安全作业，及时修正桅杆垂直度；
i) 机动车辆的通行不得对孔壁的安全造成影响；
j) 每根桩孔应连续施工，如因故停机，应及时提出钻具，保护孔壁，防止造成塌孔事故，同时应记录停机时间和原因；
k) 对暂停施工桩孔口必须进行安全防护处理，如用五彩旗围起以示警示或用木板等覆盖孔口；
l) 终孔清渣应满足相关标准要求。

7 终孔检验

终孔报检前先进行自检，主要检查桩孔位置、桩孔直径、桩孔深度及桩孔垂直度等。自检合格后申报监理进行终孔检查，主要根据相关标准对桩孔位、桩孔直径、桩孔深度、桩孔垂直度、沉渣及泥浆含砂率等进行检验验收，应满足 GB 50300、GB 50202、JGJ 94 要求。

8 施工现场安全

施工现场应注意安全，要求如下：
a) 施工现场必须设置醒目的标志禁止无关人员进入，现场四周进行遮挡；
b) 泥浆池周围必须进行围护，并竖起“注意安全、危险、勿靠近”等安全警示牌；
c) 加强机械设备管理，对机械设备的使用及维修人员进行岗位培训，熟悉机械设备性能，掌握机械设备的使用和维修技能；
d) 施工现场旋挖钻机设备需由专人进行管理，定期对设备进行维护保养；
e) 施工现场的一切电源、电路的安装和拆除必须遵守现行行业标准 JGJ 46 的规定；
f) 施工期间废渣、废浆要严格处理。

ICS 91.220
P 97

中华人民共和国国家标准

GB/T 25696—2010

道路施工与养护机械设备 沥青路面加热机 术语和商业规格

Road construction and road maintenance machinery and equipment—
Asphalt pavement heater—
Terminology and commercial specifications

2010-12-23 发布 2011-07-01 实施

中华人民共和国国家质量监督检验检疫总局
中国国家标准化管理委员会 发布

前　言

本标准按照 GB/T 1.1—2009 给出的规则起草。

本标准由中国机械工业联合会提出。

本标准由全国建筑施工机械与设备标准化技术委员会(SAC/TC 328)归口。

本标准起草单位:长沙建设机械研究院、长沙中联重工科技发展股份有限公司、北京建筑机械化研究院、深圳市华测检测技术股份有限公司、北京建研机械科技有限公司。

本标准主要起草人:付玲、卜东亮、蒋慧、朱平、刘健、李祥兰、李波、孙华山。

道路施工与养护机械设备
沥青路面加热机
术语和商业规格

1 范围

本标准规定了道路施工与养护机械设备　沥青路面加热机(以下简称加热机)的术语和商业规格。

本标准适用于道路施工和养护用的沥青路面加热机。

2 术语和定义

下列术语和定义适用于本文件。

2.1

沥青路面加热机　asphalt pavement heater

一种自行式、拖式或手推式机械,具有利用各种加热方式(如红外线、热风循环、微波等),将一定深度的沥青路面加热到满足施工要求温度的功能。

2.2

热风循环式沥青路面加热机　asphalt pavement heater with hot-air recirculation

采用热风循环对流加热方式的沥青路面加热机,见图1。

2.3

红外线式沥青路面加热机　asphalt pavement heater with infrared

采用红外线辐射加热方式的沥青路面加热机,见图2。

2.4

红外线和热风式沥青路面加热机　asphalt pavement heater with infrared and hot-air

采用红外线和热风并用式加热方式的沥青路面加热机,见图3和图4。

2.5

微波加热式沥青路面加热机　asphalt pavement heater with microwave

采用微波辐射加热方式的沥青路面加热机,见图5。

2.6

自行式沥青路面加热机　self-propelled asphalt pavement heater

通过自身动力行驶的沥青路面加热机。

2.7

拖式沥青路面加热机　towed asphalt pavement heater

由其他车辆牵引的沥青路面加热机,见图8。

2.8

手推式沥青路面加热机　hand asphalt pavement heater

手推作业的沥青路面加热机,见图9。

2.9

集中式沥青路面加热机　concentrated asphalt pavement heater

只有一个加热装置的沥青路面加热机,见图6。

2.10

分散式沥青路面加热机　decentralized asphalt pavement heater

有多个加热装置的沥青路面加热机，见图7。

2.11

加热系统　heating system

用于产生和控制热量并对路面进行加热的系统。

2.12

加热装置　heating unit

对路面加热的执行装置。

2.13

温度控制系统　temperature control system

用于检测、显示和控制加热温度的系统。

2.14

最大加热功率　max heating power

加热机产生热量的元件所能释放出的最大热功率。

2.15

加热宽度　heating width

对路面加热的有效宽度。

2.16

加热面积　heating area

对路面加热的有效面积。

2.17

加热深度　heating depth

对路面加热后，达到施工要求温度的深度。

3　商业规格

3.1　总则

商业文件中应给出下列信息。

采用国际单位制(SI)。

3.2　尺寸参数

3.2.1　运输状态尺寸

应给出下列信息：

——长度，单位为毫米(mm)；

——宽度，单位为毫米(mm)；

——高度：

- 不带驾驶棚，单位为毫米(mm)；
- 带驾驶棚，单位为毫米(mm)；

——最小离地间隙，单位为毫米(mm)；

——轴距，单位为毫米(mm)；

——轮距，单位为毫米(mm)。(见图10)

3.2.2 工作状态下的尺寸

应给出下列信息：

——长度，单位为毫米(mm)；

——宽度，单位为毫米(mm)；

——高度：

- 不带驾驶棚，单位为毫米(mm)；
- 带驾驶棚，单位为毫米(mm)。(见图 10)

3.2.3 转弯半径和通过半径

应给出下列信息：

——最小外侧转弯半径，单位为毫米(mm)；

——最小外侧通过半径，单位为毫米(mm)。

3.3 质量和载荷

应给出下列信息：

——工作质量，单位为千克(kg)；

——运输质量，单位为千克(kg)；

——前轴载荷，单位为千牛(kN)；

——后轴载荷，单位为千牛(kN)。

3.4 发动机特征

应给出下列信息：

——制造商和型号；

——在给定发动机转速时的飞轮净功率，单位为千瓦(kW)；

——冷却方式；

——排放标准；

——燃油型号。

3.5 加热系统的特性

3.5.1 工作尺寸

应给出下列信息：

——最大有效加热宽度，单位为毫米(mm)；

——最小有效加热宽度，单位为毫米(mm)；

——最大有效加热长度，单位为毫米(mm)；

——最小有效加热长度，单位为毫米(mm)。

3.5.2 热风循环式加热机

应给出下列信息：

——系统组成；

——燃烧器特性；

——循环热风特性；

——其他。

3.5.2.1　**系统组成**

应给出下列信息：

——燃烧器；

——热风炉；

——循环风机；

——加热装置；

——其他。

3.5.2.2　**燃烧器特性**

应给出下列信息：

——燃烧器类型：

- 燃气；
- 燃油；
- 燃气-燃油联合；
- 煤粉；
- 其他；

——燃料型号；

——最大燃烧功率，单位为千瓦（kW）。

3.5.2.3　**循环热风特性**

应给出下列信息：

——进口热风温度，单位为摄氏度（℃）；

——出口热风温度，单位为摄氏度（℃）。

3.5.3　**红外线辐射式加热机**

应给出下列信息：

——燃烧器类型：

- 引射式；
- 自然供风式；
- 鼓风式；
- 其他；

——红外线发生材料：

- 高镍合金（金属编制网、金属烧结网）；
- 陶瓷；
- 其他；

——燃料型号；

——最大燃烧功率，单位为千瓦（kW）。

3.5.4　**红外线热风式加热机**

应给出下列信息：

——加热结构：

- 圆筒形热反射板式；
- 扁平框式；
- 其他；

——燃烧器类型：
- 燃油；
- 燃气；
- 其他；

——燃料型号；
——最大燃烧功率，单位为千瓦(kW)。

3.5.5 微波加热式加热机

应给出下列信息：
——发电机功率，单位为千瓦(kW)；
——微波发生器最大功率，单位为千瓦(kW)；
——单个微波发生单元的功率，单位为千瓦(kW)；
——微波频率，单位为赫兹(Hz)；
——微波波长，单位为米(m)；
——定置条件燃料消耗量，单位为千克每平方米(kg/m^2)。

3.6 车轮或履带的特征及型式

应给出下列信息：
a) 轮式：
——前轮尺寸；
——后轮尺寸；
——车轮数量：
- 前轮；
- 后轮；

——驱动轮数量：
- 前面；
- 后面。

b) 履带式：
——履带条数；
——履带板宽度；
——履带接地长度。

3.7 行走动力传递方式

应给出下列信息：
——液压式；
——机械式；
——液压-机械式；
——其他。

3.8 行驶特性

应给出下列信息：

——行驶速度：
- 前进，单位为千米每小时(km/h)；
- 后退，单位为千米每小时(km/h)；

——工作速度：
- 前进，单位为米每分钟(m/min)；
- 后退，单位为米每分钟(m/min)；

——最大爬坡能力，%；
——最小外侧转弯直径，单位为米(m)。

3.9 转向特性

应给出下列信息：
——转向轮：
- 前轮；
- 后轮；
- 前后轮；

——铰接式底盘。

3.10 制动系统特性

行车制动和停车制动的型式。

3.11 电气及控制特性

应给出下列信息：
——电气系统电压；
——控制方式：
- 手动；
- 自动；

——控制位置；
——加热装置的控制：
- 统一控制；
- 单个控制；

——检测和自动控制装置：
- 行驶速度指示；
- 加热温度指示；
- 加热温度自动控制；
- 点火控制：
    - 自动；
    - 手动；
- 火焰检测及失火报警；
- 车辆恒定前进速度的控制；
- 自动故障报警、诊断和查询设备。

3.12 液体容量

应给出下列信息：
——燃料，单位为升(L)；

——水(洒水系统),单位为升(L);
——冷却液,单位为升(L);
——液压油,单位为升(L);
——发动机机油,单位为升(L);
——传动装置油,单位为升(L);
——其他。

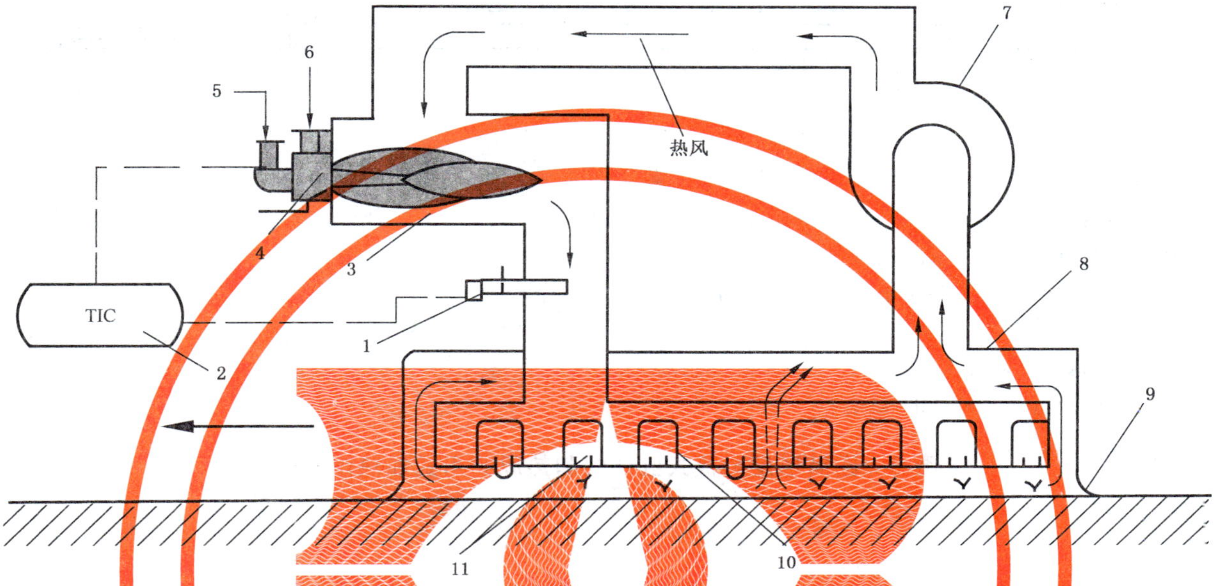

说明:

1——温度传感器 temperature sensor;
2——温度控制器 temperature controller;
3——热风炉 hot air furnace;
4——燃烧器 burner;
5——燃料进口 fuel inlet;
6——空气进口 air inlet;
7——循环风机 recirculating blower;
8——加热装置 heating unit;
9——裙边 skirt;
10——热风风道 hot air piping;
11——布风孔 distributing hole。

图 1 热风循环对流式加热示意图

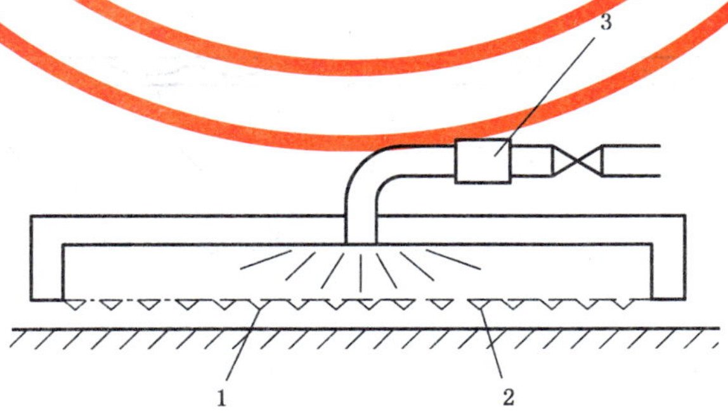

说明:

1——火焰面 flame surface;
2——红外线发生材料 infrared ray generate material;
3——进气管 gas inlet pipe。

图 2 红外线辐射式加热示意图

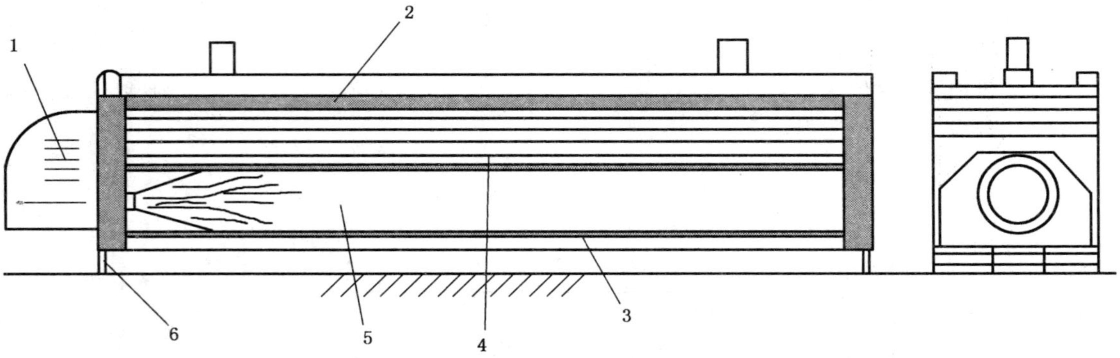

说明：
1——燃烧器 burner；
2——保温层 thermal insulating layer；
3——红外线发生筒 infrared ray generate tube；
4——反射板 reflecting plate；
5——加热管 heating pipe；
6——防风裙边 windbreak skirt。

图 3 圆筒形反射板式红外线和热风并用式加热示意图

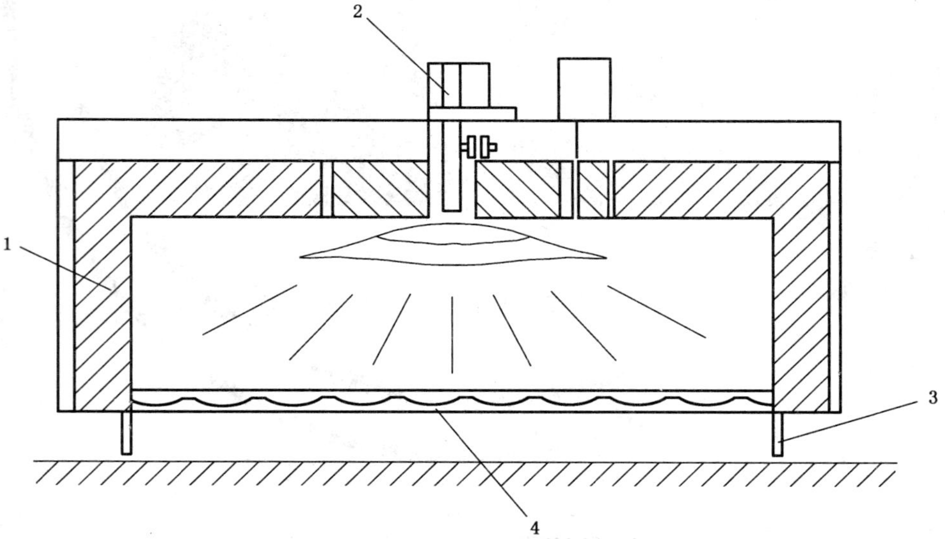

说明：
1——保温层 thermal insulating layer；
2——燃烧器 burner；
3——防风裙边 windbreak skirt；
4——孔状加热板 poriform heating plate。

图 4 扁平框架式红外线和热风并用式加热示意图

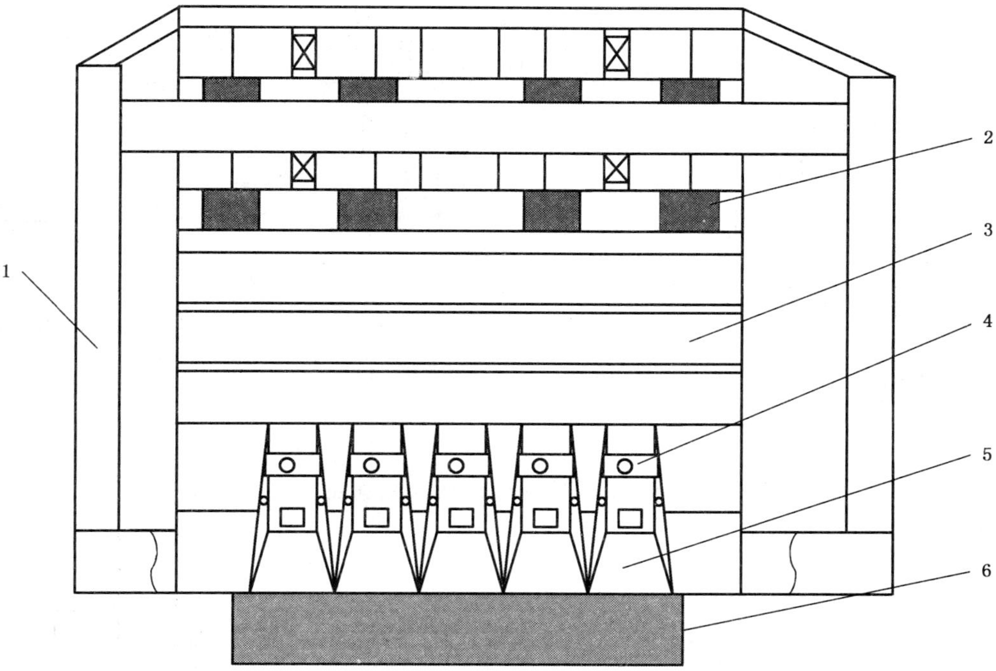

说明：
1——支架 support；
2——变压器 transformer；
3——冷却装置 cooling unit；
4——磁控管 magnetron；
5——微波天线 microwave antenna；
6——微波泄漏防护装置 microwave leakage protection unit。

图 5　微波加热式沥青路面加热机

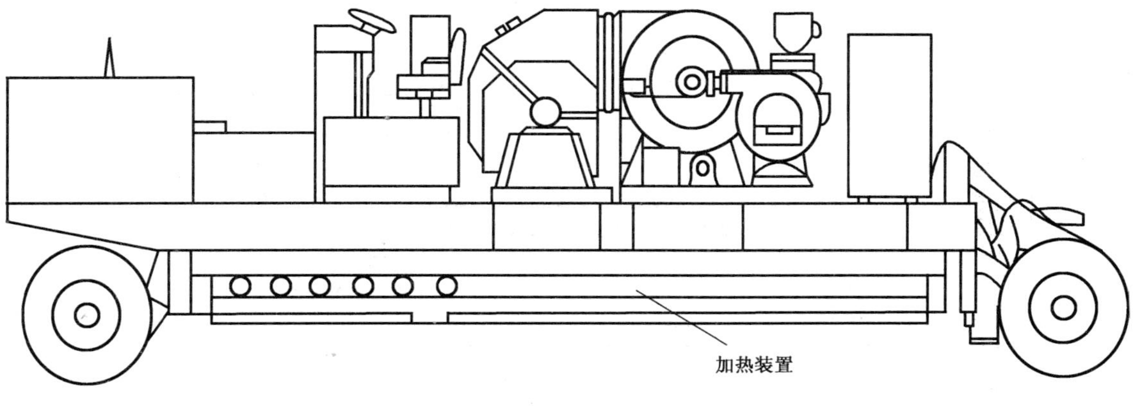

图 6　集中式沥青路面加热机

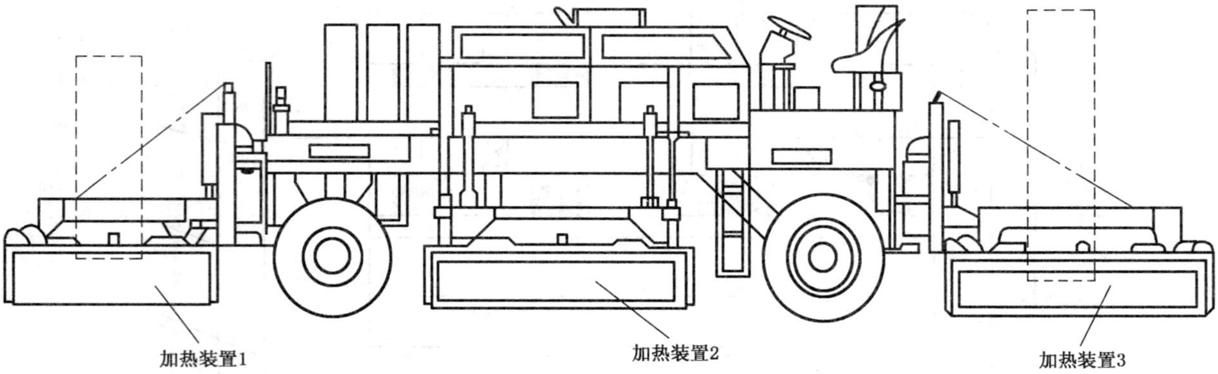

图 7　分散式沥青路面加热机

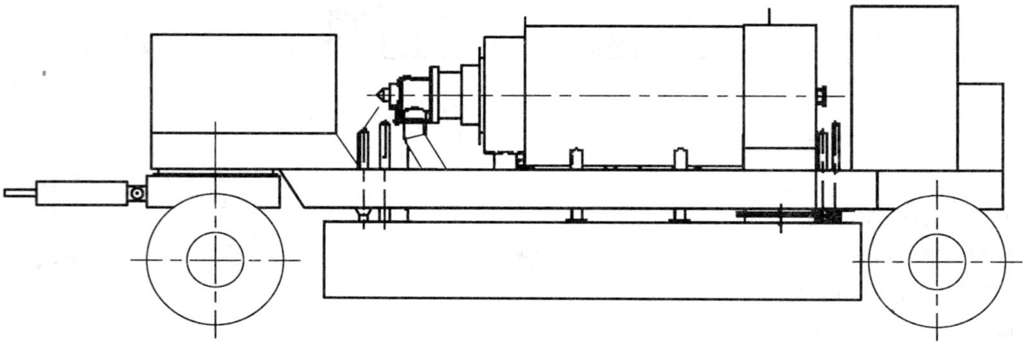

图 8　拖式沥青路面加热机

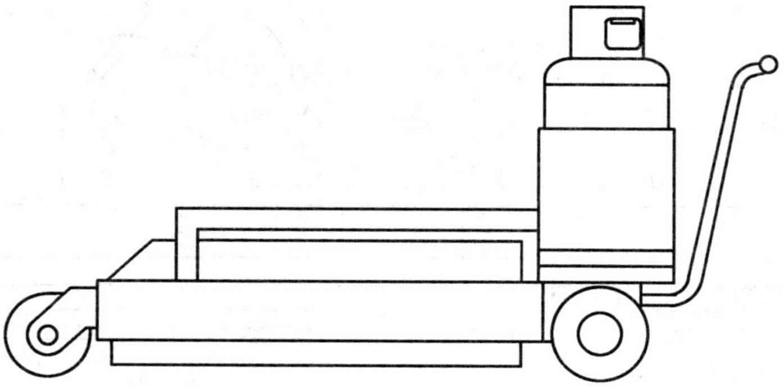

图 9　手推式沥青路面加热机

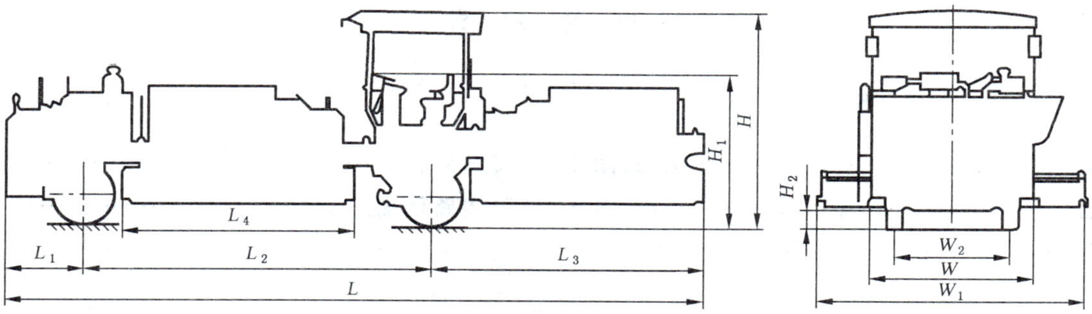

说明：

L——总长 overall length；

W——总宽(运输状态)overall width (travel position)；

H——总高 overall height；

H_1——总高(不带驾驶棚)overall height (without cab)；

H_2——最小离地间隙 min ground clearance；

L_1——前悬 front overhang；

L_2——轴距 distance between axes；

L_3——后悬 rear overhang；

L_4——单个加热装置长度 length of single heating unit；

W_1——最大工作宽度 max working width；

W_2——轮距 distance between wheel。

图 10 沥青路面加热机的尺寸参数

中 文 索 引

英 文 索 引

A

B

C

D

F

G

H

I

L

M

O

P

R

S

T

ICS 91.220
P 97

中华人民共和国国家标准

GB/T 25697—2010

道路施工与养护机械设备 沥青路面就地热再生复拌机

Road construction and road maintenance machinery and equipment—Asphalt pavement hot-in-place recycling remixer

2010-12-23 发布 2011-07-01 实施

中华人民共和国国家质量监督检验检疫总局
中国国家标准化管理委员会 发布

前言

本标准按照 GB/T 1.1—2009 给出的规则起草。

本标准由中国机械工业联合会提出。

本标准由全国建筑施工机械与设备标准化技术委员会(SAC/TC 328)归口。

本标准起草单位:长沙建设机械研究院、长沙中联重工科技发展股份有限公司、北京建筑机械化研究院、深圳市华测检测技术股份有限公司、北京建研机械科技有限公司。

本标准主要起草人:付玲、卜东亮、蒋慧、郭冰、刘健、朱平、李祥兰、李波。

道路施工与养护机械设备 沥青路面就地热再生复拌机

1 范围

本标准规定了道路施工与养护机械设备　沥青路面就地热再生复拌机(以下简称复拌机)的术语和定义、产品分类、技术要求、性能试验、可靠性试验、检验规则、标志、包装、运输、贮存等。

本标准适用于自行式、拖挂式复拌机。

2 规范性引用文件

下列文件对于本文件的应用是必不可少的。凡是注日期的引用文件,仅注日期的版本适用于本文件。凡是不注日期的引用文件,其最新版本(包括所有的修改单)适用于本文件。

GB 150　钢制压力容器

GB/T 1147.1—2007　中小功率内燃机　第1部分:通用技术条件

GB/T 3766　液压系统通用技术条件

GB 3847　车用压燃式发动机和压燃式发动机汽车排气烟度排放限值及测量方法

GB/T 7935　液压元件　通用技术条件

GB/T 8593.1—1998　土方机械　司机操纵和其他显示符号　第1部分:通用符号

GB/T 8593.2—1998　土方机械　司机操纵和其他显示符号　第2部分:机器、工作装置和附件的特殊符号

GB/T 8923　涂装前钢材表面锈蚀等级和除锈等级

GB/T 9969　工业产品使用说明书　总则

GB/T 13306　标牌

GB 14048.1　低压开关设备和控制设备　第1部分:总则

GB/T 16277—2008　沥青混凝土摊铺机

GB 16710　土方机械　噪声限值

GB 16914　燃气燃烧器具安全技术条件

GB/T 16937　土方机械　司机视野　试验方法和性能准则

GB/T 17299　土方机械　最小入口尺寸

GB/T 17300　土方机械　通道装置

GB 19344　在用燃气汽车燃气供给系统泄漏安全技术要求及检验方法

GB/T 25612　土方机械　声功率级的测定　定置试验条件

GB/T 25613　土方机械　司机位置发射声压级的测定　定置试验条件

JB/T 3873　土方机械　重心位置测定方法

JB/T 4358　电站锅炉离心式通风机

JB/T 5943　工程机械　焊接件通用技术条件

JB/T 5945　工程机械　装配通用技术条件

JB 6028　工程机械　安全标志和危险图示　通则

JB/T 7690　工程机械　尺寸和性能的单位与测量精度

JB/T 8822　高温离心通风机　技术条件

JB/T 10094　工业锅炉　通用技术条件

JB/T 53283—1999　高温离心通风机　产品质量分等

JG/T 48　轮胎式土方机械　制动系统的性能要求和试验方法

JG/T 5035　建筑机械与设备用油液固体污染清洁度分级

JG/T 5050　建筑机械与设备可靠性考核通则

JG/T 5089　油液中固体颗粒污染物的自动颗粒计数法

JG/T 5090　从工作状态液压系统管路中抽取液样的方法

JTG F40—2004　公路沥青路面施工技术规范

JTJ 052—2000　公路工程沥青及沥青混合料试验规程

3　术语和定义

下列术语和定义适用于本文件。

3.1　整机

3.1.1

沥青路面就地热再生复拌机　asphalt pavement hot-in-place recycling remixer

具有加热、耙松、搅拌、添加沥青再生材料、添加沥青混合料、摊铺等功能的沥青路面养护设备，上述功能可同时组合在一台机械上，也可由上述不同功能的机械组合成机组。

3.1.2

综合式沥青路面就地热再生复拌机　combined asphalt pavement hot-in-place recycling remixer

一台具有加热、耙松、搅拌、添加沥青再生溶液、添加新沥青混合料、摊铺等功能的复拌机。

3.1.3

分步法沥青路面就地热再生复拌机　sub-step asphalt pavement hot-in-place recycling remixer

将加热、耙松、搅拌、添加沥青再生溶液、添加新沥青混合料功能依工艺组合在不同的机械上形成的复拌机组。

3.2　部件

3.2.1

新沥青混合料添加系统　new asphalt mixture added system

用于添加新沥青混合料的机构和装置的总称。

3.2.2

路面加热系统　heating system

对路面进行加热的机构和装置的总称。

3.2.3

耙松装置　scarifying unit

将加热软化的路面耙松成松散物料的装置。

3.2.4

沥青再生剂喷洒装置　asphalt liquid spraying unit

将再生剂或乳化沥青等沥青溶液喷洒到施工所需位置的装置。

3.3 技术性能

3.3.1

工作宽度　working width

复拌机单次行程再生路面的宽度。

3.3.2

耙松深度　scarifying depth

复拌机单次行程对路面耙松的深度。

3.3.3

搅拌能力　mixing capacity

在单位时间内通过搅拌能够达到均匀状态的混合料最大质量。

3.3.4

工作速度　working speed

再生施工时的复拌机行走速度。

3.3.5

行驶速度　travel speed

转场时的复拌机行走速度。

3.3.6

加热燃料理论消耗量　heating fuel consumption in specified

在环境温度 25 ℃±5 ℃，风速小于 3 m/s 的工作环境下，以最大工作宽度状态下对沥青混凝土路面(AC-13)进行加热作业，使 40 mm 厚面层温度平均达到 100 ℃时，加热系统在单位时间内加热单位面积所消耗燃料的量(体积或质量)。

3.3.7

理论生产率　theorecital productivity

在环境温度 25 ℃±5 ℃，风速小于 3 m/s 的工作环境下，复拌机以再生宽度 4 m，再生深度 40 mm 的工作状态下对普通的沥青混凝土路面(AC-13)进行热再生施工时，单位时间内完成的再生路面面积。

3.3.8

工作质量　operating mass

复拌机在工作状态时的整机质量，即主机及按制造商规定带有的工作装置和附属装置，包括一名驾驶员(65 kg)、燃油箱注满油、液态系统液体注入到制造商规定的要求时的质量。

3.3.9

运输质量　shipping mass

复拌机在满足铁路、公路等行驶或运输要求状态的质量。即主机，燃油箱加注其容积 10%的燃油、其他液态系统液体注入到制造商规定的要求，不包括驾驶员，并按制造商的规定包括或不包括工作装置、附属装置、驾驶室、遮阳棚、滚翻保护结构、落物保护结构、轮子和压载物等的计算质量。

4 分类和参数

4.1 型式

可分为如下型式：

——按作业方式分为：

- 综合式；
- 分步式；

- 其他方式；

——按加热方式分为：

- 热风循环式；
- 红外线式；
- 红外线和热风并用式；
- 微波式；
- 其他方式；

——按行走方式分为：

- 自行式；
- 拖挂式；
- 其他方式。

4.2 基本参数

复拌机的主参数为工作宽度，其他基本性能参数及几何尺寸应包括以下内容：

a) 工作深度，单位为毫米(mm)；
b) 工作速度，单位为米每分钟(m/min)；
c) 最大生产率，单位为平方米每小时(m^2/h)；
d) 发动机(电动机)额定功率，单位为千瓦(kW)；
e) 加热方式；
f) 最大加热功率，单位为千瓦(kW)；
g) 加热燃料理论消耗量，单位为升每平方米或千克每平方米(L/m^2 或 kg/m^2)；
h) 搅拌能力，单位为吨每小时(t/h)；
i) 最小转弯直径，单位为米(m)；
j) 最大爬坡能力，%；
k) 运输质量，单位为千克(kg)；
l) 工作质量，单位为千克(kg)；
m) 运输状态时的整机外形尺寸(长×宽×高)，单位为毫米(mm)；
n) 工作状态时的整机外形尺寸(长×宽×高)，单位为毫米(mm)。

5 技术要求

5.1 基本要求

5.1.1 焊接结构件的技术要求应符合 JB/T 5943 的规定。

5.1.2 装配应符合 JB/T 5945 的要求。紧固件符合规定的拧紧力矩，不应有松动现象。

5.1.3 维修及更换易损件的最小入口尺寸应符合 GB/T 17299 的规定。

5.1.4 正常工作的环境温度为：15 ℃～40 ℃。

5.1.5 各种仪表、标牌、标记等应醒目、清晰，便于观察。操纵符号应符合 GB/T 8593.1—1998 和 GB/T 8593.2—1998 的规定。

5.1.6 底盘、加热系统等表面预处理应达到 GB/T 8923 中 Sa2 级的要求。机罩、燃油箱等表面预处理应达到 GB/T 8923 中 Sa2 级的要求。加热装置、热风炉、风机等工作时表面温度比较高的部位外部应采用高温油漆。各种装饰、标牌和商标，应造型美观、色彩鲜明、安装牢固。

5.2 性能要求

5.2.1 工作时，最大加热宽度、最大耙松宽度、深度、最大摊铺宽度和最大摊铺厚度应不小于设计值。

5.2.2 加热系统的加热能力应满足后续作业温度要求，最大加热功率应不低于设计值。

5.2.3 加热燃料理论消耗量应不大于设计值。

5.2.4 耙松深度应符合设计要求，设定耙松深度后，允许偏差为±5 mm。

5.2.5 搅拌能力应符合主参数要求，其偏差值应不超过3%。

5.2.6 摊铺熨平板的可调节的最大拱度应不小于3%。

5.2.7 沥青再生剂喷洒装置应具有控制和计量装置，计量精度误差应不超过2%。

5.2.8 沥青混合料添加系统应具有控制和计量装置。

5.2.9 行驶性能要求如下：

a) 行驶和作业速度应达到产品设计值，误差应不大于3%；

b) 应有行驶速度控制和显示的功能；

c) 最小离地间隙应不小于150 mm；

d) 最小转弯直径误差应不大于设计值的2%；

e) 转场、作业行驶时最大爬坡能力应不小于10%；

f) 制动性能应符合下列要求：

- 在坡度为10%的坡道上进行驻车制动，10 min内不应有下滑现象；
- 制动距离应不大于设计值。

5.2.10 作业性能要求如下：

a) 应能分别以最大工作宽度、最大工作深度和最大工作速度为主的作业组合状态下有效地完成再生作业；

b) 标准配置下复拌机的理论生产率应不小于设计值；

c) 再生作业成型精度应符合表1的规定；

d) 综合复拌机再生作业成型平整度应不大于3 mm(3 m直尺测量)；

e) 铺层外观不应有拉痕、裂缝和面层组织不匀等缺陷；

f) 施工后的新路面应符合JTG F40的要求。

表1 再生作业成型精度要求

项　目	单位	允许误差	备　注
耙松宽度	mm	±50	
耙松深度	mm	±5	
摊铺成型宽度	mm	±50	
摊铺成型拱度、横坡度	%	±0.3	

5.2.11 操作力的要求如下：

a) 手动操作力应不大于30 N；

b) 踏板操作力应不大于100 N。

5.2.12 不应有漏油、漏水现象。其渗油应不多于2处，渗水应不多于3处。燃气系统应无渗漏气现象。

5.3 可靠性要求

复拌机整机作业可靠性考核时间为 300 h，首次故障前工作时间应不少于 100 h，平均无故障工作时间应不少于 120 h，可靠度应不小于 85%。

5.4 主要零部件要求

5.4.1 底盘

车架、行走装置等结构件的强度和刚度应满足设计承载要求。采用其他底盘时，应对上述结构件进行强度和刚度的校核。

5.4.2 柴油机

柴油机应符合 GB/T 1147.1 的规定。

5.4.3 液压系统

5.4.3.1 液压系统的设计和安装应符合 GB/T 3766 的规定。

5.4.3.2 液压元件应符合 GB/T 7935 的规定。

5.4.3.3 油温应不超过 80 ℃。

5.4.3.4 液压油污染清洁度应符合 JG/T 5035 的规定，并应符合下列等级：

——液压油箱的液压油固体污染清洁度的等级应不大于 18/15；

——开式液压系统液压油固体污染清洁度等级应不大于 18/15，闭式系统应不大于 17/14。

5.4.4 电气系统

5.4.4.1 各电器元件应符合 GB 14048.1 的规定。

5.4.4.2 应在驾驶台和各操纵控制面板的显著位置设置急停按钮开关。

5.4.4.3 各配电柜应满足工作环境的要求，防护等级应不低于 IP44。

5.4.4.4 工作电压 36 V 以上的电气系统应有漏电保护装置。

5.4.4.5 应具有良好的散热通风条件。

5.4.5 路面加热系统

5.4.5.1 加热装置的长度和宽度的制造偏差应不大于±10 mm。

5.4.5.2 燃烧器工作时燃烧应充分。

5.4.5.3 燃烧器应有燃烧故障报警及自动切断燃料供给的装置。

5.4.5.4 在加热过程中整个加热宽度上都应加热均匀，表面温度误差在设计规定范围内。

5.4.5.5 加热装置距地面的高度应可调，各加热装置应可独立控制。

5.4.5.6 加热系统的输出温度应可调，各加热装置的输出温度应可独立调节。

5.4.5.7 应有加热温度自动控制功能，应能即时显示加热温度。

5.4.5.8 加热系统的发热元件应具有保温隔热措施。

5.4.5.9 热风循环式加热系统要求如下：

a) 热风炉应由具有锅炉设计、制造资质的专业厂商生产提供，应符合 JB/T 10094 的规定；

b) 循环风机应由具有风机设计、制造资质的企业提供，应符合 JB/T 4358 和 JB/T 8822 的规定，达到 JB/T 53283—1999 规定的中等以上级别。

5.4.5.10 红外线辐射式加热系统要求如下：

a) 燃气罐(箱)要求如下：

1) 应由具有压力容器设计、制造、安装资质的专业厂商生产提供，并符合 GB 150 的规定；

2) 应设有压力自动报警装置，紧急断气制动开关；

3) 应具有完善的安全防爆措施。

b) 燃气供给系统要求如下：

1) 应符合 GB 19344 的要求，应有完善的安全防火防爆措施；

2) 应有气化装置，保证供气压力稳定，使气罐内的气可以用尽。

c) 加热装置要求如下：

1) 红外线发生材料应固定可靠，便于更换；

2) 燃烧器应符合 GB 16914 的要求。

5.4.6 受料系统

受料系统要求如下：

a) 应具有与配套自卸车合理的对接装置；

b) 受料能力应与复拌机的生产能力匹配；

c) 料斗高度应适合自卸车卸料，前料斗底板高度应不大于 600 mm。

5.4.7 新沥青混合料添加系统

新沥青混合料添加系统要求如下：

a) 沥青混合料输送装置的输送能力应与复拌机最大生产能力匹配；

b) 沥青混合料输送装置的工作速度应可调，与设计值相比允许误差应不大于±3%。

5.4.8 沥青溶液喷洒系统

5.4.8.1 沥青溶液储罐要求如下：

a) 沥青溶液储罐应具有保温性能，罐内装满沥青，在沥青初始温度 160 ℃，环境温度 20 ℃ + 5 ℃，静置 8 h 后，沥青的温降应不大于 30 ℃；

b) 应具有给罐内沥青溶液加热的装置；

c) 应设有温度自动控制系统、温度显示装置和紧急制动开关。

5.4.8.2 沥青溶液喷洒装置要求如下：

a) 应设有温度显示装置、喷洒装置和计量控制装置；

b) 喷洒管路、阀门等应有加热及保温措施；

c) 喷洒管路应有清洗装置；

d) 应具有关闭喷嘴的装置，开关灵活可靠，无滴漏。

5.4.9 耙松系统

耙松系统要求如下：

a) 应具有耙具过载保护系统，耙松刀具应便于更换、维修；

b) 耙松轴转速应达到设计值，误差应不大于±2%；

c) 耙松宽度和深度应可调节。

5.4.10 搅拌系统

搅拌系统要求如下：

a) 搅拌转子转速应达到产品设计值，误差应不大于±2%；

b) 搅拌后的再生料应均匀一致，无花白、离析等现象。

5.4.11 摊铺系统

输送-布料系统、熨平装置、自动调平系统应符合GB/T 16277—2008中5.2的规定。

5.4.12 制动器

制动器的性能应符合JG/T 48中的有关规定。由动力控制的制动器应是常闭式的。

5.5 安全、环境保护要求

5.5.1 对操作、维护等人员可能构成危险的电、热、燃、爆、机械（如往复旋转运动、高温等）因素应采取有效可靠的防护措施。

5.5.2 操作人员上下通道和作业位置应设置扶手和护拦，踏板应有防滑表面且易于清理。踏脚、把手及通道出入口的尺寸及要求应符合GB/T 17300的规定。

5.5.3 复拌机应设置有效的照明设备，对工作宽度、长度范围内各工作部件工作位置处的照度应满足GB/T 16937的要求。

5.5.4 在涉及人身及设备安全的地方应设置醒目的安全标志和危险图示，应符合JB 6028的规定。

5.5.5 机外噪声应符合GB 16710中规定的限值要求，具体要求见表2。

表2 辐射噪声声功率级

发动机功率 kW	≥65 <80	≥80 <100	≥100 <130	≥130 <160	≥160 <200	≥200 <250	≥250 <350
声功率级 dB(A)	≤112	≤114	≤116	≤118	≤120	≤122	≤124

5.5.6 操作人员耳边噪声大于90 dB(A)时，应对操作人员进行相应的防噪声保护。

5.5.7 排放的废气应予以引导，不应影响作业人员的视线。发动机的废气排放应符合GB 3847的规定。

5.5.8 灭火器要求如下：

a) 每台复拌机上应配备至少四个便携式灭火器，每个灭火器的药剂质量应不少于6 kg；

b) 灭火器应适合扑灭油燃烧和电器燃烧产生的火焰；

c) 灭火器应放置在临近司机的位置，或放置于清晰可见和容易接近的位置，且不需要使用工具就可以从托架上取下；

d) 灭火器不应靠近火灾高发区（如动力、燃油箱附近）。

6 试验方法

6.1 试验基本要求

6.1.1 试验应准备的技术资料如下：

a) 产品使用说明书；

b) 产品标准；

c) 试验大纲；

d) 按附录 A、附录 B 制作整机性能试验和可靠性试验数据记录表。

6.1.2 试验样机要求如下：

a) 试验样机应装备齐全，无污泥、油污、碰伤，显示仪、警告标牌等应字迹清楚；

b) 试验样机的燃油、液压油、冷却液、润滑油等应按照使用说明书的要求加注至规定的容量；

c) 在试验期间，试验样机应根据使用说明书进行保养，不应任意调整主要零部件；

d) 试验样机应由负责试验单位根据出厂验收技术条件或者相关技术文件，填写样机主要性能参数表(见表 A.1)；

e) 试验样机试验前填写样机已跑合等项目的履历表(见表 A.2)。

6.1.3 试验场地要求如下：

a) 静态试验场地应为清洁、平坦、干燥、硬实的地面。在样机最大外形尺寸范围内，地面各向坡度应不大于 1%；

b) 行驶及制动试验场地应为干燥、平坦、坚实的沥青混凝土或水泥混凝土路面。试验场地的直线部分应不少于 200 m，宽度应不小于被测样机最大工作宽度的 1.5 倍。试验跑道两端应有可供设备转弯调头的场地；

c) 爬坡和坡道驻车制动试验场地应为平整的沥青混凝土或水泥混凝土路面，坡度应不小于 10%；

d) 复拌机加热、耙松、搅拌、摊铺和再生作业试验场地应为路基完好、表层损伤应不大于 60 mm 的平坦坚实的沥青路面；

e) 噪声试验场地应符合下列要求：

- 试验场地应平坦而空旷，在以测试样机中心为基点，在 35 m 半径范围内没有大的声反射物，如建筑物、围墙等；
- 环境噪声应低于被测试样机噪声 10 dB(A)以上；

f) 可靠性试验的试验场地应为符合 JTG F40—2004 规定的沥青路面施工工地。

6.1.4 所有试验均应在无雨、无雪天气进行，风速不得超过 3 m/s，气温为 15 ℃～40 ℃。

6.1.5 所用仪器、仪表、量具应经法定计量主管部门进行核准、检定，且在有效期内。

6.1.6 性能参数及几何尺寸的测量精度应满足 JB/T 7690 的要求。

6.1.7 各种直接测量参数在无特殊说明时，取三次测量的算术平均值。

6.2 外形几何参数和质量的测定

6.2.1 外形几何参数测量

6.2.1.1 试验条件：

a) 试验样机按正常的运行状态装备，停置于试验场地，制动器制动，各行走机构的转向角应调整至零位；

b) 试验样机各部分应清洁、干净，无油污、泥土或其他污物；

c) 测量运输状态主要几何参数时，样机各工作装置均处于运输状态，具有驾驶蓬的复拌机的驾驶蓬收起至运输状态；

d) 测量工作状态主要几何参数时，样机各工作装置均处于最大工作宽度的工作状态。

6.2.1.2 试验仪器设备：直尺、钢卷尺、线坠、测量架、水平仪等。

6.2.1.3 试验方法:将表 A.3 中所规定的内容进行测量,结果记入表 A.3。

6.2.2 质量参数测定

6.2.2.1 试验条件:样机分别按运输状态和工作状态装备。

6.2.2.2 试验仪器设备:地中衡(精度 0.5%)或负荷传感器等。

6.2.2.3 试验方法:

a) 用负荷传感器或地中衡直接测出复拌机的运输状态质量及最大工作状态质量。测量时应分别符合 6.2.1.1 中的 a)、b)两种状态,发动机熄火,制动器制动;

b) 允许采用解体方法,用地磅、吊磅、杠杆秤等分别称出试验样机各部分质量及加注的燃油、润滑油、液压油、冷却水的质量,将其质量相加,得出复拌机的相应质量;

c) 重心位置的测量:按照 JB/T 3873 的规定测出运输状态和最大工作状态的重心位置。也可按式(1)、式(2)计算重心纵向和横向位置。

$$C_x = \frac{R_H}{R_Q + R_H} C_0 \quad \cdots\cdots(1)$$

$$C_y = \frac{R_Y - R_Z}{R_Y + R_Z} \cdot \frac{B_0}{2} \quad \cdots\cdots(2)$$

式中:

C_x ——重心到前桥的纵向水平距离,单位为毫米(mm);

C_y ——重心到车架纵向中心线横向水平距离(规定车行方向右侧为正,左侧为负),单位为毫米(mm);

C_0 ——轴距,单位为毫米(mm);

B_0 ——前后轮距的算术平均值,单位为毫米(mm);

R_Q ——前桥所分配的质量,单位为千克(kg);

R_H ——后桥所分配的质量,单位为千克(kg);

R_Z ——左侧轮胎所分配的总质量,单位为千克(kg);

R_Y ——右侧轮胎所分配的总质量,单位为千克(kg)。

6.2.2.4 测量及计算结果分别记入表 A.4。

6.3 轮胎接地比压的测量

6.3.1 试验条件:

a) 测试场地应符合 6.1.3 中 a)的规定;

b) 试验样机分别处于最大工作质量状态及运输状态;

c) 轮胎花纹无显著磨损。

6.3.2 试验方法:

测量轮式复拌机的平均接地比压时用压印法(即在轮胎表面涂颜料,轮胎下面铺放白纸压出印痕,确定面积值)。测出各轮压痕面积和水平投影面积,按式(3)、式(4)计算各轮压痕比压 q_1、各轮投影比压 q_2。

$$q_1 = \frac{0.1R_i}{S_1} \quad \cdots\cdots(3)$$

$$q_2 = \frac{0.1R_i}{S_2} \quad \cdots\cdots(4)$$

式中：

R_i——各轮处所分配的质量，单位为千克(kg)；

S_1——轮胎花纹凸起部分的压痕面积之和，单位为平方厘米(cm^2)；

S_2——轮胎花纹凸起和凹陷二部分水平投影面积之和，单位为平方厘米(cm^2)。

6.3.3 测量及计算结果记入表A.5。

6.4 行驶速度试验

6.4.1 试验条件：

a) 测试场地应符合6.1.3中b)的规定；

b) 试验样机按行驶状态装备：

1) 样机处于最大工作质量状态；

2) 样机各工作装置均处于完全收缩，且提升至最高位置，有悬挂销或挂勾的应将悬挂销指好，挂勾挂牢。

6.4.2 试验仪器设备：速度测量仪、秒表、钢卷尺、标杆、风速仪等。

6.4.3 试验方法：

a) 划定30 m测试区，两端各设辅助路段，其长度应能保证试验样机进入测试区前达到速度稳定；

b) 发动机达到额定转速；

c) 试验样机在辅助路段上起步行驶，待速度稳定后进入测试区，用秒表分别测定试验样机在不同挡位前进、后退行走过测试区所需的时间，往、返各测三次，取平均值。

6.4.4 试验结果记入表A.6。

6.5 爬坡性能试验

6.5.1 试验条件：

a) 测试场地应符合6.1.3中c)的规定；

b) 试验样机按6.4.1b)规定的行驶状态装备。

6.5.2 试验仪器设备：同6.4.2。

6.5.3 试验方法：样机以最低速度行驶，接近爬坡起点时，将发动机转速升至额定转速，开始爬坡，直至爬坡终了，记录通过测试区的时间和距离。

6.5.4 试验结果记入表A.7。

6.6 最小转弯直径测试

6.6.1 试验条件：

a) 试验样机准备符合6.4.1b)的规定；

b) 试验场地符合6.1.3中a)的规定，测试时应能使轮胎压痕清晰地显现出来。

6.6.2 试验仪器设备：钢直尺、钢卷尺、秒表、线坠等。

6.6.3 试验方法：

a) 复拌机转向机构转至极限位置(最大转向角)保持不变，以最低速度在试验场地上转弯行走，当样机的轮(轨)迹在试验场地上形成一360°圆形后停车。在大致互成120°的三个位置测量轮胎(或履带)最外测压痕轨迹的最大直径，分别进行前进、后退和左转、右转测试，取平均值，即为该机的最小转弯直径；

b） 在上述测试中找出机身外侧的最远点，将该点投影到地面，量出该投影点运动轨迹的直径作为该机最小转弯通过直径，如图 1 所示。

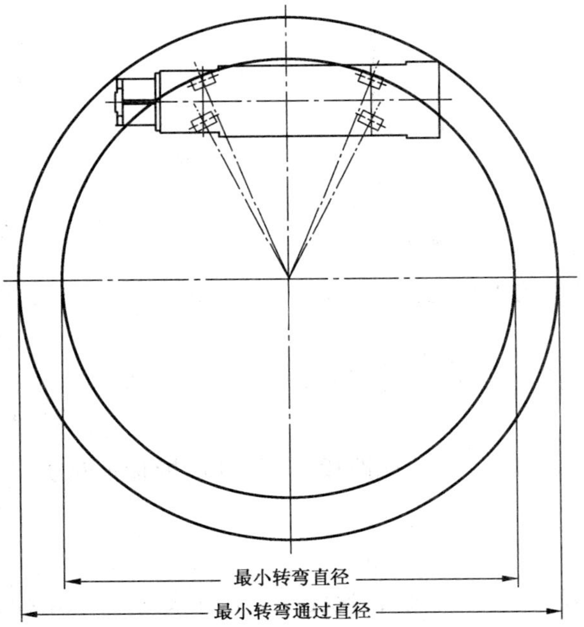

图 1 最小转弯直径图

6.6.4 试验结果记入表 A.8。

6.7 制动性能测试

6.7.1 行车制动

6.7.1.1 试验条件：同 6.5.1。

6.7.1.2 试验仪器设备：同 6.4.2。

6.7.1.3 试验方法：样机以最高速度驶入测试区，测出制动前的实际初速度，然后根据试验信号进行紧急制动，测量从发出信号到完全停车所行驶的距离，制动距离不应大于式(5)的计算值：

$$L=\frac{v^2}{150}+0.2(v+5) \qquad \cdots\cdots(5)$$

式中：

L ——许用制动距离，单位为米(m)；

v ——制动初速度，单位为千米每小时(km/h)。

6.7.1.4 试验结果记入表 A.9。

6.7.2 坡道驻车制动

6.7.2.1 试验条件：同 6.6.1。

6.7.2.2 试验仪器设备：计时器、钢卷尺、钢直尺等。

6.7.2.3 试验方法：样机在坡道上进行上坡、下坡停车制动，待完全制动后发动机熄火，变速箱处于空挡状态。观察 10 min 后，测定其下滑距离。

6.7.2.4 试验结果记入表 A.10。

6.8 最小离地间隙的测定

6.8.1 试验条件：同 6.5.1。

6.8.2 试验仪器设备：钢卷尺、钢直尺、标杆等。

6.8.3 试验方法：

a) 确定复拌机行驶状态装备下的最小离地点；

b) 测量最小离地点距地面的距离。

6.8.4 试验结果记入表 A.11。

6.9 噪声测试

6.9.1 试验条件：

a) 试验场地应符合 6.1.3d)中的规定；

b) 在声级计的传声器和样机之间不应有人或障碍物，传声器附近不应有影响声场的障碍物，试验人员应在不影响声级计读数的地方观察；

c) 样机处于作业状态，发动机油门处于最大供油位置。

6.9.2 试验按 GB/T 25612 和 GB/T 25613 中的有关规定进行。

6.9.3 试验结果记入表 A.12。

6.10 发动机排气烟度试验

按 GB 3847 的规定进行。

6.11 密封性能检测

6.11.1 试验条件：

a) 样机的燃油箱、水箱及燃气罐均装至有效容积的三分之二；

b) 液压油箱中装入规定的液压油量；

c) 试验样机可能出现渗漏的部位在试验前应擦拭干净。

6.11.2 试验方法：

a) 试验样机连续工作 1.5 h 后，停机立即进行检测；

b) 在可能出现渗漏部位的下方垫上白纸，以便观察；

c) 在停机后 10 min 内检查渗漏油情况，若有油滴滴下或渗出的油迹面积超过 200 cm^2，则判定为漏油，若渗出的油迹面积不超过 200 cm^2，或只有油迹出现则判定为渗油；

d) 在停机后 5 min 内检查渗漏水情况，若有水滴滴下或渗出的水浸湿面积超过 200 cm^2，则判定为漏水，若渗出的水浸湿面积不超过 200 cm^2，或只有水浸湿现象则判定为渗水；

e) 燃气罐、气路元件、各管路、接头、堵头等部位用涂液法进行气密性试验，试验压力不低于气罐工作压力，保压时间不少于 5 min，有气泡逸出或压力回降现象即为漏气。

6.11.3 试验结果记入表 A.13。

6.12 液压油固体污染清洁度试验及油温测定

6.12.1 试验条件：试验在样机连续工作 1.5 h 后立即进行。

6.12.2 试验仪器设备：

a) 液压油固体污染清洁度试验用仪器设备按 JG/T 5089 和 JG/T 5090 的规定；

b) 计时器、温度计或其他温度仪器等。

6.12.3 试验方法：

a) 按 JG/T 5090 的规定进行液压油抽样；

b) 按 JG/T 5089 的规定进行试验；

c) 按 JG/T 5035 的规定确定液压油固体污染清洁度等级；

d) 液压油的温度用温度计或其他温度仪器测量。

6.12.4 试验结果记入表 A.14。

6.13 作业性能试验

6.13.1 路面加热性能测试

6.13.1.1 加热深度和均匀性测试

6.13.1.1.1 试验条件：

a) 样机处于工作状态；

b) 复拌机测试试验路段为沥青混凝土路面，宽度大于样机最大加热宽度，长度不小于样机总长的二倍。

6.13.1.1.2 试验仪器设备：

a) 预埋热电偶法用无纸记录仪；

b) 非预埋热电偶法用红外线温度测试仪、钢直尺、专用开孔装置等；

c) 专用开孔装置应可快速在松软的沥青混凝土上开孔，孔深可调，小孔直径不大于 10 mm。

6.13.1.1.3 试验方法：

a) 非预埋热电偶法试验方法：

1) 可以在旧沥青混凝土路面上进行加热性能试验，先在路面上如图 2 作出各点的位置标记；

2) 将样机在非测试路段上点火，使加热系统运行到正常工作状态，然后以 2.5 m/min 行驶速度通过测试路段；

3) 样机通过标记时，用专用开孔装置在路面的标记位置迅速挖测量孔，开孔深度按图 2 所示，测量孔挖成后迅速测量孔底部的温度。

b) 预埋热电偶法试验方法：

1) 在测试路段上，按图 2 所示预埋好热电偶。M_0 热电偶离路表面深 10 mm；然后按距表面深 20 mm，25 mm，30 mm，35 mm，40 mm，45 mm，50 mm，55 mm，60 mm 依次预埋，在 25 mm 深度处道路两边各预埋三个热电偶；

2) 同 6.13.1.1.3 的 a)中的 2)条；

3) 样机通过最后一个热电偶开始测试，每间隔 1 min 采样一次，测试 10 min，以测出的最高温度为测试值。

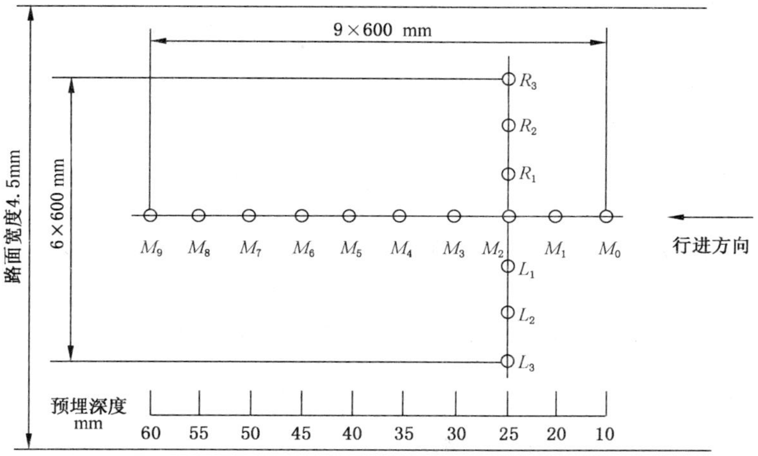

图 2　温度布点测试图

6.13.1.1.4　试验结果记入表 A.15。

6.13.1.2　加热燃料消耗测试

6.13.1.2.1　试验条件：

a）样机处于工作状态；

b）复拌机测试试验路段为旧沥青混凝土路面，宽度大于样机最大加热宽度。

6.13.1.2.2　试验仪器设备：燃油或燃气流量计、称重仪。

6.13.1.2.3　试验方法：

a）样机加热装置展开为最大宽度，加热系统在正常工作状态下，进入试验路段，开始计量；

b）以满足加热深度 4 mm 处温度达到 100 ℃要求的速度连续前行；

c）样机行驶一段距离后，测量行驶里程、时间、40 mm 处的加热温度及流量计数据，通过试验路段后，记录累计加热时间的燃油消耗。

6.13.1.2.4　试验结果记入表 A.16。

6.13.2　再生剂喷洒系统性能测试

6.13.2.1　再生剂储罐保温系统性能测试

6.13.2.1.1　试验条件：

a）样机停在试验场地；

b）在样机的沥青溶液储罐中按规定加满再生剂，再生剂温度 140 ℃～160 ℃。

6.13.2.1.2　试验仪器设备：红外线温度测试仪、温度传感器、温度计、计时器等。

6.13.2.1.3　试验方法：

a）在沥青溶液储罐的上层和下层各设一个测点，上测点在溶液面下 200 mm，下测点在加热管间；

b）保温试验 8 h，连续记录沥青溶液的温度，同时记录环境温度变化及降温时间。

6.13.2.1.4　试验结果记入表 A.17。

6.13.2.2　沥青溶液喷洒量及精度测试

6.13.2.2.1　试验条件：

a）样机处于工作状态，停在试验场地；

b）在样机的沥青溶液储罐中加入规定容量的再生剂，并加热到施工所需温度。

6.13.2.2.2 试验仪器设备：秒表、钢卷尺、标杆、台秤、量杯等。

6.13.2.2.3 试验方法：

a）启动发动机至额定转速，按一定再生宽度、再生深度和再生剂添加比例，模拟施工情况进行再生剂喷洒设定；

b）将再生剂喷洒管接到一个容器中，然后开启再生剂喷洒，以不同的作业速度行进一定距离，进行三次喷洒试验，测量每次试验在此段距离上，喷洒到容器中再生剂的容积或重量；

c）将三次测得的喷洒量与设定的理论值比较，计算喷洒量误差。

6.13.2.2.4 试验结果记入表 A.18。

6.13.3 新沥青混合料添加系统输送能力的测定

6.13.3.1 试验条件：

a）复拌机按作业状态装备；

b）试验场地应符合 6.1.3 中 e)的规定；

c）输送材料用 AC-13 级配的砂石料进行试验。

6.13.3.2 试验方法：

分别将各输送带开启到最大速度条件下，从输送带均匀稳定输送物料时开始计时测量，测出通过输送带输送的物料的质量和时间，按式(6)计算输送能力：

$$W_s = \frac{Q}{T} \times 3.6 \qquad \cdots\cdots(6)$$

式中：

W_s ——输送带输送能力，单位为吨每小时(t/h)；

Q ——输送物料的质量，单位为千克(kg)；

T ——测量时间，单位为秒(s)。

6.13.3.3 试验结果记入表 A.19。

6.13.4 耙松作业性能试验

6.13.4.1 试验条件：

a）复拌机按工作状态装备，并装备两台或两台以上与之配套的路面预热机；

b）试验场地应符合 6.1.3 中 d)的规定。

6.13.4.2 试验方法：

a）试验时由预热机在复拌机前面将路面加热到施工要求温度；

b）复拌机发动机调至额定转速，并启动其路面加热系统；

c）按耙松最大生产率的设计工况调整耙松的宽度、深度和作业速度，进行耙松作业，耙松距离不小于 30 m；

d）测出耙松宽度、耙松深度和耙松距离，测量耙松宽度每次间隔 1 m 测量一次，测量耙松深度横向每次间隔 10 cm，纵向耙松距离每次间隔 1 m，各测点不少于 20 个。

6.13.4.3 按式(7)计算各工况下的生产率：

$$W = \frac{V_W}{T} \times 3\,600 \qquad \cdots\cdots(7)$$

式中：

W ——生产率，单位为立方米每小时(m^3/h)；

V_W ——所耙松过路面的体积，单位为立方米(m^3)(V_W＝耙松宽度(m)×耙松深度(m)×耙松距离(m))；

T ——耙松时间，单位为秒(s)。

6.13.4.4 试验结果记入表 A.20。

6.13.5 搅拌作业性能试验

6.13.5.1 搅拌生产率试验

6.13.5.1.1 试验条件：

a) 复拌机按作业状态装备；

b) 试验场地应符合 6.1.3 中 e)的规定；

c) 试验物料：符合 JTG F40(AC-13)规定的热铺沥青混合料。

6.13.5.1.2 试验方法：

a) 试验时发动机转速调至额定转速；

b) 用输送装置将新沥青混合料送入搅拌装置，并逐渐增大进料量，记录搅拌装置的出料量，及正常工作状态下的最大出料量。各工况有效记录时间不少于 30 s。

6.13.5.1.3 按公式(8)计算各工况下的生产率：

$$W=\frac{V_W}{T}\times\rho\times 3\,600 \qquad \cdots\cdots(8)$$

式中：

W ——生产率，单位为吨每小时(t/h)；

V_W ——搅拌出料量的体积，单位为立方米(m^3)；

T ——搅拌时间，单位为秒(s)；

ρ ——混合料体积重量，单位为吨每立方米(t/m^3)。

6.13.5.1.4 试验结果记入表 A.21。

6.13.5.2 搅拌均匀性试验

6.13.5.2.1 通过检测搅拌锅出料口的再生混合料沥青含量和级配进行评判。

6.13.5.2.2 试验条件：

a) 复拌机按作业状态装备，同时配备足够的加热机进行路面加热；

b) 试验场地应符合 6.1.3 的规定，且路面原建设时的级配符合 JTG F40 的规定；

c) 试验物料需符合 JTG F40 规定的热铺沥青混合料；

d) 原路面材料加再生剂、热铺沥青混合料量进行的再生质量试验已在实验室完成，具有可比对的再生后路面的沥青含量及级配参数。

6.13.5.2.3 试验方法：

a) 加热机将路面加热到足够再生的温度；

b) 复拌机按复拌再生作业进行，加入一定比例的新混合料、再生剂(比例同实验室参数)；

c) 在搅拌锅出料口中部直接采集料样，每次采集 5 kg 以上试验取再生料，每隔 10 min 取一次料，连续取样 3 次；

d) 按 JTJ 052—2000 中 T0723—1993 或 T0724—1993 对沥青混合料中沥青含量进行试验，按 T0725—2000对沥青混合料的级配进行试验。

6.13.5.3 试验结果记入表 A.22 及表 A.23。

6.13.6 摊铺作业性能试验

6.13.6.1 试验条件：

a) 按作业状态装备；

b) 试验物料应符合 JTG F40 规定的 AC-13 热沥青混合料。

6.13.6.2 试验仪器：划线器、标杆、钢卷尺、3 m 直尺、塞规、计时器、水准仪等。

6.13.6.3 摊铺层宽度、厚度、拱度或横坡度、平整度及精度的试验方法、数据处理应符合GB/T 16277—2008 中 6.10.3 的规定。

6.13.6.4 试验数据及计算结果记入表 A.24。

6.14 可靠性试验

6.14.1 试验条件：

a) 试验场地应符合 6.1.3 中 f)的规定；

b) 可靠性试验的累计作业时间不得少于 300 h，并将其试验日期、故障、维修保养、修复等试验情况记入表 B.1 和 B.2。

6.14.2 试验方法：

a) 复拌机与预热机配合，按施工要求进行作业，每作业班次累计作业时间不少于 5 h；

b) 试验期间应按复拌机使用说明书的规定进行例行保养和维修；

c) 复拌机在试验过程中发生故障时，应及时排除故障，不允许带故障作业；

d) 可靠性试验应做好每班的试验记录。班次记录、故障原始记录按表 B.1 记入，最后汇总记入表 B.2。

6.14.3 可靠性试验时间：

a) 作业时间：复拌机作业时间累计值。单次计时从复拌机起步作业开始，到停机为止；

b) 故障时间：故障时间的累计值。单次计时从故障发生开始到故障排除、并确定复拌机可正常运转为止。其中包括查找、分析、处理、修整、调试等时间，用于等待等非排除故障时间不计；

c) 维修保养时间：按复拌机使用说明书规定进行的技术性例行保养时间的累计值。单次计时在养护工作开始到结束为止。未影响正常作业和未占用作业时间而进行的日常性养护工作时间不计。

6.14.4 故障的规定

a) 故障的判定方法：

1) 在可靠性试验中由于复拌机自身潜在因素和固有缺陷所致的故障，计为可靠性考核故障；

2) 由外界原因或操作人员违反操作规程而致的故障，不计为可靠性考核故障；

3) 试验过程中同时发生的两个或两个以上的故障时，若故障之间有直接联系，按其中最严重的故障类别计，若无直接联系则分别记录。

b) 故障的分类及危害度系数：

复拌机在可靠性试验期间发生的故障，按其对人身安全、零部件损坏程度、功能降低程度及修复的难易等因素分为致命故障、严重故障、一般故障、轻微故障四类。各类故障特征、故障举例及其危害系数按表 3 规定。

c) 故障判定规则详见 JG/T 5050。

表 3 故障及其危害度系数

故障类别	故障名称	划分原则	故 障 示 例	危害度系数 ε	备注
0	致命故障	严重危机或导致人身伤亡，引起重要总成报废或主要部件严重损坏，造成严重经济损失	1. 发动机、主传动或液压主泵损坏； 2. 车架断裂； 3. 燃烧器、加热系统或燃料箱(罐)及燃料供给管路起火、爆炸； 4. 车轮脱落造成严重后果； 5. 制动器、变速器严重损坏； 6. 重要构件断(开)裂	∞	
1	严重故障	严重影响复拌机功能，主要性能指标超出规范之外，必须较长时间停机修理，维修费用较高	1. 主要性能下降； 2. 液压马达、液压缸等主要液压元件损坏； 3. 耙松轴、搅拌轴、螺旋轴、输送链条、导向杆等主要零部件损坏； 4. 各传动齿轮、传动轴、传动轴承等主要传动零部件损坏	2.0	
2	一般故障	明显影响功能，必须停机检修。用随机工具更换一般外部零件，维修时间约 4 h，维修费用中等	1. 变速器齿轮和换向齿轮不能正常啮合； 2. 变速器，主要液压元件发生异常响声； 3. 制动器及其他机件过热，轴承温度超过 120 ℃； 4. 发动机连续三次自动熄火造成停机； 5. 漏水、漏油较严重； 6. 液压系统中管道、管接头损坏与更换； 7. 焊接部位焊缝开裂长度大于 5% 的相对长度； 8. 耙松刀头、搅拌叶片、衬板、螺旋叶片等磨损件损坏与更换； 9. 键、销损坏与更换； 10. 逆变器、点火装置、火焰监测器、温控器等仪器、仪表失灵或损坏； 11. 变速器内油温超过 80 ℃； 12. 液压油的温度超过 80 ℃	1.0	
3	轻微故障	轻度影响功能，不需要停机更换或维修零件，用随机工具可以在较短时间内（40 min）排除	1. 轻度渗水、渗油； 2. 照明灯不亮； 3. 焊接部位焊缝开裂长度小于 5% 的相对长度； 4. 螺栓松动等故障； 5. 保险丝烧断； 6. 皮带张紧不够打滑	0.1	

6.14.5 可靠度指标计算

a) 首次故障前工作时间(MTTFF)，见式(9)：

$$\mathrm{MTTFF}=t \qquad (9)$$

式中：

t——首次故障前工作时间，单位为小时(h)。

b) 平均无故障工作时间(MTBF)，见式(10)：

$$\mathrm{MTBF}=\frac{t_0}{r_b} \quad \cdots\cdots(10)$$

式中：

t_0——产品累计工作时间，单位为小时(h)；

r_b——产品出现的当量故障数，(当 $r_b<1$ 时，令 $r_b=1$)，按式(11)计算：

$$r_b=\sum k_i \times \varepsilon_i \quad \cdots\cdots(11)$$

式中：

k_i——产品出现第 i 类故障的次数；

ε_i——第 i 类故障的危害度系数，见表3。

c) 产品可靠度(R)，见式(12)：

$$R=\frac{t_0}{t_0+t_1}\times 100\% \quad \cdots\cdots(12)$$

式中：

t_1——产品修复故障时间总和，单位为小时(h)。

注：t_0、t_1 均不含规定的保养时间。

7 检验规则

7.1 出厂检验

每台复拌机均应进行出厂检验，检验合格后附有产品合格证明书方可出厂。出厂检验项目见表4。

7.2 型式检验

7.2.1 复拌机有下列情况之一者，应进行型式检验：

a) 新产品或老产品转厂生产的试制定型鉴定时；

b) 产品停产两年后，恢复生产时；

c) 产品正式生产后，如结构、材料、工艺有较大改变而影响产品性能时。

7.2.2 型式检验项目见表4。

表4 出厂检验和型式检验内容

试验项目	试验内容		出厂检验	型式检验
作业系统	刮板输送装置运行速度		△	△
	耙松装置转速		△	△
	搅拌装置转速		△	△
	摊铺螺旋分料器转速		—	△
	熨平加热装置工作温度和预热时间		—	△
	振动器的工作参数	频率	△	—
		振幅	—	—
	振捣压实装置的工作参数	冲击次数	△	—
		冲击行程	△	—

表 4（续）

试验项目	试验内容	出厂检验	型式检验
传动、电气、液压、气动系统	闭式机械传动系统润滑油油温	—	△
	闭式机械传动系统润滑油清洁度	—	△
	液压系统液压油温度	—	△
	液压油的固体污染清洁度	—	△
	气动系统气压稳定性能	—	△
	操纵力	—	△
行驶性能要求	最高行驶速度和各挡的行驶速度	△	△
	最小转弯直径	—	△
	最小离地间隙	—	△
	制动距离	△	△
	爬坡能力	—	△
	坡道驻车性能	—	△
作业性能要求	加热宽度（最小、最大）	—	△
	耙松宽度（最小、最大）	—	△
	最大搅拌能力	—	△
	摊铺宽度（最小、最大）	—	△
	最大摊铺厚度	—	△
	摊铺拱度（正、负方向最大值）	—	△
	摊铺横坡度（双向最大）	—	△
	成型宽度精度	—	△
	成型拱度、横坡度精度	—	△
	平整度	—	△
安全、环保要求	机外噪声限值	—	△
	操作位置噪声及防护	—	△
	排气污染物排放值	—	△
可靠性	整机作业可靠性	—	△
空运转试验	加热系统、受料系统、输送系统、耙松系统、搅拌系统、摊铺系统	△	△
	动力系统、液压气动系统、机械传动系统、电气系统的工作状况	△	△
外观质量与标志	焊接、铸件、涂装、装配质量	△	△
	钣金件、结构件表面、边缘应光滑平整	△	△
	警告和安全标志、起吊标志、润滑指标标志、操作及工作单位指标标志	△	△
	整机的密封性能	△	△

7.2.3 抽取样本方法：进行型式检验的复拌机采取随机抽样法抽取一台试验样机。

7.2.4 判定规则：

型式检验中，试验样机未能全部达到5.2规定的性能要求，则判定该批产品为不合格品，若试验样机全部达到5.2规定的性能要求，除外观质量项目允许有两项不合格外，其他项目仅一项不合格者，允许在同一批产品中再抽取一台样本，并对该项进行复测。若仍不合格，则判定该批产品为不合格产品。

8 标志、包装、运输、贮存

8.1 标志

8.1.1 复拌机产品出厂时，应在显著位置喷涂或粘贴产品标牌和有关标志，产品标牌和标志应符合GB/T 13306的规定。

8.1.2 产品标牌应标明下列内容：

a) 制造厂名称、注册商标；
b) 产品名称、型号；
c) 工作宽度；
d) 工作深度；
e) 最大加热能力；
f) 发动机额定功率；
g) 整机运输质量；
h) 整机运输尺寸(长×宽×高)；
i) 制造厂出厂编号、出厂年月。

8.1.3 复拌机应有警告和安全标志、起吊标志、润滑指示标记、操作及工作位置指示标记。

8.2 使用说明书

复拌机使用说明书按GB/T 9969的规定编制。

8.3 包装

8.3.1 产品采用敞装或裸装(特殊要求除外)，需要防护的部位应有局部保护措施。随机工具、备件和技术文件用有防雨、防潮措施的备件箱包装，应随主机一起出厂。

8.3.2 复拌机出厂时，应按装箱单配齐全部备件、附件及随机工具，并附有下列技术文件：

a) 产品合格证明书；
b) 复拌机和发动机使用说明书；
c) 易损件清单；
d) 装箱单。

8.4 运输

运输状态应符合交通部门的规定。

8.5 贮存

8.5.1 木箱包装后的部件，不得露天存放，并应置于干燥处。

8.5.2 在正常运输与贮存的情况下，应保证产品防锈有效期自出厂之日起不少于6个月。

8.5.3 存放期限超过两个月时，应将蓄电池拆下，放入专用仓库保存。

附 录 A
（资料性附录）
测试记录表

表 A.1 复拌机主要性能参数表

项目			单位	参数
工作尺寸	工作宽度		mm	
	工作深度		mm	
加热系统	加热能力		kJ/h	
	加热方式及燃料			
	加热宽度		mm	
耙松系统	耙松深度		mm	
	耙松宽度		mm	
搅拌系统	搅拌方式			
	搅拌能力		t/h	
摊铺系统	第一级摊铺宽度		mm	
	第一级摊铺厚度		mm	
	第二级摊铺宽度		mm	
	第二级摊铺厚度		mm	
	拱度		%	
转向传动方式				
行驶速度	前进	一挡	km/h	
		二挡	km/h	
		三挡	km/h	
	后退	一挡	km/h	
		二挡	km/h	
		三挡	km/h	
工作速度	前进		m/min	
	后退		m/min	
爬坡能力			%	
最小转弯直径			m	
制动距离			m	
最小离地间隙			mm	

表 A.1（续）

项　　目		单　位	参　　数
轴距		mm	
轮距		mm	
履带中心距		mm	
履带板宽度		mm	
履带接地长度		mm	
接地比压		MPa	
整机质量	运输	kg	
	工作	kg	
前轴负荷		kN	
后轴负荷		kN	
整机尺寸	运输　长×宽×高	mm	
	工作　长×宽×高	mm	

表 A.2　复拌机履历表

试验样机型号____________________　　制造厂名称____________________

出厂编号________________________　　出厂日期______年_____月_____日

项　目	年　月　日	作 业 地 点	时　间	记　　事
运行时间合计				

注 1：项目栏：包括总装调整、跑合运行、修理等，按年月日顺序记入。

注 2：时间栏：记入每项所花时间。

注 3：记事栏：按新制、改制记入跑合、作业各挡速度及调整修理(部位、程度、更换零部件)等事项。

表 A.3　外形几何尺寸参数测量记录表

试验样机型号________________　　制造厂名称________________

出厂编号________________　　出厂日期_____年_____月_____日

试验日期_____年_____月_____日　　试验人员________________

序号	测量项目及代号			单位 mm				备注
				1	2	3	平均	
1	外形尺寸	运输状态	长					
			宽					
			高					
		工作状态	长					
			宽					
			高					
2	轴距							
3	轮距	前轮距						
		后轮距						
4	履带板宽度							
5	履带接地长度							
6	履带中心距							
7	前伸尺寸							
8	后伸尺寸							
9	加热装置	最大加热宽度						
		最小加热宽度						
10	耙松装置	最大耙松宽度						
		最小耙松宽度						
11	一级摊铺装置	最大摊铺宽度						
		最小摊铺宽度						
12	二级摊铺装置	最大摊铺宽度						
		最小摊铺宽度						

表 A.4 质量参数测量记录表

试验样机型号________________　　　　制造厂名称________________

出厂编号________________　　　　出厂日期______年_____月_____日

试验日期________年_____月_____日　　　　试验人员________________

测定项目		单位	测量值 1	测量值 2	测量值 3	平均值	备注
整机运输状态质量		kg					
整机作业状态质量		kg					
运输状态质量分配	前桥 R_Q	kg					
	后桥 R_H	kg					
	左侧 R_Z	kg					
	右侧 R_Y	kg					
作业状态质量分配	前桥 R_Q	kg					
	后桥 R_H	kg					
	左侧 R_Z	kg					
	右侧 R_Y	kg					

		B_0 mm	C_0 mm	C_x mm	C_y mm	C_z mm
重心位置	运输状态					
	作业状态					

表 A.5 接地比压测试记录表

试验样机型号________________　　　　制造厂名称________________

出厂编号________________　　　　出厂日期______年_____月_____日

试验日期________年_____月_____日　　　　试验人员________________

工况	测量项目	前轮 $R_{前左}$	前轮 $R_{前右}$	前轮 平均	后轮 $R_{后左}$	后轮 $R_{后右}$	后轮 平均	备注
工作状态	轮胎处分配的质量(R_i) kg							
	压痕面积(S_1) cm^2							
	投影面积(S_2) cm^2							
	压痕比压(q_1) MPa							
	投影比压(q_2) MPa							

表 A.5（续）

工况	测量项目	前轮			后轮			备注
		$R_{前左}$	$R_{前右}$	平均	$R_{后左}$	$R_{后右}$	平均	
运输状态	轮胎处分配的质量（R_i） kg							
	压痕面积（S_1） cm^2							
	投影面积（S_2） cm^2							
	压痕比压（q_1） MPa							
	投影比压（q_2） MPa							

表 A.6　行驶速度试验记录表

试验样机型号__________　　制造厂名称__________

出厂编号__________　　出厂日期____年____月____日

风向、风速__________m/s　　天气、气温__________℃

试验日期____年____月____日　　试验人员__________

挡位	行驶方向	发动机转速 r/min	测定时间 s			测定距离 m	速度 km/h				备注
			1	2	3		1	2	3	平均	
低速	前进										
	后退										
高速	前进										
	后退										

表 A.7　爬坡性能试验记录表

试验样机型号__________　　制造厂名称__________

出厂编号__________　　出厂日期____年____月____日

风向、风速__________m/s　　天气、气温__________℃

试验日期____年____月____日　　试验人员__________

次数	测定距离 m	测定时间 s	爬坡速度 km/h	爬坡度 %	备注
1					
2					
3					

表 A.8 最小转弯直径测试记录表

试验样机型号____________　　制造厂名称____________

出厂编号____________　　出厂日期____年____月____日

风向、风速____________m/s　　天气、气温____________℃

试验日期____年____月____日　　试验人员____________

行驶方向	转弯方向	压痕轨迹直径 m				最小转弯直径 m				最小转弯通过直径 m				备注
		1	2	3	平均	1	2	3	平均	1	2	3	平均	
前进	左转													
	右转													
后退	左转													
	右转													

表 A.9 行车制动试验记录表

试验样机型号____________　　制造厂名称____________

出厂编号____________　　出厂日期____年____月____日

风向、风速____________m/s　　天气、气温____________℃

试验日期____年____月____日　　试验人员____________

规定的制动初速度 km/h	实测值			修正后制动距离 m	备注
	制停时间 s	制停距离 m	实际制动初速度 km/h		

表 A.10 坡道驻车制动及起动试验记录表

试验样机型号____________　　制造厂名称____________

出厂编号____________　　出厂日期____年____月____日

风向、风速____________m/s　　天气、气温____________℃

试验日期____年____月____日　　试验人员____________

项　　目	坡度 %	试验结果	备注
上坡停车，下滑距离 m			
下坡停车，下滑距离 m			
坡道起动			

表 A.11 最小离地间隙测量记录表

试验样机型号__________　　　　制造厂名称__________

出厂编号__________　　　　出厂日期____年____月____日

试验日期____年____月____日　　　　试验人员__________

最小离地位置（部件名称）	最小离地间隙测量值 mm			平均值	备注
	1	2	3		

表 A.12 噪声测试记录表

试验样机型号__________　　　　制造厂名称__________

出厂编号__________　　　　出厂日期____年____月____日

风向、风速__________m/s　　　　天气、气温__________℃

试验日期____年____月____日　　　　试验人员__________

样机状态	声级计位置	噪声 dB(A)				备注
		1	2	3	平均值	
不行驶	司机耳朵部位					环境噪声： dB(A)
	左侧（ ）m					
	右侧（ ）m					
高速行驶	司机耳朵部位					环境噪声： dB(A)
	左侧（ ）m					
	右侧（ ）m					

表 A.13 密封性能测试记录表

试验样机型号__________　　　　制造厂名称__________

出厂编号__________　　　　出厂日期____年____月____日

风向、风速__________m/s　　　　天气、气温__________℃

试验日期____年____月____日　　　　试验人员__________

项　目	渗油	漏油	渗水	漏水	漏气	备　注
渗漏处数						

表 A.14 油温及清洁度检测记录表

试验样机型号____________________　　制造厂名称____________________

出厂编号____________________　　出厂日期______年_____月_____日

风向、风速____________________m/s　　天气、气温____________________℃

试验日期________年_____月_____日　　试验人员____________________

项　目	油温 ℃		油清洁度等级		备　　注
	液压油	润滑油	液压油	润滑油	
检测值					

表 A.15 加热性能试验记录表

试验样机型号____________________　　制造厂名称____________________

出厂编号____________________　　出厂日期______年_____月_____日

风向、风速____________________m/s　　天气、气温____________________℃

试验日期________年_____月_____日　　试验人员____________________

测点	深度 mm	第一次加热温度	备注	第二次加热温度	备注
M_0	10				
M_1	20				
M_2	25				
M_3	30				
M_4	35				
M_5	40				
M_6	45				
M_7	50				
M_8	55				
M_9	60				
L_1	25				
L_2	25				
L_3	25				
R_1	25				
R_2	25				
R_3	25				

表 A.16 加热燃料消耗试验记录表

试验样机型号____________________ 制造厂名称____________________

出厂编号________________________ 出厂日期______年_____月_____日

风向、风速____________________m/s 天气、气温____________________℃

试验日期________年_____月_____日 试验人员______________________

序号	加热距离 m	加热时间 min	加热温度 ℃	流量计数据 1	加热元件外露表面温度 ℃	备　注
1						加热深度： 加热宽度： 流量计初始数据：
2						
3						
4						
5						
6						
7						
8						
9						
10						
11						
12						
13						
14						

表 A.17 沥青溶液储罐保温、加热性能试验记录表

试验样机型号____________________ 制造厂名称____________________

出厂编号________________________ 出厂日期______年_____月_____日

风向、风速____________________m/s 天气、气温____________________℃

试验日期________年_____月_____日 试验人员______________________

次数	储罐容量 L	环境温度 ℃	罐内初始温度 ℃	罐内达到100 ℃所需加热时间 min	12 小时后罐内溶液温度 ℃	储罐保温能力 ℃/h	储罐温升能力 ℃/h	备注
1								
2								
3								

表 A.18 沥青溶液喷洒性能试验记录表

试验样机型号＿＿＿＿＿＿　　　　制造厂名称＿＿＿＿＿＿

出厂编号＿＿＿＿＿＿　　　　出厂日期＿＿年＿＿月＿＿日

风向、风速＿＿＿＿＿＿m/s　　　　天气、气温＿＿＿＿＿＿℃

试验日期＿＿年＿＿月＿＿日　　　　试验人员＿＿＿＿＿＿

序号	再生宽度 m	再生深度 mm	再生剂 加入比例 %	作业速度 m/min	作业测量 距离 m	再生剂喷洒量 L 或 kg		计量误差$\frac{\lvert A-B\rvert}{B}\times 100\%$ %
						测量值 A	理论值 B	
1								
2								
3								

表 A.19 输送系统性能测定记录表

试验样机型号＿＿＿＿＿＿　　　　制造厂名称＿＿＿＿＿＿

出厂编号＿＿＿＿＿＿　　　　出厂日期＿＿年＿＿月＿＿日

试验日期＿＿年＿＿月＿＿日　　　　试验人员＿＿＿＿＿＿

项　目		单　位	测　量　值				备　注
			1	2	3	平均值	
输送装置 1	通过输送装置的物料	kg					
	测试时间	s					
	输送能力	t/h					
输送装置 2	通过输送装置的物料	kg					
	测试时间	s					
	输送能力	t/h					
输送装置 3	通过输送装置的物料	kg					
	测试时间	s					
	输送能力	t/h					

表 A.20 耙松性能及生产率测定记录表

试验样机型号____________________　　　　　　　　　　制造厂名称____________________

出厂编号________________________　　　　　　　　　　出厂日期______年______月______日

风向、风速____________________m/s　　　　　　　　　天气、气温____________________℃

试验日期________年______月_____日　　　　　　　　　试验人员______________________

耙松距离 mm	次数	耙松宽度 mm	耙松深度 mm	耙松时间 s	发动机转速 r/min	生产率 m^3/h	备注
	1						
	2						
	3						
	平均						
	1						
	2						
	3						
	平均						
	1						
	2						
	3						
	平均						

表 A.21　搅拌性能及生产率测定记录表

试验样机型号____________________　　制造厂名称____________________
出厂编号________________________　　出厂日期______年_____月_____日
风向、风速____________________ m/s　　天气、气温__________________℃
试验日期________年_____月_____日　　试验人员______________________

搅拌装置进料量 kg	次数	测试时间 s	搅拌装置的出料量 kg	发动机转速 r/min	生产率 t/h	备　　注
	1					
	2					
	3					
	平均					
	1					
	2					
	3					
	平均					
	1					
	2					
	3					
	平均					
	1					
	2					
	3					
	平均					

表 A.22　搅拌均匀性(沥青含量)记录表

试验样机型号____________　　制造厂名称____________
出厂编号____________　　出厂日期______年_____月_____日
风向、风速____________m/s　　天气、气温____________℃
试验日期________年_____月_____日　　试验人员____________

项　　目	测定值			备注
	1	2	3	
搅拌料质量 g				
矿料质量 g				
沥青质量 g				
沥青含量 %				
均值 %				
设定值 %				
系统偏差 %				

表 A.23　搅拌均匀性(级配组成)记录表

试验样机型号____________　　制造厂名称____________
出厂编号____________　　出厂日期______年_____月_____日
风向、风速____________m/s　　天气、气温____________℃
试验日期________年_____月_____日　　试验人员____________

项目		测定值					平均值
	矿料粒度 mm	1	2	3	4	5	
筛分通过质量百分比	25						
	20						
	15						
	10						
	5						
	2.5						
	1						
	1.25						
	0.6						
	0.3						
	0.15						
	0.074						
	粉料						

表 A.24 综合作业性能试验记录表

一、一般情况

复拌机型号________________ 实验地点________________

出厂编号________________ 实验日期________________

天气________ 气温________ 风向________ 风速________m/min

实验人员________________________________

试验工地全称________________________________

施工单位全称________________________________

试验路段原来平整度________mm 密实度________% 纵坡________%

面层结构________ 型式________ 再生宽度________m

所需再生面层厚度________mm 混合料级配________________

加铺层层厚 ________mm 混合料级配________________

新料加入比例 ________% 混合料级配________________

再生剂加入比例 ________% 再生剂牌号________________

复拌机配套自卸车型号________________ 载重量________________

再生作业装备________________________________

复拌机作业宽度________m 作业速度________mm

试验作业长度________m 累计作业时间________h

试验混合料累计用量________________________________t

试验再生剂累计用量________________________________L

操作人员熟练程度________________________________

试验层说明________________________________

其他________________________________

二、铺层宽度、拱度、横坡度误差记录

测量层______________ 测量日期______________ 试验人员______________

测 量 项 目		宽度测量值 mm	拱度测量值 %	横坡度测量值 %
测量区	1			
	2			
	3			
	4			
	5			
	6			
	7			
	8			
	9			
	10			
平均值				
设定值				
平均值与设定值之差				
测量层说明				

三、铺层平整度测量记录

复拌机型号______________ 试验地点______________

测量层______________ 测量日期______________

出厂编号______________ 试验人员______________

单位为毫米

测量区域	各区平整度测量值
A	
B	
C	
D	
E	
F	
G	
平均平整度	
测量层说明	

四、作业性能试验结果汇总

复拌机型号________________________　　　　实验地点________________________

出厂编号________________________　　　　实验日期________________________

试验项目	试验结果	备注
铺层宽度误差 mm		
铺层厚度误差 mm		
铺层拱度误差 %		
铺层横坡度误差 %		
平整度(3 m 直尺测量值) mm		
密实度 %		
密实不均率 %		
面层外观评价		

填表人：　　　　　　　　　　　　　　　　　　填表日：

附　录　B
（资料性附录）
可靠性测试记录表

表 B.1　工业性考核试验记录表

复拌机型号＿＿＿＿＿＿＿＿＿＿　试验地点＿＿＿＿＿＿＿＿＿＿

出厂编号＿＿＿＿＿＿＿＿＿＿　试验日期＿＿＿＿＿＿＿＿＿＿

天气＿＿＿＿＿　气温＿＿＿＿＿　风向＿＿＿＿＿　风速＿＿＿＿＿m/min

试验人员＿＿＿＿＿＿＿＿＿＿＿＿＿＿＿＿＿＿＿＿

试验工地全称＿＿＿＿＿＿＿＿＿＿＿＿＿＿＿＿＿＿

施工单位全称＿＿＿＿＿＿＿＿＿＿＿＿＿＿＿＿＿＿

再生施工工艺（复拌或重铺）		工作起止时间	开始	
			结束	
施工设备组成				
保养内容及所用时间				
复拌再生的铺层厚度		再生深度		
重铺再生加铺厚度		再生宽度		
重铺再生铺层总厚度		作业速度		
再生剂牌号		再生剂添加比例		
新沥青混合料规格		新沥青混合料用量		
再生作业长度		作业时间		
养护时间		故障停机时间		
常规检查及建议				
故障原因及措施				
加油或加气的情况				
发动机油箱		燃烧器油箱或燃气罐		
其他				
备注				

记录人：＿＿＿＿＿＿

表 B.2 可靠性试验记录

试验日期			运输时间 h	修复时间 h	维护保养时间 h	修复			维修保养事项	备注	记录人
月	日	气温				修复事项	故障性质	危害度系数			

附 录 C
（规范性附录）
平整度（3 m 直尺）测量方法

C.1 说明

本方法是用 3 m 直尺为基准，测量 3 m 直尺与路面之间的最大间隙值，并以此测定路面的平整度。

C.2 测量仪器设备

3 m 直尺、间隙塞尺等。

C.3 测量操作程序

测量操作程序如下：

a） 3 m 直尺沿测量方向平放于路面的面层上；
b） 确定在 3 m 直尺覆盖区间直尺与面层的最大间隙的位置；
c） 测量最大间隙值。

C.4 测量记录

记录每一测量位置的最大间隙测量值。

附　录　D
（规范性附录）
沥青混凝土路面密度试验

D.1　说明

沥青混凝土路面密度试验是检验从路面上采集试件的密度，用以检验路面上采集试件的密度。

本方法适用于试验室内测定从沥青混凝土路面上采集试件的密度。

D.2　试验仪器设备

取样器、天平（称量 2 000 g，感量 0.1 g）、静水天平（称量 2 000 g，感量 0.1 g）、石蜡、毛刷、水桶（槽）等。

D.3　试验程序

试验程序如下：

a）　用取样器在面层采集密度试验用试件，取样深度不大于 50 mm；

b）　用毛刷轻轻刷净试件粘附的粉尘，如试件边角有浮松颗粒，应仔细清除；

c）　将试件表面全部裹复薄层石蜡，如试件有较大空隙时，应先用石蜡充填空隙；

d）　在天平上称量试件在空气中的重量，准确至 0.1 g；

e）　水桶中注入温度 20±1 ℃的清水；

f）　用静水天平称量试件在水中的重量，准确至 0.1 g。

D.4　试验数据处理

路面试件的密度按式（D.1）或式（D.2）计算：

$$\gamma_0 = \frac{m}{m - m_1} \times \gamma_w \qquad \cdots\cdots (D.1)$$

$$\gamma_0 = \frac{m}{m_2 - m_3 - \left(\dfrac{m_2 - m}{d_\rho}\right)} \times \gamma_w \qquad \cdots\cdots (D.2)$$

式中：

γ_0 ——路面试件的密度，单位为克每立方厘米（g/cm^3）；

m ——路面试件在空气中重量，单位为克（g）；

m_1——路面试件在水中重量，单位为克（g）；

m_2——封蜡后试件在空气中重量，单位为克（g）；

m_3——封蜡后试件在水中重量，单位为克（g）；

d_ρ ——蜡的密度，单位为克每立方厘米（g/cm^3）；

γ_w——水的密度（≈1 g/cm^3）。

D.5 试验记录

记录每一试件的密度值。

ICS 65.060
B 90

中华人民共和国国家标准

GB/T 25698—2010

饲料加工工艺术语

Feed processing technology terms

2010-12-23 发布　　　　2011-07-01 实施

中华人民共和国国家质量监督检验检疫总局
中国国家标准化管理委员会　发布

前　　言

本标准由中国机械工业联合会提出。

本标准由全国饲料机械标准化技术委员会(SAC/TC 384)归口。

本标准起草单位:河南工业大学。

本标准主要起草人:王卫国。

饲料加工工艺术语

1 范围

本标准规定了饲料加工工艺及生产管理的术语及定义。

本标准适用于饲料行业科研、教学、生产、贸易及管理。

2 规范性引用文件

下列文件中的条款通过本标准的引用而成为本标准的条款。凡是注日期的引用文件，其随后所有的修改单(不包括勘误的内容)或修订版均不适用于本标准，然而，鼓励根据本标准达成协议的各方研究是否可使用这些文件的最新版本。凡是不注日期的引用文件，其最新版本适用于本标准。

GB/T 10647—2008 饲料工业术语

3 术语和定义

GB/T 10647—2008 界定的以及下列术语和定义适用于本标准。

3.1 接收、储存

3.1.1

原料接收 raw material receiving

采用人工或机械将经检验合格的饲料原料搬运到指定地点的作业。

3.1.2

散料接收 bulk receiving

采用人工或机械将检验合格的散装饲料原料或成品，搬运到指定地点的作业。

3.1.3

包装接收 package receiving

采用人工或机械将检验合格的，以包装袋或桶等形式封装的饲料原料或成品搬运到指定地点的作业。

3.1.4

袋料接收 bag receiving

采用人工或机械将检验合格的，以包装袋封装的饲料原料或成品搬运到指定地点的作业。

3.1.5

散料储存 bulk storage

将饲料原料、产品以散粒体的形式储存在仓库内的作业。

3.1.6

包装储存 package storage

将饲料原料、产品以定量包装袋、桶等储存在仓库内的作业。

3.1.7

熏蒸 suffocation；fumigation

将特定剂量的熏蒸剂投入密闭的仓房或密闭的饲料堆内，依靠熏蒸气体自然扩散或使熏蒸气体强制扩散来杀灭害虫的作业。

3.1.8

倒仓　turning from bin to bin

将物料从某一料仓中卸出并运送至另一个料仓或返送回原料仓的作业。

3.1.9

安全水分　safe moisture

在常规储藏条件下，饲料原料或产品能够不发热、不霉变的最高水分含量。

3.1.10

仓内干燥　drying in bin

将高水分饲料原料存放在配有机械通风系统的仓内，使用自然空气或加热空气作为干燥介质，进行机械通风干燥的作业。

3.1.11

结拱　arching

物料在仓内出料口段形成拱桥或管状拱而不能自行排出的现象。

3.2　清理

3.2.1

初清　scalping

原料入仓或加工前除去大杂和轻杂的作业。

3.2.2

去石　stoning

除去饲料原料中石子的作业。

3.2.3

通风除尘　dust removing by airation

利用风网系统控制扬尘点产生的粉尘，防止粉尘外溢的作业。

3.2.4

除杂率　impurity removal efficiency

清理后原料中的杂质质量占清理前原料中杂质质量的百分数。

3.2.5

杂中含料率　feed percentage in impurity

清理过程排出的杂质中饲料原料质量占排出物总质量的百分数。

3.2.6

液体过滤　liquid filtration

去除液体组分中的杂质或结块物的作业。

3.3　粉碎

3.3.1

切碎　cutting up

将饲料原料切割成要求尺寸的作业。

3.3.2

单一粉碎　single ingredient grinding

对单种饲料原料进行的粉碎作业。

3.3.3

混合粉碎　mixture grinding

对预先掺混的两种或两种以上原料进行粉碎的作业。

3.3.4

辅助吸风　air-assist

对粉碎机配置吸风系统来强化排料、除湿及降温的作业。

3.4　配料

3.4.1

连续喂料　continuous feeding

喂料设备不间断地给配料秤或作业设备供料的作业方式。

3.4.2

点动喂料　intermittent feeding

喂料设备以断续方式给配料秤供料的作业方式。

3.4.3

双喂料器喂料　double-feeder feeding

采用两台喂料器同时给配料秤或其他作业设备供料的作业方式。

3.4.4

多喂料器喂料　multi-feeder feeding

采用多台喂料器同时给配料秤或其他作业设备供料的作业方式。

3.4.5

变频连续喂料　frequency variable continuous feeding

采用可变频控制的喂料器给配料秤或其他作业设备不间断供料的作业方式。

3.4.6

空中物料　air material; flying material

喂料器停止喂料瞬间，在计量设备中料堆上方至喂料器排料口之间存在的物料。

3.4.7

配料准确度　proportioning accuracy

某种配料组分的计量结果与给定计量值之间的一致程度。

[GB/T 18695—2002，定义 A.4]

3.5　混合

3.5.1

干混合　dry mixing

添加液体组分之前混合机内物料的混合过程。

3.5.2

湿混合　wet mixing

添加液体组分之后混合机内物料的混合过程。

3.5.3

对流混合　convectional mixing

在混合机内，成团的物料粒子从一处向另一处做相向流动的混合过程。

3.5.4

剪切混合　cutting mixing

混合物料在工作部件作用下或在重力作用下，彼此形成许多相对滑动的剪切面的混合过程。

3.5.5

扩散混合　diffusive mixing

混合物料以单个粒子为单元向四周移动的混合过程。

3.6 调质

3.6.1

灭菌 sterilization

杀死饲料中微生物(包括繁殖体、病原体、非病原体、部分芽孢)的作业。

3.6.2

前熟化 pre-ripening

在制粒或成型之前使饲料熟化的作业。

3.6.3

后熟化 post ripening

在制粒或成型之后使颗粒饲料熟化的作业。

3.6.4

加压调质 pressurized conditioning

将饲料在具有一定压力的调质器中调质的作业。

3.6.5

高温短时调质 high temperature and short time conditioning

采用挤压膨胀机等设备对饲料进行 100 ℃～160 ℃、5 s～20 s 的调质处理的作业。

3.6.6

调质温升 temperature rise in conditioning

饲料从进入调质器到排出调质器时温度升高的数值,以摄氏度表示,单位为℃。

3.6.7

调质水分增量 moisture increase in conditioning

饲料从进入调质器到排出调质器时水分含量升高的数值,以百分数表示,%。

3.7 成型

3.7.1

二次制粒 double pelleting

具有两次挤压成型过程的作业。

3.7.2

加压制粒 pressurized pelleting

采用可密闭加压的挤压腔和制粒机构对饲料在高于大气压的压力下进行制粒的工艺。

3.7.3

在线压辊调节 on-line roll adjustment

在制粒机不停机条件下依靠自动控制系统实现压辊压模间隙调整的技术。

3.7.4

颗粒饲料成形率 percentage of shaped pellets

制粒机排出的物料中符合标准要求的颗粒的质量占总物料质量的百分数。

3.7.5

压模寿命 die life

一个压模从启用到报废期间能够生产的颗粒饲料总量,以吨计,单位为吨每个(t/个)。

3.7.6

压辊寿命 roller life

一个压辊从启用到报废期间能够生产的颗粒饲料总量,以吨计,单位为吨每个(t/个)。

3.7.7

油料填模　filling die holes with oiling material

每次压模结束生产前用含油饲料挤压填满模孔的作业。

3.7.8

膨化度　expanding degree

膨化后的产品体积密度与膨化前的体积密度之比。

3.8　成型后处理

3.8.1

逆流冷却　counter-flow cooling

在冷却器内冷却空气的流向与被冷却饲料流向相反的冷却方法。

3.8.2

横流冷却　cross-flow cooling

在冷却器内冷却空气的流向与被冷却饲料流向垂直的冷却方法。

3.8.3

冷却时间　cooling period

颗粒饲料从开始进入冷却器至排出该设备的时间。

3.8.4

冷却温降　temperature fall in cooling

饲料从进入冷却器到排出冷却器时温度降低的数值，单位为摄氏度（℃）。

3.8.5

冷却失水率　moisture reduction in cooling

饲料从进入冷却器到排出冷却器时水分含量的差值。

3.8.6

逆流干燥　counter-flow drying

在干燥器内热空气的流向与被干燥饲料流向相反的干燥方法。

3.8.7

横流干燥　cross-flow drying

在干燥器内热空气的流向与被干燥饲料流向垂直的干燥方法。

3.8.8

顺流干燥　concurrent-flow drying

在干燥器内热空气的流向与被干燥饲料流向相同的干燥方法。

3.8.9

干燥时间　drying period

颗粒饲料从开始进入干燥器至排出该设备所需的时间。

3.8.10

干燥过程控制　drying process control

饲料干燥过程中对风温、风速、料温、水分等关键参数实施的监测与控制措施。

3.8.11

水分在线监测　on-line moisture monitoring

在饲料加工过程中，对饲料的水分进行实时测量的措施。

3.8.12

干燥失水率　moisture reduction in drying

饲料从进入干燥机到排出干燥机时水分含量的差值。

3.8.13

后喷涂　post coating

成型后对颗粒饲料进行液体喷涂的作业。

3.8.14

常压颗粒液体喷涂　normal pressure liquid coating for pellets

常压下给颗粒饲料表面喷涂油脂、糖蜜、维生素或其他液体的作业。

3.8.15

真空颗粒液体喷涂　vacuum coating for pellets

采用抽真空，喷涂液体组分、释压渗透过程给颗粒饲料喷渗油脂、糖蜜、维生素或其他液体的作业。

3.8.16

成品筛理　finished product screening

在送入成品仓或计量包装之前，对饲料进行筛选的作业。

3.8.17

定量包装　quantitative packaging

按照设定的包装规格完成称量、灌包、封口的作业。

3.8.18

自动定量包装　automatic quantitative packaging

由设备自动完成套袋、称量、灌包、封口的作业。

3.8.19

封口　sealing

对盛装物料的包装容器口进行密封的作业。

3.8.20

缝口　sack sewing

用线缝合盛装物料的包装袋口的作业。

3.9　生产管理

3.9.1

吨料电耗　power consumption per ton feed

生产每吨饲料产品消耗的电能，以千瓦时每吨(kW·h/t)表示。

3.9.2

吨料汽耗　steam consumption per ton feed

生产每吨饲料产品消耗的蒸汽量，以千克每吨(kg/t)表示。

3.9.3

吨料煤耗　coal consumption per ton feed

生产每吨饲料产品消耗的燃煤量，以千克每吨(kg/t)表示。

3.9.4

清洁生产排序　clean production sequencing

为最大限度减少或消除前后批次之间药物的交叉污染，降低饲料安全风险，而对不同产品的生产排出先后次序。

3.9.5

良好操作规范　good manufacturing practice (GMP)

对饲料加工的环境、厂房设施、设备、原材料、加工过程、包装、运输、储存、卫生和人员等规定的规范性要求。

3.9.6

卫生标准操作程序　sanitation standard operation procedure（SSOP）

为使饲料加工产品符合卫生要求而制定的指导加工过程中实施清洗、消毒和卫生保持等的作业指导文件。

参 考 文 献

［1］ GB/T 18695—2002 饲料加工设备术语.

中 文 索 引

英 文 索 引

A

B

C

D

E

F

G

H

I

L

M

N

O

P

Q

R

S

T

V

W

ICS 65.060
B 93

中华人民共和国国家标准

GB/T 25699—2010

带式横流颗粒饲料干燥机

Belt crossflow pellet feed dryer

2010-12-23 发布　　2011-07-01 实施

中华人民共和国国家质量监督检验检疫总局
中国国家标准化管理委员会　发布

前　　言

本标准的附录 A 为资料性附录。

本标准由中国机械工业联合会提出。

本标准由全国饲料机械标准化技术委员会(SAC/TC 384)归口。

本标准起草单位:江苏牧羊集团有限公司。

本标准主要起草人:王东、孙旭清、刘春斌、范文海、王渊明、张文良、孙卫东、冯秋兰、王妹玲、倪永东。

带式横流颗粒饲料干燥机

1 范围

本标准规定了带式横流颗粒饲料干燥机的术语和定义、型号、要求、试验方法、检验规则、标志、包装、运输、贮存。

本标准适用于以蒸汽加热的热空气为干燥介质的带式横流颗粒饲料干燥机(以下简称干燥机)。

2 规范性引用文件

下列文件中的条款通过本标准的引用而成为本标准的条款。凡是注日期的引用文件,其随后所有的修改单(不包括勘误的内容)或修订版均不适用于本标准,然而,鼓励根据本标准达成协议的各方研究是否可使用这些文件的最新版本。凡是不注日期的引用文件,其最新版本适用于本标准。

GB/T 191　包装储运图示标志(GB/T 191—2008,ISO 780:1997,MOD)

GB/T 3768—1996　声学　声压法测定噪声源　声功率级　反射面上方采用包络测量表面的简易法(eqv ISO 3746:1995)

GB 4053.3　固定式钢梯及平台安全要求　第3部分:工业防护栏杆及钢平台

GB 5226.1　机械电气安全　机械电气设备　第1部分:通用技术条件(GB 5226.1—2008,IEC 60204-1:2005,Safety of machinery—Electrical equipment of machines—Part 1:General requirements,IDT)

GB/T 6435　饲料中水分和其他挥发性物质含量的测定(GB/T 6435—2006,ISO 6496:1999,Animal feeding stuffs—Determination of moisture and other volatile mater content,IDT)

GB/T 14095　农产品干燥技术　术语

GB/T 16157　固定污染源排气中颗粒物测定与气态污染采样法

GB 17888.4　机械安全　进入机械的固定设施　第4部分:固定式直梯(GB 17888.4—2008,ISO 14122-4:2004,IDT)

GB 23821　机械安全　防止上下肢触及危险区的安全距离(GB 23821—2009,ISO 13857:2008,IDT)

GBZ/T 192.1　工作场所空气中粉尘测定　第1部分:总粉尘浓度

ISO 2409:2007　色漆和清漆　漆膜的划格试验

3 术语和定义

GB/T 14095确立的以及下列术语和定义适用于本标准。

3.1

带式横流颗粒饲料干燥机　belt crossflow pellet feed dryer

以蒸汽热交换器加热的热空气为干燥介质,热空气以垂直于均布在输送带上的颗粒饲料的流动方向穿过饲料层,并和饲料发生湿、热交换的干燥设备。

3.2

干燥容积　drying cubage

进行湿热交换的干燥腔(不计内置风道)内部的容积,包括干燥介质和饲料进入、具有湿热交换功能的进、出料段、回料段内部的容积。

3.3

残留率　residual rate

干燥机连续工作 4 h,停机后未被自动扫除出机的饲料质量与单位产量之比。

3.4

使用有效度　availability in use

考核时间内的有效工作时间与有效工作时间和故障停机时间之和的比值。

3.5

单位耗电量　specific electricity consumption

从饲料中蒸发每千克水所消耗的电能(电能不包括没有和干燥机组成一体的上下料提升机和输送机电机所消耗的电能)。

4　型号

干燥机的型号由类别代号、型式代号、规格代号和辅助规格代号组成。型号编制如下:

GZ DH □×□/□

- 辅助规格代号:干燥饲料层数,单层可省略
- 辅助规格代号:干燥段总长度,m
- 规格代号:输送带宽度,cm
- 型式代号:带式横流
- 类别代号:饲料干燥机

示例:干燥饲料层为 2 层、输送带宽度为 200 cm、干燥段总长度为 18 m 的带式横流饲料干燥机表示为 GZDH200×18/2。

5　要求

5.1　性能指标

在试验用饲料满足 6.1.2 规定的条件下,干燥机的性能指标应符合表 1 的规定。

表 1　干燥机主要性能指标

序号	项　　目	指　　标
1	生产率/(kg/h)	不小于出厂产品明示值
2	干燥不均匀度/%	≤2
3	降水幅度/%	≥12
4	干燥强度/[kg/(m^3·h)]	≥13
5	单位耗热量/(kJ/kg)	≤4 700
6	单位耗电量/(kW·h/kg)	≤0.1
7	残留率/%	≤1
8	负载噪声声功率级/dB(A)	≤100

5.2　结构组成和要求

5.2.1　主要结构

干燥机应由给料系统、输送系统、供热风网系统、箱体及电气、温度控制系统组成。

5.2.2　给料系统

5.2.2.1　给料系统的给料量应能满足干燥机生产率的需要。

5.2.2.2 给料系统应能保证饲料均匀分布在干燥机输送带上，并可在输送带的宽度方向调节饲料的分布范围。

5.2.2.3 给料系统不应使湿热颗粒料产生粘结。

5.2.2.4 出料溜管（出料槽）应采用不锈钢制作。

5.2.3 输送系统

5.2.3.1 饲料输送速度应可调节。

5.2.3.2 输送带应平整、无破损。

5.2.3.3 输送系统应设置清理干燥室底板上饲料的清扫器。

5.2.3.4 输送系统的运动部件不得和干燥室内的固定部件产生碰擦。

5.2.3.5 输送链运行应平稳，不得有爬链和脱链现象。

5.2.3.6 输送带及其托架与输送链的连接应牢固。

5.2.3.7 输送系统应设置输送链的自动或手动张紧机构。

5.2.4 供热风网系统

5.2.4.1 蒸汽系统应设置蒸汽流量调节、蒸汽压力调节和显示装置。

5.2.4.2 干燥段应设置干燥介质温度检测和显示装置，显示温度范围应达到 0 ℃～180 ℃。

5.2.4.3 生产率大于或等于 2 500 kg/h 的干燥机，热风应循环利用。

5.2.4.4 干燥段应设置排风、循环风和补风风量调节装置。

5.2.4.5 排气风机前应设置除尘装置。

5.2.4.6 供热和风网系统的外露表面应有保温措施。

5.2.4.7 干燥介质温度应小于或等于 140 ℃，供热风网系统应有限温措施。

5.2.4.8 干燥机上的管路和阀门不应渗漏。

5.2.5 箱体

5.2.5.1 箱体各段的连接结构和尺寸应一致。

5.2.5.2 箱体应采取隔热措施。

5.2.5.3 箱体上应设置便于清理、检查、维修的门或孔。

5.2.5.4 干燥机应配置清粉装置。

5.2.5.5 干燥机箱体各段连接处、门与箱体的接缝处均不得泄漏。

5.2.5.6 箱体的内部结构不应有无法清除残留物的死角。

5.2.5.7 干燥机应设置取样口。

5.2.6 电气和温度控制系统

5.2.6.1 干燥机应能进行干燥周期和干燥介质温度的设定和控制。正常运行时，干燥介质的温度波动应不超过±3 ℃，温度超限应能报警。

5.2.6.2 电气控制系统应具有顺序启动和顺序停机、单机启动和停机及紧急停机功能。各设备的运行状态应有指示信号。

5.2.6.3 配置计算机控制系统的，应具备下列功能：

a) 自动和手动；
b) 工艺流程控制：干燥周期、干燥介质温度、蒸汽阀门开度等工艺参数设置，各带电设备控制；
c) 工艺流程、参数、设备运行状态显示；
d) 故障检测、报警、故障停机；
e) 生产记录和报表管理。

5.3 安全卫生

5.3.1 卫生性

5.3.1.1 干燥机中与饲料接触的部分应采用食品级的材料制作。

5.3.1.2 干燥机工作区空气中粉尘浓度应不大于 10 mg/m^3。

5.3.1.3 干燥机排出气体中的粉尘浓度应不大于 120 mg/m^3(标准状态下)。

5.3.2 机械安全

5.3.2.1 蒸汽系统应设置安全阀。

5.3.2.2 在换热器之前,应设置循环风过滤网。

5.3.2.3 外露转动部件、裸带电部件、风机的新风进风口应设置防护装置,防护装置的结构和危险区域的距离应符合 GB 23821。

5.3.2.4 转动部件、高温部件和其他危险部位外表面应有警示标志。

5.3.2.5 安装于干燥机上的直梯应符合 GB 17888.4 的有关规定。

5.3.2.6 干燥机的箱体顶部如为到达平面,则在其下降边应设置护栏,护栏应符合 GB 4053.3 的有关规定。

5.3.3 电气安全

5.3.3.1 启、停各设备应能保证安全联锁,不致因误操作而产生安全事故。

5.3.3.2 电气设备的其他安全要求应符合 GB 5226.1 的有关规定。

5.4 可靠性

5.4.1 干燥机使用有效度应不小于 95%。

5.4.2 干燥机输送带的使用寿命应不低于表 2 的规定。

表 2 输送带的使用寿命和使用寿命期间内的允许破损程度

<table>
<tr><th>序号</th><th>品 种</th><th>允许破损程度</th><th>使用寿命/h</th></tr>
<tr><td>1</td><td>非金属编织网</td><td rowspan="2">1. 单个破洞面积不大于 25 cm^2、破洞数不大于 5 个;
2. 撕裂长度不大于 15 cm、宽度不大于 2 cm</td><td>2 000</td></tr>
<tr><td>2</td><td>金属丝编织网</td><td>1 000</td></tr>
</table>

5.5 外观

5.5.1 干燥机箱体表面应平整、光滑,不应有磕碰、划伤和锈蚀等缺陷。

5.5.2 箱体外露的金属表面(不锈钢材料除外)应涂漆。涂层应光洁、平整,无流挂、起泡、裂纹、划痕、起皱、漏涂等缺陷。

5.5.3 漆层经附着性能试验后,漆膜的剥落程度应不大于 ISO 2409:2007 中规定的 2 级。

5.5.4 外露焊缝应平直、光滑或鳞片状波纹均匀,不应有裂纹、烧伤、假焊、漏焊和焊渣残留等缺陷。

5.5.5 铸件表面不得有气孔、缩松、裂纹等铸造缺陷。

5.5.6 标牌、标志应清晰、耐久,固定位置正确、平整、牢固。

6 试验方法

6.1 试验条件

6.1.1 试验场地

试验场地的地基应坚固、平整,车间要有通风设施。

6.1.2 试验用饲料

试验用饲料为浮性的膨化颗粒饲料,并符合下列要求:

a) 配方应满足:淀粉含量为 20%~30%、脂肪含量为 3%~5%;

b) 饲料膨化机模孔直径为 3 mm~5 mm;

c) 水分为 18%~25%、水分不均匀度不大于 2%;

d) 温度不低于 80 ℃。

6.1.3 其他条件

其他试验条件如下：

a) 试验用仪器、仪表、量具、检测工具参见附录 A，使用前应经检验校准，并在有效周期内；

b) 电源电压为 380 V，电压波动不大于额定值的±10%；

c) 试验用蒸汽压力为(0.6～0.8)MPa；

d) 样机操作应配备固定的熟练人员；

e) 周围环境温度为 20 ℃～30 ℃、相对湿度为 60%～80%。

6.1.4 安装调试

6.1.4.1 按使用说明书的要求进行安装和调试。

6.1.4.2 按以下要求设置试验用仪表或传感器：

a) 测定干燥段热风温度的传感器应安装在干燥段接近饲料层的进风入口处；

b) 测定排风温度、湿度的传感器应安装在干燥段接近饲料层的排风口处；

c) 蒸汽流量计应安装在热交换器蒸汽入口总管道中；

d) 蒸汽压力表、温度传感器应按照蒸汽流量计量的要求安装；

e) 测定环境空气温度、湿度、大气压力的传感器或仪表应安装在新鲜空气的进风口附近。

6.2 静态检查

6.2.1 逐项检查结构组成、功能部件、附属装置是否齐全、完好，温度和压力仪表的示值范围是否符合要求。

6.2.2 确认各系统和整机的安装符合系统原理图和使用说明书的要求。

6.2.3 用目测、手感检查干燥机的标志、外观。

6.2.4 检查与饲料接触的零件材质、外购件和外协件的质量合格证明文件。必要时，与饲料接触的零件材质的卫生指标可按相关卫生标准检验。

6.2.5 漆层附着性能的划格试验按 ISO 2409:2007 规定的方法进行。

6.2.6 防止上、下肢到达危险地带的安全距离的检测按 GB 23821 的规定进行。

6.2.7 按照 GB 17888.4 和 GB 4053.3 的规定，检查干燥机上安装的直梯和护栏的外观、结构尺寸和安装质量，必要时进行强度检测。

6.2.8 电气装置的有关检验按 GB 5226.1 的规定进行。

6.3 空载试验

6.3.1 分步运行各系统正常后，进行整机空载试验。

6.3.2 空载试验时，试验启、停各设备的顺序和安全联锁功能是否符合设计要求。

6.3.3 运行供热风网系统，试验干燥介质温度是否能达到设定要求、限温措施能否使干燥介质温度保持稳定、温度超限能否报警。

6.3.4 试验操纵、调节、显示等装置是否能在规定的范围内正常工作。

6.3.5 观察密封部位有无漏油、漏汽现象。

6.3.6 观察整机运转是否正常平稳，有无异常响声。

6.3.7 按使用说明书进行计算机控制的模拟试验。

6.4 负载试验

6.4.1 样机的技术特征

将试验样机的技术特征参数计入表 3。

表 3 试验样机技术特征

序号	项　　目	单　位	参　　数
1	生产率	kg/h	
2	总装机容量	kW	
3	其中：风机电机功率	kW	
4	输送带电机功率	kW	
5	给料装置电机功率	kW	
6	清理装置电机功率	kW	
7	输送带宽度	cm	
8	干燥段长度	cm	
9	干燥段数量	节	
10	干燥段总容积	m^3	

6.4.2 性能指标测定

6.4.2.1 试验准备

6.4.2.1.1 按产品说明书规定的顺序启动、预热干燥机和投料试车。

6.4.2.1.2 目测检查出料溜管出来的饲料是否有团块和输送带上的饲料是否有空洞、堆砌现象。

6.4.2.1.3 调节各项操作工艺参数，通过快速的方法测定出料水分，使干燥机出料水分、排料量达到设定值，并确认干燥机进入稳定运行状态，锁定各项工艺参数。根据输送带驱动电机的工作频率测算干燥周期，或用其他快速、直观的方法测定干燥周期。在稳定运行状态下经过一个干燥周期后，进行性能测试，并将测得参数和相关计算结果记入表 4。

表 4 性能测试参数表

序号	测定内容		单位	测试值					
				1	2	3	4	5	平均值
1	环境条件	空气温度	℃						
2		空气相对湿度(r.h.)	%						
3		大气压力	kPa						
4		背景噪声	dB(A)						
5	蒸汽	压力	MPa						—
6		温度	℃						—
7		考核时段耗用量	kg						—
8	进机饲料水分(w.b.)	水分	%						
9		水分不均匀度	%						
10	出机饲料水分(w.b.)		%						
11	降水幅度		%						
12	干燥不均匀度	1. 首次取样	%						—
13		2. 间隔 1/3 周期取样	%						—
14		3. 间隔 1/3 周期取样	%						—
15		干燥不均匀度	%						

表 4（续）

序号	测定内容		单位	测试值					
				1	2	3	4	5	平均值
16	生产率	取样量	kg						—
17		取样时间	s						—
18		生产率	kg/h						
19	单位耗热量	蒸汽的焓	kJ/kg						—
20		单位耗热量	kJ/kg						
21	单位耗电量	耗电量	kW·h						—
22		单位耗电量	kW·h/kg						
23	单位失水量		kg/h						
24	干燥强度		kg/(m^3·h)						
25	残留率	约 4 h 饲料残留量	kg						
26		测定的 1 h 产量	kg						
27		残留率	%						

6.4.2.2 取样

6.4.2.2.1 进机饲料取样：在干燥机进口处接取饲料样品，每次接取样品不少于 1 kg，并立即将样品置于密闭的容器中，并不停地翻动容器，使样品在冷却至接近室温的过程中，容器壁上无明显冷凝水产生。间隔 5 min 接取 1 次，共接取 5 次。

6.4.2.2.2 出机饲料水分检测的取样：以秒表计时，对应在干燥机进口处接取饲料样品时刻延迟一个干燥周期，在干燥机出料输送机处取样，每次接取样品不少于 1 kg，并立即将样品置于密闭的容器中，并不停地翻动容器，使样品在冷却至接近室温的过程中，容器壁上无明显冷凝水产生。同样间隔 5 min 接取 1 次，共接取 5 次。

6.4.2.2.3 生产率检测的取样：在取得出机饲料水分检测的样品后，以秒表计时，继续在出料输送机处取样，每次接取时间不少于 1 min～2 min 或接取样品质量不少于 200 kg，立即称重。计时开始与终止应与取样同步。间隔 5 min 接取 1 次，共接取 5 次。

6.4.2.2.4 干燥不均匀度检测的取样：将出料口输送带横断面均匀分为 5 等份，从每等份的大约中心点接取饲料样品，每次接取样品不少于 1 kg，并立即将样品置于密闭的容器中；间隔约 1/3 干燥周期接取 1 次，共接取 3 次，获得 15 个样品。

6.4.2.3 样品的处理

对用于水分检测的进机料或出机料样品，用四分法或分样器缩分得到一份样品，从中取约 50 g 试样，用研钵研碎，作为水分检测的试样。

6.4.2.4 生产率

按公式(1)计算生产率，结果取 5 次测得值的平均值。

$$P = \frac{3\,600G}{T} \qquad \cdots\cdots(1)$$

式中：

P——生产率，单位为千克每小时(kg/h)；

G——出机料取样量，单位为千克(kg)；

T——取样时间，单位为秒(s)。

6.4.2.5 饲料水分(w.b.)的测定

进机或出机饲料水分的检测，按GB/T 6435规定的方法进行。

6.4.2.6 进机饲料水分(w.b.)和水分不均匀度

进机饲料水分以5个进机饲料样品水分测得值的算术平均值计(M_1)。进机饲料水分的不均匀度以5个进机饲料样品水分测得值的最大与最小差值计。

6.4.2.7 出机饲料水分(w.b.)

出机饲料水分以5个出机饲料样品水分测得值的算术平均值计(M_2)。

6.4.2.8 干燥不均匀度

计算6.4.2.2.4中每次5个样品水分测得值的最大与最小差值，计为M_i'，出机饲料的干燥不均匀度以M_i'中最大值计。

6.4.2.9 降水幅度

按公式(2)计算降水幅度。

$$\Delta M = M_1 - M_2 \quad \cdots\cdots (2)$$

式中：

ΔM——降水幅度，%；

M_1——进机饲料水分(w.b.)，%；

M_2——出机饲料水分(w.b.)，%。

6.4.2.10 单位失水量

单位失水量按公式(3)计算。

$$W = \frac{P\Delta M}{100 - M_1} \quad \cdots\cdots (3)$$

式中：

W——单位失水量，单位为千克每小时(kg/h)。

6.4.2.11 干燥强度

用钢卷尺测量各干燥室内腔长、宽、高尺寸，计算各干燥室的总容积，按公式(4)计算干燥强度。

$$W_V = \frac{W}{V_g} \quad \cdots\cdots (4)$$

式中：

W_V——干燥强度，单位为千克每立方米小时[kg/(m³·h)]；

V_g——干燥室的总容积，单位为立方米(m³)。

6.4.2.12 单位耗热量的测定

随生产率检测取样的同时，从安装于热交换器蒸汽入口总管道中的蒸汽流量计，读取每次生产率检测取样过程累计耗用蒸汽量，从蒸汽压力表读取此时的饱和蒸汽压力(或从温度表读取饱和蒸汽温度)，从饱和蒸汽性能表查出该饱和蒸汽压力(或温度)下的饱和蒸汽的焓。按公式(5)计算单位耗热量。共测5次，结果取5次测得值的算术平均值。

$$q = \frac{Q(100 - M_1)H}{G\Delta M} \quad \cdots\cdots (5)$$

式中：

q——单位耗热量，单位为千焦每千克(kJ/kg)；

Q——取样时间段内耗用的蒸汽量，单位为千克(kg)；

H——蒸汽的焓，单位为千焦每千克(kJ/kg)。

6.4.2.13 单位耗电量的测定

随生产率检测取样的同时，从电能表读取每次生产率检测取样过程累计耗电量，按公式(6)计算单位耗电量。共测5次，结果取5次测得值的算术平均值。

$$e=\frac{E(100-M_1)}{G\Delta M} \qquad \cdots\cdots(6)$$

式中：

e——单位耗电量，单位为千瓦时每千克(kW·h/kg)；

E——取样时间段内的耗电量，单位为千瓦时(kW·h)。

6.4.2.14 残留率的测定

干燥机工作约4 h停机后，打开进料段、干燥段所有检修门，自然冷却后，人工清扫出干燥机内部、包括风道内的所有饲料残留，计算该4 h的单位产量，按公式(7)计算残留率。

$$C=\frac{L}{p}\times 100 \qquad \cdots\cdots(7)$$

式中：

C——残留率，%；

L——饲料残留量，单位为千克(kg)；

p——1 h的产量，单位为千克(kg)。

6.4.2.15 噪声的测定

按GB/T 3768规定的方法测定整机噪声声功率级。以一个包络干燥机并终止于反射平面上的最小矩形六面体作为基准体。设定基准体时，不是主要声能辐射体的检修门和阀门手柄、箱体上的仪表、连接管道等凸出部位可不包括在基准体内。测量表面是一个各面平行于基准体相应平面、到基准体相应平面的距离为1 m的矩形六面体。当干燥机体积较大时，需要将测量表面的每一个面再细分为边长不超过3 m的矩形单元面积，测点位置位于各个矩形单元面积的中心，参见GB/T 3768—1996附录C中图C.4～图C.6。

6.4.2.16 工作区空气中粉尘浓度的测定

工作区空气中粉尘浓度的检测按GBZ/T 192.1规定的方法进行。

6.4.2.17 排出气体中粉尘浓度的测定

排出气体中粉尘浓度的测定按GB/T 16157规定的方法进行。

6.4.2.18 计算机控制系统功能试验

在负载启动调试和运行过程中需要进行工艺参数的调整及流程控制时，置控制系统于手动工作状态，试验手动功能是否正常。工艺参数达到要求后，将控制系统置于自动工作状态，试验自动运行是否稳定正常。

6.4.3 可靠性试验

6.4.3.1 使用有效度

干燥机使用有效度试验在用户单位进行，考核时间不少于30个工作日，统计考核时间内干燥机每个工作日的故障停机时间和每个工作日的作业时间，按公式(8)计算使用有效度。

$$K=\frac{\sum T_Z}{\sum T_Z+\sum T_G}\times 100 \qquad \cdots\cdots(8)$$

式中：

K——使用有效度，%；

$\sum T_Z$——每个工作日的作业时间，单位为小时(h)；

$\sum T_G$——每个工作日的故障停机时间,单位为小时(h)。

6.4.3.2 **输送带的使用寿命**

从使用单位的生产纪录,统计输送带的使用寿命。用钢卷尺测量输送带的破损尺寸、计算破损面积。输送带的破损只要有一项超过本标准表2所规定的允许破损程度,则判定该输送带失效。使用单位修补以后的使用时间不计算在输送带的使用寿命时间之内。

7 检验规则

7.1 检验分类

干燥机检验分为出厂检验、交收检验和型式检验。

7.2 出厂检验

7.2.1 分部件包装出厂前,应按5.5(5.5.3除外)检查零部件外观。

7.2.2 检查零部件是否完好和部装件的装配质量。

7.2.3 检查系统配置是否齐全。

7.3 交收检验

7.3.1 交收检验为逐台检验,在用户单位进行,应有用户单位参加。

7.3.2 交收检验项目为表1中序号1~序号3项目、5.2、5.3.2、5.3.3、5.5(5.5.3除外)。

7.3.3 干燥机交收前应进行不少于30 min的空载试验和3个班次的负载试验。

7.3.4 干燥机应经制造商的质量检验部门检验合格、签发产品合格证方可交付用户。

7.3.5 干燥机交付用户时,应同时交付使用说明书、检验记录和产品合格证等技术文件。

7.4 型式检验

7.4.1 有下列情况之一时,应进行型式检验:

a) 新产品试制定型;

b) 结构、材料、工艺设计有较大改变,可能影响产品性能时;

c) 国家质量监督部门提出进行型式检验要求时。

7.4.2 型式检验的样机应在交收检验合格的产品中随机抽取一台。

7.4.3 型式检验内容为本标准要求的全部项目。

7.5 判定规则

7.5.1 **不合格分类**

按质量特性不符合的严重程度分为A类、B类、C类不合格,见表5。

表5 检验项目和不合格分类

不合格分类		项目名称	要求条款	试验方法主要条款
A	1	生产率	5.1	6.4.2.2.3、6.4.2.4
	2	干燥不均匀度	5.1	6.4.2.2.4、6.4.2.5、6.4.2.8
	3	降水幅度	5.1	6.4.2.2.1、6.4.2.2.2、6.4.2.5、6.4.2.6、6.4.2.7、6.4.2.9
	4	单位耗热量	5.1	6.4.2.12
	5	材料卫生	5.3.1.1	6.2.4
	6	机械安全	5.3.2	6.2.1~6.2.3、6.2.6、6.2.7
	7	电气安全	5.3.3	6.2.8、6.3.2

表 5（续）

不合格分类		项目名称	要求条款	试验方法主要条款
B	1	干燥强度	5.1	6.4.2.10、6.4.2.11
	2	单位耗电量	5.1	6.4.2.13
	3	残留率	5.1	6.4.2.14
	4	噪声	5.1	6.4.2.15
	5	工作区粉尘浓度	5.3.1.2	6.4.2.16
	6	排出气体粉尘浓度	5.3.1.3	6.4.2.17
	7	给料系统	5.2.2.1～5.2.2.3	6.2.4、6.3.1、6.4.2.1.2
	8	输送系统	5.2.3.1～5.2.3.5	6.2.1、6.3.1
	9	供热风网系统	5.2.4.1～5.2.4.5	6.2.1、6.3.1、6.3.3、6.3.4、6.3.5
	10	箱体	5.2.5.1～5.2.5.4	6.2.1
	11	电气和温度控制系统	5.2.6.1～5.2.6.3	6.3.1、6.3.2、6.3.7、6.4.2.18
	12	使用有效度	5.4.1	6.4.3.1
	13	输送带寿命	5.4.2	6.4.3.2
C	1	出料溜管(出料槽)材质	5.2.2.4	6.2.4
	2	输送带和托架与输送链的连接	5.2.3.6	6.2.1、6.3.1、6.3.6
	3	输送链张紧机构	5.2.3.7	6.2.1、6.3.1、6.3.4、6.3.6
	4	供热风网表面保温	5.2.4.6	6.2.1
	5	干燥介质限温	5.2.4.7	6.3.3
	6	蒸汽系统密封性	5.2.4.8	6.3.5
	7	箱体密封性	5.2.5.5	6.3.5
	8	箱体内部无死角	5.2.5.6	6.2.1
	9	取样口	5.2.5.7	6.2.1
	10	漆层附着性能	5.5.3	6.2.5
	11	外观	5.5.1～5.5.6	6.2.3

7.5.2 判定方法

7.5.2.1 表 5 中所列检验项目的子项有一项不合格，则判该检验项目不合格；表 5 中所列检验项目为不合格判定数的单位项，不合格判定数如下：

a) A 类不合格判定数为 1 项；

b) B 类不合格判定数为 2 项；

c) C 类不合格判定数为 3 项；

d) B 类加 C 类不合格判定数为 3 项。

7.5.2.2 被检样机的不合格项数小于 7.5.2.1 规定时，则判该样机为合格品。

7.5.2.3 被检样机的不合格项数等于或大于 7.5.2.1 规定时，允许对不合格项进行调整、修复和进行复检，复检后若仍有不合格项数等于或大于 7.5.2.1 规定时，则判该样机为不合格品。

7.5.2.4 在监督检验和质量仲裁时，可靠性检验的数据应经生产方和使用方共同确认方为有效。

8 标志、包装、运输、贮存

8.1 标志

8.1.1 产品标志

每台干燥机应在明显位置固定铭牌，铭牌内容应包括：

a） 产品名称、型号；

b） 额定功率；

c） 蒸汽压力；

d） 主参数；

e） 质量；

f） 出厂编号或出厂日期；

g） 制造商名称。

8.1.2 包装标志

包装箱外应标明：

a） 产品名称、型号；

b） 出厂编号及箱号；

c） 箱体尺寸(长×宽×高)；

d） 净质量与总质量；

e） 到站(港)及收货单位；

f） 发站(港)及发货单位；

g） 储运图示标志应符合 GB/T 191 的规定。

8.2 包装

8.2.1 一般采用木箱包装或按用户要求包装。

8.2.2 整机和备件、附件在包装箱内应固定牢靠，包装箱内应有防水层。

8.2.3 随机文件应用塑料袋装好，固定在包装箱内。随机文件应包括：

a） 装箱单；

b） 产品合格证；

c） 产品使用说明书。

8.3 运输

可用一般交通工具运输。吊卸、装载时，应注意包装箱上的包装储运标志，防止颠倒、重压、碰撞和剧烈振动，应有防雨措施。

8.4 贮存

8.4.1 露天存放时底部应垫支承物，应有防雨淋、日晒和积水的设施。

8.4.2 室内存放时应有良好的通风与防潮措施。

附 录 A
（资料性附录）
试验用主要仪器仪表和工具

A.1 试验用主要仪器仪表和工具见表 A.1。

表 A.1 试验用主要仪器仪表和工具

<table>
<tr><th>序号</th><th colspan="2">名　称</th><th>规　格</th><th>技术要求</th></tr>
<tr><td>1</td><td colspan="2">电能综合分析测试仪</td><td>—</td><td>1.0 级</td></tr>
<tr><td>2</td><td colspan="2">电子秒表</td><td>24 h</td><td>±0.5 s/d</td></tr>
<tr><td>3</td><td colspan="2">台秤</td><td>500 kg</td><td>3 级</td></tr>
<tr><td>4</td><td colspan="2">分样器</td><td>—</td><td>—</td></tr>
<tr><td>5</td><td colspan="2">温湿度计</td><td>温度：(−20～60)℃、分辨率 0.1 ℃，
相对湿度：(0～100)%、分辨率 0.1%</td><td>±0.7℃，
±2.5%(r.h.)</td></tr>
<tr><td>6</td><td colspan="2">大气压力表</td><td>(80～110)kPa、分辨率：0.01 kPa/0.1 ℃</td><td>0.5%</td></tr>
<tr><td>7</td><td rowspan="3">蒸汽
测量</td><td>流量计</td><td>—</td><td>1.5 级</td></tr>
<tr><td>8</td><td>压力表</td><td>(0～1)MPa</td><td>1.5 级</td></tr>
<tr><td>9</td><td>温度计</td><td>(0～200)℃</td><td>1.5 级</td></tr>
<tr><td>10</td><td colspan="2">钢卷尺</td><td>10 m</td><td>分度值 1 mm</td></tr>
<tr><td colspan="5">注：不含试验方法引用标准中的试验仪器。</td></tr>
</table>

ICS 73.120
D 94

中华人民共和国国家标准

GB/T 25700—2010

复摆颚式破碎机　能耗指标

Single toggle jaw crusher—Energy consumption index

2010-12-23 发布　　2011-07-01 实施

中华人民共和国国家质量监督检验检疫总局
中国国家标准化管理委员会　发布

前　言

本标准由中国机械工业联合会提出。

本标准由全国矿山机械标准化技术委员会(SAC/TC 88)归口。

本标准起草单位:洛阳矿山机械工程设计研究院有限责任公司、中信重工机械股份有限公司、浙江矿山机械有限公司、上海建设路桥机械设备有限公司。

本标准主要起草人:郭明、张升奇、戴素江、赵金辉、杨现利、卜云峰、王定华、黄嘉琳。

复摆颚式破碎机　能耗指标

1　范围

本标准规定了复摆颚式破碎机能耗指标的术语和定义、技术要求、试验方法、能耗的评定及能耗等级标注。

本标准适用于复摆颚式破碎机(以下简称破碎机)。

2　规范性引用文件

下列文件中的条款通过本标准的引用而成为本标准的条款。凡是注日期的引用文件,其随后所有的修改单(不包括勘误的内容)或修订版均不适用于本标准,然而,鼓励根据本标准达成协议的各方研究是否可使用这些文件的最新版本。凡是不注日期的引用文件,其最新版本适用于本标准。

GB/T 7679.5　矿山机械术语　第5部分:破碎粉磨设备

JB/T 1388—2002　复摆颚式破碎机

3　术语和定义

GB/T 7679.5确立的以及下列术语和定义适用于本标准。

3.1

标准工况　normal regime

破碎物料堆密度为1.6 t/m^3、抗压强度为150 MPa的矿石;颚板为新颚板;工作情况为连续进料;最大排料粒度大于1.6倍公称排料口宽度的不应超过5%,排料粒度的加权平均尺寸不大于公称排料口宽度,排料粒度组成应符合JB/T 1388—2002中附录A的规定。

3.2

能耗指标　energy consumption index

在规定的标准工况条件下,破碎机实测功率与处理能力之比,以 $kW \cdot h/m^3$ 表示。

3.3

节能评价值　value of economy of energy

达到节能产品要求的能耗指标值。

4　技术要求

4.1　破碎机的设计、制造和质量应符合JB/T 1388的规定。

4.2　破碎机在寿命期内,在保障安全与使用性能的前提下,应通过设计降低能源消耗。破碎机第一次大修前的使用期限应符合JB/T 1388的规定。

4.3　破碎机能耗指标各等级的指标值不应超过表1的规定。

表1

破碎机型号	能耗指标/($kW \cdot h/m^3$)		
	1级	2级	3级
PE-150×250	1.80	2.05	2.36
PE-250×400	1.75	2.00	2.30

表 1（续）

破碎机型号	能耗指标/(kW·h/m³)		
	1 级	2 级	3 级
PE-400×600	1.62	1.85	2.10
PE-500×750	1.32	1.50	1.75
PE-600×900	1.10	1.25	1.40
PE-750×1 060	0.75	0.85	1.00
PE-900×1 200～PE-1 500×1 800	0.60	0.70	0.80
注 1：能耗指标等级分为 1 级、2 级、3 级，3 级为基本级，2 级为节能评价值，1 级要求最高。 注 2：电动机功率为实测功率。			

5 试验方法

5.1 破碎机标准工况下处理能力、电动机功率的试验方法按 JB/T 1388 的规定执行。

5.2 破碎机的能耗指标按式(1)进行计算：

$$E = \frac{N}{Q} \quad \cdots\cdots(1)$$

式中：

E——能耗指标，单位为千瓦小时每立方米(kW·h/m³)；

N——破碎机的实测功率，单位为千瓦(kW)；

Q——破碎机的处理能力，单位为立方米每小时(m³/h)。

6 能耗的评定

破碎机能耗指标达到表 1 中 3 级为合格品，达到 2 级(或以上)的为节能产品。

7 能耗等级标注

7.1 制造商宜根据本标准的规定和测试结果，确定破碎机的能耗等级。

7.2 制造商宜在其产品说明书中注明破碎机的能耗等级。

ICS 73.120
D 94

中华人民共和国国家标准

GB/T 25701—2010

复摆颚式破碎机　金属单耗

Single toggle jaw crusher—Specific metal consumption

2010-12-23 发布　　　　2011-07-01 实施

中华人民共和国国家质量监督检验检疫总局
中国国家标准化管理委员会　发布

前　言

本标准由中国机械工业联合会提出。

本标准由全国矿山机械标准化技术委员会(SAC/TC 88)归口。

本标准起草单位:洛阳矿山机械工程设计研究院有限责任公司、中信重工机械股份有限公司、浙江矿山机械有限公司、上海建设路桥机械设备有限公司。

本标准主要起草人:郭明、张升奇、戴素江、赵金辉、杨现利、卜云峰、王定华、王亚东。

复摆颚式破碎机　金属单耗

1　范围

本标准规定了复摆颚式破碎机金属单耗的术语和定义、技术要求、试验方法、破碎机金属单耗的评定及金属单耗等级标注。

本标准适用于复摆颚式破碎机(以下简称破碎机)。

2　规范性引用文件

下列文件中的条款通过本标准的引用而成为本标准的条款。凡是注日期的引用文件,其随后所有的修改单(不包括勘误的内容)或修订版均不适用于本标准,然而,鼓励根据本标准达成协议的各方研究是否可使用这些文件的最新版本。凡是不注日期的引用文件,其最新版本适用于本标准。

GB/T 7679.5　矿山机械术语　第5部分:破碎粉磨设备

JB/T 1388—2002　复摆颚式破碎机

3　术语和定义

GB/T 7679.5确立的以及下列术语和定义适用于本标准。

3.1

标准工况　normal regime

破碎物料堆密度为1.6 t/m^3、抗压强度为150 MPa的矿石;颚板为新颚板;工作情况为连续进料;最大排料粒度大于1.6倍公称排料口宽度的不应超过5%,排料粒度的加权平均尺寸不大于公称排料口宽度,排料粒度组成应符合JB/T 1388—2002中附录A的规定。

3.2

金属单耗　specific metal consumption

在规定的标准工况条件下,破碎机的质量与处理能力之比,以 $t/(m^3/h)$ 表示。

3.3

节材降耗评价值　value of reducing of wear consumption and economy of material

达到节材降耗产品要求的金属单耗值。

4　技术要求

4.1　破碎机的设计、制造和质量应符合JB/T 1388的规定。

4.2　破碎机在寿命期内,在保障安全与使用性能的前提下,应通过设计降低金属材料消耗。破碎机第一次大修前的使用期限符合JB/T 1388的规定。

4.3　破碎机金属单耗各等级的指标值不应超过表1的规定。

表1

破碎机型号	金属单耗/[$t/(m^3/h)$]		
	1级	2级	3级
PE-150×250	0.40	0.45	0.50
PE-250×400	0.32	0.36	0.40

表 1（续）

破碎机型号	金属单耗/[t/(m³/h)]		
	1 级	2 级	3 级
PE-400×600	0.28	0.31	0.35
PE-500×750	0.28	0.31	0.35
PE-600×900	0.27	0.30	0.34
PE-750×1 060	0.26	0.29	0.33
PE-900×1 200～PE-1 500×1 800	0.26	0.29	0.33
注 1：金属单耗等级分为 1 级、2 级、3 级，3 级为基本级，2 级为节材降耗评价值，1 级要求最高。 注 2：破碎机质量不包括电动机、电控等辅助配套装置质量。			

5 试验方法

5.1 破碎机标准工况下处理能力的试验方法按 JB/T 1388 的规定进行。

5.2 破碎机的金属单耗按式(1)进行计算：

$$P=\frac{G}{Q} \qquad \cdots\cdots(1)$$

式中：

P——金属单耗，单位为吨每立方米每小时[t/(m³/h)]；

G——破碎机的质量，单位为吨(t)；

Q——破碎机的处理能力，单位为立方米每小时(m³/h)。

6 破碎机金属单耗的评定

破碎机金属单耗达到表 1 中 3 级为合格品，达到 2 级(或以上)为节材降耗产品。

7 金属单耗等级标注

7.1 制造商宜根据本标准的规定和测试结果，确定破碎机的金属单耗等级。

7.2 制造商宜在其产品说明书中注明破碎机的金属单耗等级。

ICS 73.120
D 94

中华人民共和国国家标准

GB/T 25702—2010

复摆颚式破碎机　颚板磨耗

Single toggle jaw crusher—Wear consumption of jaw plate

2010-12-23 发布　　2011-07-01 实施

中华人民共和国国家质量监督检验检疫总局
中国国家标准化管理委员会　发布

前　言

本标准由中国机械工业联合会提出。

本标准由全国矿山机械标准化技术委员会(SAC/TC 88)归口。

本标准起草单位:洛阳矿山机械工程设计研究院有限责任公司、上海建设路桥机械设备有限公司、中信重工机械股份有限公司、浙江矿山机械有限公司、山东山矿机械有限公司。

本标准主要起草人:郭明、赵金辉、张升奇、戴素江、于春成、杨现利、王定华、卜云峰、尹萍。

复摆颚式破碎机　颚板磨耗

1　范围

本标准规定了复摆颚式破碎机颚板磨耗指标的术语和定义、技术要求、试验方法、颚板磨耗的评定及磨耗等级标注。

本标准适用于复摆颚式破碎机(以下简称破碎机)。

2　规范性引用文件

下列文件中的条款通过本标准的引用而成为本标准的条款。凡是注日期的引用文件,其随后所有的修改单(不包括勘误的内容)或修订版均不适用于本标准,然而,鼓励根据本标准达成协议的各方研究是否可使用这些文件的最新版本。凡是不注日期的引用文件,其最新版本适用于本标准。

GB/T 7679.5　矿山机械术语　第5部分:破碎粉磨设备

JB/T 1388—2002　复摆颚式破碎机

3　术语和定义

GB/T 7679.5 确立的以及下列术语和定义适用于本标准。

3.1

标准工况　normal regime

破碎物料堆密度为 1.6 t/m^3、抗压强度为 150 MPa 的矿石(自然状态);颚板为新颚板,且颚板不集中于某局部点磨损;工作情况为连续进料;排料口宽度为公称尺寸;进料粒度和排料粒度及粒度组成符合 JB/T 1388—2002 中 4.4 和附录 A 的规定。

3.2

颚板磨耗　wear consumption of jaw plate

破碎机在规定的标准工况条件下,每处理 1 t 物料颚板的金属磨损量,以 g/t 表示。

3.3

节材降耗评价值　value of reducing of wear consumption and economy of material

达到节材降耗产品要求的衬板磨耗值。

4　技术要求

4.1　破碎机的设计、制造和质量应符合 JB/T 1388 的规定。

4.2　破碎机在寿命期内,在保障安全与使用性能的前提下,应通过设计降低颚板磨耗。破碎机第一次大修前的使用期限应符合 JB/T 1388 的规定。

4.3　破碎机颚板磨耗各等级的指标值不应超过表 1 的规定。

表 1

破碎机型号	颚板磨耗/(g/t)		
	1 级	2 级	3 级
PE-150×250	42	52	65
PE-250×400	38	48	60

表 1（续）

破碎机型号	颚板磨耗/(g/t)		
	1 级	2 级	3 级
PE-400×600	32	40	50
PE-500×750	28	36	45
PE-600×900	24	30	38
PE-750×1 060	21	27	34
PE-900×1 200～PE-1 500×1 800	19	24	30
注：颚板磨耗等级分为 1 级、2 级、3 级，3 级为基本级，2 级为节材降耗评价值，1 级要求最高。			

5 试验方法

5.1 破碎机标准工况下的负载试验方法按 JB/T 1388 的规定进行。

5.2 已知一副新颚板质量，称量一副报废颚板质量，通过式(1)计算颚板磨耗值 M：

$$M=\frac{G_1-G_2}{W} \quad \cdots\cdots(1)$$

式中：

M——颚板磨耗，单位为克每吨(g/t)；

G_1——一副新颚板质量，单位为克(g)；

G_2——一副报废颚板质量，单位为克(g)；

W——一副颚板所能破碎物料的总质量，单位为吨(t)。

6 颚板磨耗的评定

破碎机颚板磨耗达到表 1 中 3 级为合格品，达到 2 级(或以上)为节材降耗产品。

7 磨耗等级标注

7.1 制造商宜根据本标准的规定和测试结果，确定破碎机的颚板磨耗等级。

7.2 制造商宜在其产品说明书中注明破碎机的颚板磨耗等级。

ICS 73.120
D 94

GB

中华人民共和国国家标准

GB/T 25703—2010

溢流型球磨机　能耗指标

Overflow ball mill—Energy consumption index

2010-12-23 发布　　2011-07-01 实施

中华人民共和国国家质量监督检验检疫总局
中国国家标准化管理委员会　发布

前　言

本标准由中国机械工业联合会提出。

本标准由全国矿山机械标准化技术委员会(SAC/TC 88)归口。

本标准负责起草单位:洛阳矿山机械工程设计研究院有限责任公司。

本标准参加起草单位:中信重工机械股份有限公司、沈阳重型机械集团有限责任公司、济南重工股份有限公司。

本标准主要起草人:王继生、郭明、李春然、王建华、杨现利、张升奇、岳瑞秋、王业龙、黄嘉琳。

溢流型球磨机　能耗指标

1　范围

本标准规定了矿用溢流型球磨机能耗指标的术语和定义、技术要求、试验方法、磨机能耗的评定及能耗等级标注。

本标准适用于溢流型球磨机(以下简称磨机)。

2　规范性引用文件

下列文件中的条款通过本标准的引用而成为本标准的条款。凡是注日期的引用文件，其随后所有的修改单(不包括勘误的内容)或修订版均不适用于本标准，然而，鼓励根据本标准达成协议的各方研究是否可使用这些文件的最新版本。凡是不注日期的引用文件，其最新版本适用于本标准。

GB/T 7679.5　矿山机械术语　第5部分：破碎粉磨设备

GB/T 25708　球磨机和棒磨机

3　术语和定义

GB/T 7679.5 确立的以及下列术语和定义适用于本标准。

3.1

标准工况　normal regime

被磨物料为给料粒度不大于 12.5 mm、通筛率不小于 80%，排料粒度不大于 0.075 mm、通筛率不小于 80%的物料；该物料的功指数为 13 kW·h/t，普氏硬度 $f=8\sim12$；磨机工作情况为连续进料。

3.2

能耗指标　energy consumption index

在规定的标准工况条件下，磨机实测功率与处理能力之比，以 kW·h/t 表示。

3.3

节能评价值　value of economy of energy

达到节能产品要求的能耗指标值。

4　技术要求

4.1　磨机的设计、制造和质量应符合 GB/T 25708 的规定。

4.2　磨机在寿命期内，在保障安全与使用性能的前提下，应通过设计降低能源消耗。磨机主要零件的使用寿命应符合表 1 的规定。

表 1

主要零件名称	寿命指标/h
传动小齿轮	16 000
传动大齿圈	56 000
筒体	160 000
主轴瓦	32 000

4.3 磨机能耗指标各等级的指标值不应超过表 2 的规定。

表 2

磨机筒体直径/m	能耗指标/(kW·h/t)		
	1 级	2 级	3 级
<1.0	17.5	19.0	21.0
≥1.0～2.0	17.0	18.5	20.5
≥2.0～3.0	16.5	18.0	20.0
≥3.0～4.0	16.0	17.5	19.5
≥4.0～5.0	15.5	17.0	19.0
≥5.0～8.0	15.0	16.5	18.5
注 1：能耗指标等级分为 1 级、2 级、3 级，3 级为基本级，2 级为节能评价值，1 级要求最高。 注 2：电动机功率为实测功率。			

5 试验方法

5.1 磨机标准工况下处理能力、实测功率的试验方法按经规定程序批准的试验大纲的有关规定进行。

5.2 磨机的能耗指标按式(1)进行计算：

$$E=\frac{N}{Q} \qquad \cdots\cdots(1)$$

式中：

E——能耗指标，单位为千瓦小时每吨(kW·h/t)；

N——磨机的实测功率，单位为千瓦(kW)；

Q——磨机的处理能力，单位为吨每小时(t/h)。

6 磨机能耗的评定

磨机能耗指标达到表 2 中 3 级为合格品，达到 2 级(或以上)为节能产品。

7 能耗等级标注

7.1 制造商宜根据本标准的规定和测试结果，确定磨机的能耗等级。

7.2 制造商宜在其产品说明书中注明磨机的能耗等级。

ICS 73.120
D 94

中华人民共和国国家标准

GB/T 25704—2010

溢流型球磨机　金属单耗

Overflow ball mill—Specific metal consumption

2010-12-23 发布　　2011-07-01 实施

中华人民共和国国家质量监督检验检疫总局
中国国家标准化管理委员会　发布

前　言

本标准由中国机械工业联合会提出。

本标准由全国矿山机械标准化技术委员会(SAC/TC 88)归口。

本标准负责起草单位:洛阳矿山机械工程设计研究院有限责任公司。

本标准参加起草单位:中信重工机械股份有限公司、沈阳重型机械集团有限责任公司、济南重工股份有限公司。

本标准主要起草人:王继生、黄嘉琳、李春然、王建华、杨现利、常喜德、王业龙、张升奇、郭明。

溢流型球磨机　金属单耗

1　范围

本标准规定了溢流型球磨机金属单耗的术语和定义、技术要求、试验方法、磨机金属单耗的评定及金属单耗等级标注。

本标准适用于溢流型球磨机(以下简称磨机)。

2　规范性引用文件

下列文件中的条款通过本标准的引用而成为本标准的条款。凡是注日期的引用文件,其随后所有的修改单(不包括勘误的内容)或修订版均不适用于本标准,然而,鼓励根据本标准达成协议的各方研究是否可使用这些文件的最新版本。凡是不注日期的引用文件,其最新版本适用于本标准。

GB/T 7679.5　矿山机械术语　第 5 部分:破碎粉磨设备

GB/T 25708　球磨机和棒磨机

3　术语和定义

GB/T 7679.5 确立的以及下列术语适用于本标准。

3.1

标准工况　normal regime

被磨物料为给料粒度不大于 12.5 mm、通筛率不小于 80%,排料粒度不大于 0.075 mm、通筛率不小于 80%的物料;该物料的功指数为 13 kW·h/t,普氏硬度 f=8～12;磨机工作情况为连续进料。

3.2

金属单耗　specific metal consumption

在规定的标准工况条件下,磨机的质量与处理能力之比,以 t/(t/h)表示。

3.3

节材降耗评价值　value of reducing of　wear consumption and economy of material

以金属单耗值为基础,判断磨机是否达到节材降耗产品要求。

4　技术要求

4.1　本标准所适用的磨机应符合 GB/T 25708 的要求。

4.2　磨机寿命期内,在保障安全与使用可靠的前提下,应通过设计降低金属材料消耗。磨机主要零件的使用寿命应符合表 1 的规定。

表 1

主要零件名称	寿命指标/h
传动小齿轮	16 000
传动大齿圈	56 000
筒体	160 000
主轴瓦	32 000

4.3 磨机金属单耗各等级的指标值不应超过表2的规定。

表 2

磨机筒体直径/m	金属单耗/[t/(t/h)]		
	1级	2级	3级
<1.0	4.4	4.9	5.5
≥1.0～2.0	3.9	4.4	5.0
≥2.0～3.0	3.1	3.5	4.0
≥3.0～4.0	2.3	2.6	3.0
≥4.0～5.0	2.3	2.6	3.0
≥5.0～8.0	1.9	2.2	2.5
注：金属单耗等级分为1级、2级、3级，3级为基本级，2级为节材降耗评价值，1级要求最高。			

5 试验方法

5.1 磨机的金属单耗应按式(1)进行计算。

$$M = G/Q \qquad (1)$$

式中：

M——金属单耗，单位为吨每吨每小时[t/(t/h)]；

G——磨机的质量(不含主电动机质量)，单位为吨(t)；

Q——磨机的处理量，单位为吨每小时(t/h)。

5.2 磨机的处理量 Q 应在3.1规定的标准工况下测定。

6 磨机金属单耗的评定

磨机金属单耗达到表2中3级为合格品，达到2级(或以上)为节材降耗产品。

7 金属单耗等级标注

7.1 制造商宜根据本标准的规定和测试结果，确定磨机的金属单耗等级。

7.2 制造商宜在其产品说明书中注明磨机的金属单耗等级。

ICS 73.120
D 94

中华人民共和国国家标准

GB/T 25705—2010

溢流型球磨机 衬板磨耗

Overflow ball mill—Wear consumption of liner plate

2010-12-23 发布 2011-07-01 实施

中华人民共和国国家质量监督检验检疫总局
中国国家标准化管理委员会 发布

前　言

本标准由中国机械工业联合会提出。

本标准由全国矿山机械标准化技术委员会(SAC/TC 88)归口。

本标准负责起草单位:洛阳矿山机械工程设计研究院有限责任公司。

本标准参加起草单位:中信重工机械股份有限公司、济南重工股份有限公司。

本标准主要起草人:郭明、张升奇、王建华、杨现利、王业龙、黄嘉琳、王亚东。

溢流型球磨机　衬板磨耗

1　范围

本标准规定了溢流型球磨机衬板磨耗的术语和定义、技术要求、试验方法、衬板磨耗的评定及磨耗等级标注。

本标准适用于溢流型球磨机(以下简称磨机)。

2　规范性引用文件

下列文件中的条款通过本标准的引用而成为本标准的条款。凡是注日期的引用文件,其随后所有的修改单(不包括勘误的内容)或修订版均不适用于本标准,然而,鼓励根据本标准达成协议的各方研究是否可使用这些文件的最新版本。凡是不注日期的引用文件,其最新版本适用于本标准。

GB/T 7679.5　矿山机械术语　第5部分:破碎粉磨设备

GB/T 25708　球磨机和棒磨机

3　术语和定义

GB/T 7679.5确立的以及下列术语和定义适用于本标准。

3.1

标准工况　normal regime

被磨物料为给料粒度不大于12.5 mm、通筛率不小于80%,排料粒度不大于0.075 mm、通筛率不小于80%的物料;该物料的功指数为13 kW·h/t,普氏硬度 $f=8\sim12$;磨机工作情况为连续进料。

3.2

衬板磨耗　wear consumption of liner plate

磨机在规定的标准工况下,每处理1 t物料整台设备衬板的磨损量,以g/t表示。

3.3

节材降耗评价值　value of reducing of wear consumption and economy of material

达到节材降耗产品要求的衬板磨耗值。

4　技术要求

4.1　磨机的设计、制造和质量应符合GB/T 25708的规定。

4.2　衬板在保障安全与使用可靠的前提下,应从预定使用、材料选择和结构设计等方面降低材料磨损。

4.3　磨机衬板磨耗(平均值)各等级的指标值不应超过表1的规定。

表1

项　　目	磨耗等级		
	1	2	3
衬板磨耗/(g/t)	80	100	125
注:衬板磨耗等级分为1级、2级、3级,3级为基本级,2级为节材降耗评价值,1级要求最高。			

5　试验方法

5.1　已知一套新衬板质量,称量一套失效衬板质量,通过式(1)计算衬板磨耗(平均值)M:

$$M=\frac{G_1-G_2}{W} \quad\cdots\cdots(1)$$

式中：

M——衬板磨耗(平均值),单位为克每吨(g/t)；

G_1——一套新衬板质量,单位为克(g)；

G_2——一套失效衬板质量,单位为克(g)；

W——一套衬板所能磨碎物料的总质量,单位为吨(t)。

5.2 磨机的负载试验应在3.1规定的标准工况下进行。

6 衬板磨耗的评定

磨机衬板磨耗达到表1中3级为合格品,达到2级(或以上)为节材降耗产品。

7 磨耗等级标注

7.1 制造商宜按本标准的规定和测试结果,确定磨机的衬板磨耗等级。

7.2 制造商宜在其产品的说明书中注明磨机的衬板磨耗等级。

ICS 73.100.01
D 90

中华人民共和国国家标准

GB/T 25706—2010

矿山机械产品型号编制方法

Code of designations for mining machinery products

2010-12-23 发布　　2011-07-01 实施

中华人民共和国国家质量监督检验检疫总局
中国国家标准化管理委员会　发布

前　言

本标准由机械工业联合会提出。

本标准由全国矿山机械标准化技术委员会(SAC/TC 88)归口。

本标准负责起草单位:洛阳矿山机械工程设计研究院有限责任公司。

本标准参加起草单位:中信重工机械股份有限公司、上海建设路桥机械设备有限公司、浙江矿山机械有限公司、沈阳重型机械集团有限责任公司、中钢集团衡阳重机有限公司、鞍山重型矿山机器股份有限公司、河南太行振动机械股份有限公司、济南重工股份有限公司、山西惠丰特种汽车有限公司、湖南金塔机械制造有限公司、沈阳矿山机械(集团)有限责任公司、南昌凯马有限公司。

本标准主要起草人:杨现利、王亚东、张升奇、许凌、戴素江、李春然、王宽伟、刘春玉、黄全印、王建华、秦启生、李新良、潘德强、魏平金、黄嘉琳、郭明。

矿山机械产品型号编制方法

1 范围

本标准规定了矿山机械产品型号的编制原则和表示方法。

本标准适用于矿山机械产品型号的编制。矿山机械系固体矿物开采与选别加工处理设备的总称，主要包括建井设备、采掘设备、提升设备、矿用运输设备、破碎粉磨设备、筛分设备、洗选设备、焙烧设备和超微粉碎设备九大类产品。

2 规范性引用文件

下列文件中的条款通过本标准的引用而成为本标准的条款。凡是注日期的引用文件，其随后所有的修改单(不包括勘误的内容)或修订版均不适用于本标准，然而，鼓励根据本标准达成协议的各方研究是否可使用这些文件的最新版本。凡是不注日期的引用文件，其最新版本适用于本标准。

GB/T 7679(所有部分)　矿山机械术语

MT/T 15　矿用刮板输送机型式与参数

MT/T 83　滚筒采煤机　产品型号编制方法

MT/T 154.4　煤矿用带式输送机型号编制方法

MT/T 154.5　液压支架产品型号编制和管理方法

3 产品型号编制原则和表示方法

3.1 基本原则

3.1.1　产品型号的组成应力求简明。在不同产品能够被明确区分的前提下，应尽量减少型号的字母个数。

3.1.2　同一大类产品型号不应重复，相同的产品不应出现不同的型号。

3.1.3　产品型号中的字母和数字，其字体大小应一致，字母均应采用大写印刷体表示，不应使用角注和脚注。

3.1.4　产品名称应符合 GB/T 7679 的规定。

3.2 产品型号构成

3.2.1　产品型号应由系列代号、主参数代号和更新改进代号组成，系列代号与主参数代号间用“-”线隔开。其结构组成如下：

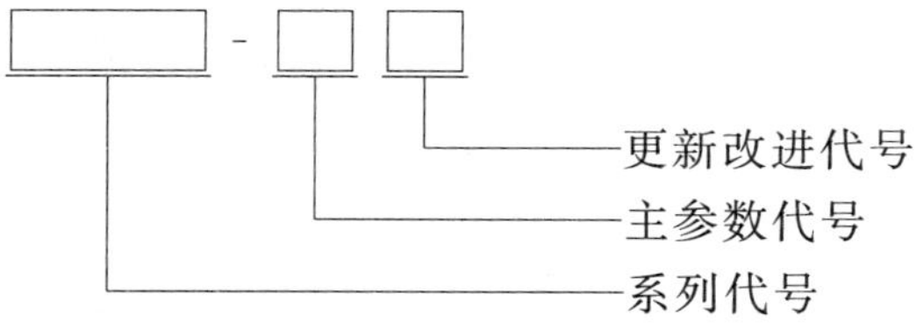

3.2.2　系列代号由表示类、组、型式、特征代号的汉语拼音字母组成，代号字母宜为类、组、型式、特征中有代表性汉字的拼音字头。如与同一大类中其他型号有重复，也可用其他字母表示，但不应使用字母 I 和 O。

在系列产品中，如需区别多个相同或相似的部件结构时，可在系列代号前冠以阿拉伯数字以示区别。例如：单、双筒缠绕式矿井提升机为 JK 与 2JK；单、双转子反击式破碎机为 PF 与 2PF；单、双层块偏心自同步直线振动筛为 ZK 与 2ZK；单、双、三筒干式永磁筒式磁选机为 CTG、2CTG 和 3CTG。

防爆型产品应在系列代号中加以标识，以区别于非防爆型。

注：表1～表9中，凡未注字母含义者均系采用其他字母。

3.2.3 主参数代号由表示产品主要技术参数的一组阿拉伯数字组成。如果用一个主参数足以表示和区分时，不应使用多个主参数。如需使用多个主参数表示时，各主参数之间宜增加分隔符，分隔符可选用“/”或“×”。

3.2.4 当产品结构有重大改进，应按更新改进顺序在原产品型号尾部加大写汉语拼音字母，但不宜使用字母B、E、I、K、O、X。

3.3 矿山机械各大类产品型号表示方法

3.3.1 建井设备产品型号表示方法应符合表1的规定。

3.3.2 矿用采掘设备产品型号表示方法应符合表2的规定。

3.3.3 滚筒采煤机产品型号表示方法应符合MT/T 83的规定，矿用刮板输送机型号表示方法应符合MT/T 15的规定，煤矿用带式输送机型号表示方法应符合MT/T 154.4的规定，液压支架产品型号表示方法应符合MT/T 154.5的规定。

3.3.4 提升设备产品型号表示方法应符合表3的规定。

3.3.5 矿用运输设备型号表示方法应符合表4的规定。

3.3.6 破碎粉磨设备产品型号表示方法应符合表5的规定。

3.3.7 筛分设备产品型号表示方法应符合表6的规定。表6中所列型号均为单层、单筛、座式安装、选矿型。若为双层或多层筛，可在系列代号前加“2”或具体数值；若为两筛或多筛叠加组合，可在规格后加“/2”或具体筛数；若为吊式安装，在系列代号后加“D”；选煤型，在系列代号后加“M”；重型，在系列代号后加“H”；用于筛分冷矿物料，在系列代号后加“L”，筛分热矿物料，在系列代号后加“R”，筛分温热物料，在系列代号后加“W”；双通道筛在主参数后加“S”。

3.3.8 洗选设备产品型号表示方法应符合表7的规定。

3.3.9 焙烧设备产品型号表示方法应符合表8的规定。

3.3.10 超微粉碎设备产品型号表示方法应符合表9的规定。

表1 建井设备产品型号表示方法

类	组	型式	特征代号	产品名称与系列代号	主参数代号	
					名称	单位
钻井机 A	竖井 S(竖)	转盘式	—	竖井钻机 AS	钻孔直径/井深	m
		动力头式 D(动)	—	竖井钻机 ASD	钻孔直径/井深	m
	天井 T(天)	—	—	天井钻机 AT	钻孔直径	mm
		盲井 M(盲)	—	天井钻机 ATM	钻孔直径	mm
		液压 Y(液)	—	天井钻机 ATY	扩孔直径	mm
	斜井 X(斜)	动力头式 D(动)	—	斜井钻机 AXD	钻孔直径	dm
掘进机 E	全断面 Q(全)	敞开式 K(开)	—	掘进机 EQK	刀盘直径	m
		护盾式 D(盾)	—	掘进机 EQD	刀盘直径	m
	部分断面 B(部)	横轴式 H(横)	—	掘进机 EBH	切割机构功率	kW
		纵轴式 Z(纵)	—	掘进机 EBZ	切割机构功率	kW

表 1（续）

类	组	型式	特征代号	产品名称与系列代号	主参数代号	
					名称	单位
天井掘进设备 T(天)	吊罐	直天井 Z(直)	—	天井吊罐 TZ	工作台宽×长	dm×dm
		斜天井 X(斜)	—	天井吊罐 TX	工作台宽×长	dm×dm
	吊盘 P(盘)	—	—	天井吊盘 TP	工作台宽×长	dm×dm
	爬罐	气动 Q(气)	—	天井爬罐 TQ	工作台宽×长	dm×dm
		电动 D(电)	—	天井爬罐 TD	工作台宽×长	dm×dm
竖井钻架 F	伞形钻架 JD	—	—	伞形钻架 FJD	钻臂数量	个
凿井提升机和凿井绞车	见提升设备类					
抓岩机 H	手动 S(手)	—	—	抓岩机 HS	抓斗容积	$m^3/10$
	气动	靠壁 K(靠)	—	抓岩机 HK	抓斗容积	$m^3/10$
		中心回转 Z(中)	—	抓岩机 HZ	抓斗容积	$m^3/10$
		环形轨道 H(环)	—	抓岩机 HH	抓斗容积	$m^3/10$
	电动 D(电)	靠壁 K(靠)	—	抓岩机 HDK	抓斗容积	$m^3/10$
		中心回转 Z(中)	—	抓岩机 HDZ	抓斗容积	$m^3/10$
		环形轨道 H(环)	—	抓岩机 HDH	抓斗容积	$m^3/10$

表 2　采掘设备产品型号表示方法

类	组	型式	特征代号	产品名称与系列代号	主参数代号	
					名称	单位
穿孔设备 K(孔)	牙轮 Y(牙)	露天	履带	牙轮钻机 KY	钻孔直径	mm
			轮胎 T(胎)	牙轮钻机 KYT	钻孔直径	mm
		井下 J(井)	履带	牙轮钻机 KYJ	钻孔直径	mm
			轮胎 T(胎)	牙轮钻机 KYJT	钻孔直径	mm
	潜孔 Q(潜)	露天	履带	潜孔钻机 KQ	钻孔直径	mm
			轮胎 T(胎)	潜孔钻机 KQT	钻孔直径	mm
		井下 J(井)	—	潜孔钻机 KQJ	钻孔直径	mm
		高风压 G(高)	—	潜孔钻机 KQG	钻孔直径	mm
	凿岩 Z(凿)	—	—	凿岩钻机 KZ	钻孔直径	mm
	多功能 D(多)	牙轮潜孔	—	多功能钻机 KD	钻孔直径	mm
	冲击 C(冲)	轮胎	—	冲击钻机 KC	钻孔直径	mm
		履带 L(履)	—	冲击钻机 KCL	钻孔直径	mm
	旋转 X(旋)	履带	—	旋转钻机 KX	钻孔直径	mm
		轮胎 T(胎)	—	旋转钻机 KXT	钻孔直径	mm
	螺旋 L(螺)	履带	—	螺旋钻机 KL	钻孔直径	mm
		轮胎 T(胎)	—	螺旋钻机 KLT	钻孔直径	mm

表 2（续）

类	组	型式	特征代号	产品名称与系列代号	主参数代号	
					名称	单位
装药设备 B	装药器 Q(器)	粒状铵油炸药	—	装药器 BQ	药箱装载量	kg
		粉状铵油炸药 F(粉)	—	装药器 BQF	药箱装载量	kg
	装药车 C(车)	重铵油炸药 Z(重)	现场混装 H(混)	现场混装重铵油炸药车 BCZH	药箱装载量	t
		乳化炸药 R(乳)	现场混装 H(混)	现场混装乳化炸药车 BCRH	药箱装载量	t
	装药车 C(车)	粒状铵油炸药 L(粒)	现场混装 H(混)	现场混装粒状铵油炸药车 BCLH	药箱装载量	t
		多功能	—	多功能现场混装炸药车 BC	药箱装载量	t
		井下 J(井)	采矿式	井下现场混装乳化炸药车 BCJ	药箱装载量	kg
			掘进式 J(掘)	井下现场混装乳化炸药车 BCJJ	药箱装载量	kg
	现场混装炸药车地面辅助设施 D(地)	重铵油炸药 Z(重)	—	现场混装炸药车地面辅助设施 BDZ	年生产能力	t
		乳化炸药 R(乳)	—	现场混装炸药车地面辅助设施 BDR	年生产能力	t
		粒状铵油炸药 L(粒)	—	现场混装炸药车地面辅助设施 BDL	年生产能力	t
	现场混装炸药车移动式地面辅助设施 Y(移)	地面站 D(地)	多功能	现场混装炸药车移动式地面辅助设施 BYD	单班工作制年生产能力	t
			重铵油炸药 Z(重)	现场混装炸药车移动式地面辅助设施 BYDZ	单班工作制年生产能力	t
			乳化炸药 R(乳)	现场混装炸药车移动式地面辅助设施 BYDR	单班工作制年生产能力	t
			粒状铵油炸药 L(粒)	现场混装炸药车移动式地面辅助设施 BYDL	单班工作制年生产能力	t
			生活车 S(生)	现场混装炸药车移动式地面辅助设施 BYDS	适用的原料制备车年生产能力	t
			动力车 D(动)	现场混装炸药车移动式地面辅助设施 BYDD	适用的原料制备车年生产能力	t
			原料制备车 Y(原)	现场混装炸药车移动式地面辅助设施 BYDY	年生产能力	t
	炮孔填塞车 T(填)	—	—	炮孔填塞车 BT	适应炮孔直径	mm

表 2（续）

类	组	型式	特征代号	产品名称与系列代号	主参数代号	
					名称	单位
挖掘机 W(挖)	单斗	机械正铲	矿用 K(矿)	挖掘机 WK	标准斗容	m^3
		拉铲 L(拉)	履带	挖掘机 WL	标准斗容/臂长	m^3/m
			迈步 B(步)	挖掘机 WLB	标准斗容/臂长	m^3/m
		长臂 C(长)	—	挖掘机 WC	标准斗容	m^3
		隧洞 S(隧)	—	挖掘机 WS	标准斗容	m^3
		液压 Y(液)	—	挖掘机 WY	标准斗容	m^3
	多斗	轮斗 U	机械	挖掘机 WU	生产率	m^3/h
			液压 Y(液)	挖掘机 WUY	生产率	m^3/h
		链斗 D(斗)	机械	挖掘机 WD	生产率	m^3/h
			液压 Y(液)	挖掘机 WDY	生产率	m^3/h
装岩机(直接卸载型) Z(直)	轨轮式	电动	正装后卸	装岩机 Z	铲斗容积	$m^3/100$
		气动 Q(气)	正装后卸	装岩机 ZQ	铲斗容积	$m^3/100$
	履带式 L(履)	电动	正装后卸	装岩机 ZL	铲斗容积	$m^3/100$
			正装侧卸 C(侧)	装岩机 ZLC	铲斗容积	$m^3/100$
		气动 Q(气)	正装后卸	装岩机 ZLQ	铲斗容积	$m^3/100$
	轮胎式 T(胎)	电动	正装后卸	装岩机 ZT	铲斗容积	$m^3/100$
			正装侧卸 C(侧)	装岩机 ZTC	铲斗容积	$m^3/100$
		气动 Q(气)	正装后卸	装岩机 ZTQ	铲斗容积	$m^3/100$
			正装侧卸 C(侧)	装岩机 ZTQC	铲斗容积	$m^3/100$
		内燃机驱动 N(内)	正装后卸	装岩机 ZTN	铲斗容积	$m^3/100$
			正装前卸不回转 U	装岩机 ZTNU	铲斗容积	$m^3/100$
			正装前卸半回转 B(半)	装岩机 ZTNB	铲斗容积	$m^3/100$
			正装前卸全回转 Q(全)	装岩机 ZTNQ	铲斗容积	$m^3/100$
			正装侧卸 C(侧)	装岩机 ZTNC	铲斗容积	$m^3/100$
装载机(带运输机型) Y(运)	电动轨轮	滚动斗柄	皮带运输机	装载机 Y	铲斗容积	$m^3/100$
			刮板运输机 G(刮)	装载机 YG	铲斗容积	$m^3/100$
			鱼鳞板运输机 Y(鱼)	装载机 YY	铲斗容积	$m^3/100$
		铰接斗柄 J(铰)	皮带运输机	装载机 YJ	铲斗容积	$m^3/100$
			刮板运输机 G(刮)	装载机 YJG	铲斗容积	$m^3/100$

表 2（续）

类	组	型式	特征代号	产品名称与系列代号	主参数代号	
					名称	单位
装载机（带运输机型）Y（运）	电动轨轮	铰接斗柄 J（铰）	鱼鳞板运输机 Y（鱼）	装载机 YJY	铲斗容积	$m^3/100$
	气动轨轮 Q（气）	滚动斗柄	皮带运输机	装载机 YQ	铲斗容积	$m^3/100$
			刮板运输机 G（刮）	装载机 YQG	铲斗容积	$m^3/100$
			鱼鳞板运输机 Y（鱼）	装载机 YQY	铲斗容积	$m^3/100$
		铰接斗柄 J（铰）	皮带运输机	装载机 YQJ	铲斗容积	$m^3/100$
			刮板运输机 G（刮）	装载机 YQJG	铲斗容积	$m^3/100$
			鱼鳞板运输机 Y（鱼）	装载机 YQJY	铲斗容积	m3/100
装运机（带储矿仓型）C（储）	气动轮胎	标准卸位	—	装运机 C	铲斗容积	$m^3/100$
		高卸位 G（高）	—	装运机 CG	铲斗容积	$m^3/100$
	内燃轮胎 N（内）	标准卸位	—	装运机 CN	铲斗容积	$m^3/100$
		高卸位 G（高）	—	装运机 CNG	铲斗容积	$m^3/100$
地下铲运机（无储矿仓型装运机）W（无）	铰接车身 J（铰）	内燃	正装正卸	地下铲运机 WJ	铲斗容量	m^3
			正装侧卸 C（侧）	地下铲运机 WJC	铲斗容量	m^3
			远距离控制 J（距）	地下铲运机 WJJ	铲斗容量	m^3
			遥控 Y（遥）	地下铲运机 WJY	铲斗容量	m^3
		气动 Q（气）	—	地下铲运机 WJQ	铲斗容量	m^3
		电动 D（电）	自动收、放电缆	地下铲运机 WJD	铲斗容量	m^3
			架线 X（线）	地下铲运机 WJDX	铲斗容量	m^3
			蓄电池 D（电池）	地下铲运机 WJDD	铲斗容量	m^3
			正装侧卸 C（侧）	地下铲运机 WJDC	铲斗容量	m^3
			远距离控制 J（距）	地下铲运机 WJDJ	铲斗容量	m^3
			遥控 Y（遥）	地下铲运机 WJDY	铲斗容量	m^3
	整体车身 Z（整）	内燃	—	地下铲运机 WZ	铲斗容量	m^3
		电动 D（电）	—	地下铲运机 WZD	铲斗容量	m^3
连续式装载机 L（连）	圆盘 P（盘）	—	—	圆盘装载机 LP	载装能力	m^3/h
	滚耙 G（滚）	—	—	滚耙装载机 LG	载装能力	m^3/h
	双臂 B（臂）	—	—	双臂装载机 LB	载装能力	m^3/h
	立爪 Z（爪）	轨轮	—	立爪装载机 LZ	载装能力	m^3/h
		履带 L（履）	—	立爪装载机 LZL	载装能力	m^3/h

表 2（续）

类	组	型式	特征代号	产品名称与系列代号	主参数代号 名称	主参数代号 单位
连续式装载机 L(连)	立爪 Z(爪)	轮胎 T(胎)	—	立爪装载机 LZT	载装能力	m^3/h
	挖斗 W(挖)	轨轮	—	挖斗装载机 LW	载装能力	m^3/h
		履带 L(履)	—	挖斗装载机 LWL	载装能力	m^3/h
	蟹立爪 BZ	—	—	蟹立爪装载机 LBZ	载装能力	m^3/h
	振动 N	—	—	振动装载机 LN	载装能力	m^3/h
	多功能 D(多)	—	—	多功能装载机 LD	载装能力	m^3/h
耙斗装岩机 P(耙)	行星传动	—	—	耙斗装岩机 P	耙斗容积	$m^3/100$
		带调车盘 D(调)	—	耙斗装岩机 PD	耙斗容积	$m^3/100$
	液压操纵 Y(液)	基本型	—	耙斗装岩机 PY	耙斗容积	$m^3/100$
		带调车盘 D(调)	—	耙斗装岩机 PYD	耙斗容积	$m^3/100$
石材矿山开采设备	锯切机 Q(切)	圆盘式 Y(圆)	基本型	圆盘式锯切机 QY	锯片直径	mm
			二维可移动 Y(移)	圆盘式锯切机 QYY	锯片直径	mm
			纵横双向切割 S(双)	圆盘式锯切机 QYS	锯片直径	mm
		金刚石串珠 Z(珠)	电动式 D(电)	金刚石串珠锯 QZD	主机功率	kW
			内燃机式 N(内)	金刚石串珠锯 QZN	主机功率	kW
		臂式 B(臂)	露天	臂式锯切机 QB	切割臂长度	m
			地下 D(地)	臂式锯切机 QBD	切割臂长度	m
		火焰切割 H(火)	—	火焰切割机 QH	切缝深度	mm
		高压水切割 S(水)	—	高压水切割机 QS	切缝深度	mm
	辅助设备 F(辅)	凿岩机 Z(凿)	台架式 T(台)	台架式凿岩机 FZT	凿孔深度	mm
			车载式 C(车)	车载式凿岩机 FZC	凿孔深度	mm
		顶石机 D(顶)	液压 Y(液)	液压顶石机 FDY	顶推力	t
		顶推袋 T(推)	水压 S(水)	水压顶推袋 FTS	顶推力	t
			气压 Q(气)	气压顶推袋 FTQ	顶推力	t
		劈裂机 P(劈)	液压 Y(液)	液压劈裂机 FPY	劈裂力	t
		叉装车 C(叉)	—	叉装车 FC	起重量	t
		桅杆起重机 W(桅)	—	桅杆起重机 FW	起重量	t

表 2（续）

类	组	型式	特征代号	产品名称与系列代号	主参数代号	
					名称	单位
采掘辅助设备 U	碎石机 S(碎)	液压	—	碎石机 US	冲击功	kJ
		气动 Q(气)	—	碎石机 USQ	冲击功	kJ
	混凝土喷浆机 P(喷)	干式	—	混凝土喷浆机 UP	生产率	m^3/h
		湿式 S(湿)	—	混凝土喷浆机 UPS	生产率	m^3/h
	升降平台车 C	—	—	升降平台车 UC	载重量	t
	炮孔排水车 K(孔)	—	—	炮孔排水车 UK	排量	t/h
	维修车 X(修)	—	—	维修车 UX	载重量	t
	管道安装车 A(安)	—	—	管道安装车 UA	载重量	t
	橇顶车 Q(橇)	—	—	橇顶车 UQ	冲击锤重量	kg
	矿用无轨底盘 D(底)	—	—	矿用无轨底盘 UD	载重量	t

表 3　提升设备产品型号表示方法

类	组	型式	特征代号	产品名称与系列代号	主参数代号	
					名称	单位
矿井提升机 JK(卷矿)	缠绕式	单筒	—	缠绕式提升机 JK	卷筒直径×宽度	m×m
		双筒	—	缠绕式提升机 2JK	卷筒直径×宽度	m×m
	摩擦式 M(摩)	井塔式	—	摩擦式提升机 JKM	卷筒直径×绳数	m×根
		落地式 D(地)	—	摩擦式提升机 JKMD	卷筒直径×绳数	m×根
	液压 Y(液)	单筒	防爆 B(爆)	液压防爆提升机 JKYB	卷筒直径×宽度	m×m
		双筒	防爆 B(爆)	液压防爆提升机 2JKYB	卷筒直径×宽度	m×m
	凿井 Z(凿)	—	—	凿井提升机 JKZ	卷筒直径×宽度/速比	m×m/速比
	过坝 G(过)	—	—	过坝提升机 JKG	卷筒直径×钢丝绳最大拉力	m×kN
矿用提升绞车 JT(卷提)	带式闸	单筒	非隔爆型	矿用提升绞车 JT	卷筒直径×宽度	m×m
			隔爆型 B(爆)	矿用提升绞车 JTB	卷筒直径×宽度	m×m

表 3（续）

类	组	型式	特征代号	产品名称与系列代号	主参数代号	
					名称	单位
矿用提升绞车 JT(卷提)	带式闸	双筒	非隔爆型	矿用提升绞车 2JT	卷筒直径×宽度	m×m
			隔爆型 B(爆)	矿用提升绞车 2JTB	卷筒直径×宽度	m×m
	盘闸式 P(盘)	单筒	—	矿用提升绞车 JTP	卷筒直径×宽度	m×m
		双筒	—	矿用提升绞车 2JTP	卷筒直径×宽度	m×m
	瓦块式 K(块)	单筒	—	矿用提升绞车 JTK	卷筒直径×宽度	m×m
		双筒	—	矿用提升绞车 2JTK	卷筒直径×宽度	m×m
	液压 Y(液)	单筒	防爆 B(爆)	液压防爆提升绞车 JTYB	卷筒直径×宽度	m×m
		双筒	防爆 B(爆)	液压防爆提升绞车 2JTYB	卷筒直径×宽度	m×m
凿井绞车 JZ(卷凿)	缠绕式	单筒	—	凿井绞车 JZ	最大静张力/容绳量	10 kN/m
		双筒	—	凿井绞车 2JZ	最大静张力/容绳量	10 kN/m
		悬吊安全梯 A(安)	—	凿井绞车 JZA	最大静张力/容绳量	10 kN/m
	摩擦式 M(摩)	—	—	凿井绞车 JZM	最大静张力/容绳量	10 kN/m
耙矿绞车 JP(卷耙)	平行式 P(平)	非隔爆型	双筒	耙矿绞车 2JPP	电动机功率	kW
		隔爆型 B(爆)	双筒	耙矿绞车 2JPPB	电动机功率	kW
	同轴式	非隔爆型	双筒	耙矿绞车 2JP	电动机功率	kW
			三筒	耙矿绞车 3JP	电动机功率	kW
		隔爆型 B(爆)	双筒	耙矿绞车 2JPB	电动机功率	kW
			三筒	耙矿绞车 3JPB	电动机功率	kW
调度绞车 JD(卷度)	单筒缠绕式	—	—	调度绞车 JD	外层钢丝绳静张力	10 kN
	单筒摩擦式 M(摩)	—	—	调度绞车 JDM	外层钢丝绳静张力	10 kN
调车绞车 JC(卷车)	单摩擦轮	—	—	调车绞车 JC	外层钢丝绳静张力	10 kN
	双摩擦轮	—	—	调车绞车 2JC	外层钢丝绳静张力	10 kN
	四摩擦轮	—	—	调车绞车 4JC	外层钢丝绳静张力	10 kN
	单钩缠绕式 G(钩)	—	—	调车绞车 JCG	外层钢丝绳静张力	10 kN

表 3（续）

类	组	型式	特征代号	产品名称与系列代号	主参数代号	
					名称	单位
气动绞车 JQ(卷气)	齿轮式 C(齿)	—	—	气动绞车 JQC	额定牵引力×速度	kN×m/min
	活塞式 H(活)	单支撑	—	气动绞车 JQH	额定牵引力×速度	kN×m/min
		双支撑 S(双)	—	气动绞车 JQHS	额定牵引力×速度	kN×m/min
	叶片式 Y(叶)	—	—	气动绞车 JQY	额定牵引力×速度	kN×m/min
运输绞车 JY(卷运)	非隔爆型	—	—	运输绞车 JY	基准层钢丝绳静张力×速度	kN×m/s
	隔爆型 B(爆)	—	—	运输绞车 JYB	基准层钢丝绳静张力×速度	kN×m/s
游动绞车 JYD(卷游动)	—	—	—	游动绞车 JYD	电动机功率	kW
回柱绞车 JH(卷回)	缠绕式	非隔爆型	—	回柱绞车 JH	外层钢丝绳最大静张力	10 kN
		隔爆型 B(爆)	—	回柱绞车 JHB	外层钢丝绳最大静张力	10 kN
	摩擦式 M(摩)	—	—	回柱绞车 JHM	外层钢丝绳最大静张力	10 kN
	链条式 L(链)	—	—	回柱绞车 JHL	外层钢丝绳最大静张力	10 kN
启闭风门绞车 JM(卷门)	非隔爆型	—	—	启闭风门绞车 JM	拉力	10 kN
	隔爆型 B(爆)	—	—	启闭风门绞车 JMB	拉力	10 kN
无极绳绞车 JW(卷无)	非隔爆型	—	—	无极绳绞车 JW	钢丝绳最大静拉力	10 kN
	隔爆型 B(爆)	—	—	无极绳绞车 JWB	钢丝绳最大静拉力	10 kN
过坝卷扬机 JG(卷过)	—	—	—	过坝卷扬机 JG	卷筒直径×钢丝绳最大拉力	m×kN

表 4　矿用运输设备型号表示方法

类	组	型式	特征代号	产品名称与系列代号	主参数代号	
					名称	单位
煤矿用车 M(煤)	固定车箱式 G(固)	车辆 C(车)	—	固定车箱式矿车 MGC	车厢容积-轨距	m^3-dm
	翻斗式 F(翻)	车辆 C(车)	—	翻斗式矿车 MFC	车厢容积-轨距	m^3-dm
	单侧曲轨侧卸式 C(侧)	车辆 C(车)	—	单侧曲轨侧卸式矿车 MCC	车厢容积-轨距	m^3-dm
	底卸式 D(底)	车辆 C(车)	—	底卸式矿车 MDC	车厢容积-轨距	m^3-dm
			底侧卸式 C(侧)	底侧卸式矿车 MDCC	车厢容积-轨距	m^3-dm

表 4（续）

类	组	型式	特征代号	产品名称与系列代号	主参数代号	
					名称	单位
煤矿用车 M(煤)	平板车 P(平)	车辆 C(车)	—	平板车 MPC	车厢容积-轨距	m^3-dm
	材料车 L(料)	车辆 C(车)	—	材料车 MLC	车厢容积-轨距	m^3-dm
	梭式矿车 S(梭)	车辆 C(车)	通用型 T(通)	梭式矿车 MSCT	车厢容积-轨距	m^3-dm
			搭接式 D(搭)	梭式矿车 MSCD	车厢容积-轨距	m^3-dm
金属非金属矿用车 Y(冶)	固定车箱式 G(固)	车辆 C(车)	—	固定车箱式矿车 YGC	车厢容积-轨距	m^3-dm
	翻斗式 F(翻)	车辆 C(车)	—	翻斗式矿车 YFC	车厢容积-轨距	m^3-dm
	单侧曲轨侧卸式 C(侧)	车辆 C(车)	—	单侧曲轨侧卸式矿车 YCC	车厢容积-轨距	m^3-dm
	底卸式 D(底)	车辆 C(车)	—	底卸式矿车 YDC	车厢容积-轨距	m^3-dm
			底侧卸式 C(侧)	底侧卸式矿车 YDCC	车厢容积-轨距	m^3-dm
	平板车 P(平)	车辆 C(车)	—	平板车 YPC	车厢容积-轨距	m^3-dm
	材料车 L(料)	车辆 C(车)	—	材料车 YLC	车厢容积-轨距	m^3-dm
	梭式矿车 S(梭)	车辆 C(车)	通用型 T(通)	梭式矿车 YSCT	车厢容积-轨距	m^3-dm
			搭接式 D(搭)	梭式矿车 YSCD	车厢容积-轨距	m^3-dm
辅助运矿车辆 U	无轨运矿车 K(矿)	内燃	—	无轨运矿车 UK	载重量	t
		电动 D(电)	—	无轨运矿车 UKD	载重量	t
运人车辆 R(人)	有轨	斜井 X(斜)	抱轨式 B(抱)	斜井人车 RXB	人数/轨距	个/dm
			插爪式 C(插)	斜井人车 RXC	人数/轨距	个/dm
		平巷 P(平)	—	平巷人车 RP	人数/轨距	个/dm
	无轨 U	—	—	无轨人车 RU	人数	个
辅助车辆 F(辅)	斗式转载车 Z(转)	—	—	斗式转载车 FZ	斗容积	m^3
	运料车 L(料)	—	—	运料车 FL	载重量	t
		运油缸 G(缸)	—	油缸车 FLG	载重量	t
		运润滑油 Y(油)	—	润滑油车 FLY	载重量	t
		运电缆 L(缆)	—	电缆车 FLL	载重量	t
	移动设备车 Y(设)	—	—	移动设备车 FY	载重量	t

表 4（续）

类	组	型式	特征代号	产品名称与系列代号	主参数代号	
					名称	单位
吊挂运输设备	架空索道 RJ	双向活动抱索器 H(活)	液压站制动 Z(站)	矿用架空索道 RJHZ	驱动功率-最大适用倾角/最大运输距离	kW-(°)/m
			电液制动 Y(液)	矿用架空索道 RJHY	驱动功率-最大适用倾角/最大运输距离	kW-(°)/m
			气动 Q(气)	矿用架空索道 RJHQ	驱动功率-最大适用倾角/最大运输距离	kW-(°)/m
		双向大坡度可摘挂抱索器 K(可)	液压站制动 Z(站)	矿用架空索道 RJKZ	驱动功率-最大适用倾角/最大运输距离	kW-(°)/m
			电液制动 Y(液)	矿用架空索道 RJKY	驱动功率-最大适用倾角/最大运输距离	kW-(°)/m
			气动 Q(气)	矿用架空索道 RJKQ	驱动功率-最大适用倾角/最大运输距离	kW-(°)/m
		双向固定抱索器	液压站制动 Z(站)	矿用架空索道 RJZ	驱动功率-最大适用倾角/最大运输距离	kW-(°)/m
			电液制动 Y(液)	矿用架空索道 RJY	驱动功率-最大适用倾角/最大运输距离	kW-(°)/m
			气动 Q(气)	矿用架空索道 RJQ	驱动功率-最大适用倾角/最大运输距离	kW-(°)/m
		单向活动抱索器 DH(单活)	液压站制动 Z(站)	矿用架空索道 RJDHZ	驱动功率-最大适用倾角/最大运输距离	kW-(°)/m
			电液制动 Y(液)	矿用架空索道 RJDHY	驱动功率-最大适用倾角/最大运输距离	kW-(°)/m
			气动 Q(气)	矿用架空索道 RJDHQ	驱动功率-最大适用倾角/最大运输距离	kW-(°)/m
		单向大坡度可摘挂抱索器 DK(单可)	液压站制动 Z(站)	矿用架空索道 RJDKZ	驱动功率-最大适用倾角/最大运输距离	kW-(°)/m
			电液制动 Y(液)	矿用架空索道 RJDKY	驱动功率-最大适用倾角/最大运输距离	kW-(°)/m
			气动 Q(气)	矿用架空索道 RJDKQ	驱动功率-最大适用倾角/最大运输距离	kW-(°)/m
		单向固定抱索器 D(单)	液压站制动 Z(站)	矿用架空索道 RJDZ	驱动功率-最大适用倾角/最大运输距离	kW-(°)/m
			电液制动 Y(液)	矿用架空索道 RJDY	驱动功率-最大适用倾角/最大运输距离	kW-(°)/m
			气动 Q(气)	矿用架空索道 RJDQ	驱动功率-最大适用倾角/最大运输距离	kW-(°)/m

表 5　破碎粉磨设备产品型号表示方法

类	组	型式	特征代号	产品名称与系列代号	主参数代号 名称	主参数代号 单位
破碎机 P(破)	颚式 E(颚)	复摆	—	颚式破碎机 PE	给矿口宽×长	mm×mm
			细碎 X(细)	颚式破碎机 PEX	给矿口宽×长	mm×mm
			液压保护 Y(液)	颚式破碎机 PEY	给矿口宽×长	mm×mm
		简摆 J(简)	—	颚式破碎机 PEJ	给矿口宽×长	mm×mm
			分段启动 F(分)	颚式破碎机 PEJF	给矿口宽×长	mm×mm
			井下 J(井)	颚式破碎机 PEJJ	给矿口宽×长	mm×mm
	旋回 X(旋)	重型 Z(重)	—	旋回破碎机 PXZ	给矿口宽/排矿口宽	mm
		轻型 Q(轻)	—	旋回破碎机 PXQ	给矿口宽/排矿口宽	mm
		颚旋 E(颚)	—	颚旋式破碎机 PXE	给矿口宽/排矿口宽	mm
	圆锥 Y(圆)	弹簧	标准型 B(标)	圆锥破碎机 PYB	破碎壁大端直径、给矿口宽	dm
			中间型 Z(中)	圆锥破碎机 PYZ	破碎壁大端直径、给矿口宽	dm
			短头型 D(短)	圆锥破碎机 PYD	破碎壁大端直径、给矿口宽	dm
		单缸液压 Y(液)	标准型 B(标)	圆锥破碎机 PYYB	动锥底部直径、给矿口宽度	dm
			中间型 Z(中)	圆锥破碎机 PYYZ	动锥底部直径、给矿口宽度	dm
			短头型 D(短)	圆锥破碎机 PYYD	动锥底部直径、给矿口宽度	dm
		多缸液压 G(缸)	标准型 B(标)	圆锥破碎机 PYGB	动锥底部直径、给矿口宽度	dm
			短头型 D(短)	圆锥破碎机 PYGD	动锥底部直径、给矿口宽度	dm
		旋盘 X(旋)	—	圆锥破碎机 PYX	破碎锥大端直径、喉口尺寸	dm、mm
	辊式 G(辊)	光辊	双辊	辊式破碎机 2PG	辊子直径×长	mm×mm
			四辊	辊式破碎机 4PG	辊子直径×长	mm×mm
		齿辊 C(齿)	单齿辊	辊式破碎机 PGC	辊子直径×长	mm×mm
			双齿辊 —	辊式破碎机 2PGC	辊子直径×长	mm×mm
			双齿辊 强力 Q(强)	辊式破碎机 2PGCQ	辊子直径×长	mm×mm

表 5（续）

类	组	型式	特征代号		产品名称与系列代号	主参数代号	
						名称	单位
破碎机 P(破)	辊式 G(辊)	齿辊 C(齿)	双齿辊	筛分式 S(筛)	辊式破碎机 2PGCS	辊子直径×长	mm×mm
				轮齿式 L(轮)	辊式破碎机 2PGCL	辊子直径×长	mm×mm
			四齿辊		辊式破碎机 4PGC	辊子直径×长	mm×mm
		混合辊 H(混)	—		辊式破碎机 PGH	辊子直径×长	mm×mm
	锤式 C(锤)	单转子	不可逆式		锤式破碎机 PC	转子直径、长	dm
			可逆式 K(可)	—	锤式破碎机 PCK	转子直径、长	dm
				反击式 F(反)	锤式破碎机 PCKF	转子直径、长	dm
		双转子	—		锤式破碎机 2PC	转子直径、长	dm
		单段 D(单)	—		锤式破碎机 PCD	转子直径、长	dm
		立轴 L(立)	—		锤式破碎机 PCL	筒体直径	mm
		冲击 C(冲)	—		锤式破碎机 PCC	转子直径、长	dm
	环锤式 H(环)	重型	—		环锤式破碎机 PH	转子直径、长	dm
		轻型 Q(轻)	—		环锤式破碎机 PHQ	转子直径、长	dm
		立轴 L(立)	—		环锤式破碎机 PHL	筒体直径	mm
	反击式 F(反)	单转子	—		反击式破碎机 PF	转子直径、长	dm
		双转子	—		反击式破碎机 2PF	转子直径、长	dm
		立轴 L(立)	—		反击式破碎机 PFL	筒体直径	mm
		硬岩 Y(硬)	—		反击式破碎机 PFY	转子直径、长	dm
	立式 L(立)	—	—		立式冲击破碎机 PL	叶轮直径	mm
		链锤型 L(链)	—		立式链锤式破碎机 PLL	叶轮直径	mm
	辊压机 A	—	—		辊压机 PA	挤压辊直径×宽度	mm×mm
	破碎站 Z(站)	固定 G(固)	—		固定式破碎站 PZG	生产能力	t/h
		半移动 B(半)	—		半移动破碎站 PZB	生产能力	t/h
		移动 Y(移)	—		移动式破碎站 PZY	生产能力	t/h

表 5（续）

类	组	型式	特征代号	产品名称与系列代号	主参数代号	
					名称	单位
磨机 M(磨)	球磨 Q(球)	湿式格子型	—	球磨机 MQ	筒体直径×长	dm×dm
		干式格子型 G(干)	—	球磨机 MQG	筒体直径×长	dm×dm
		溢流 Y(溢)	—	球磨机 MQY	筒体直径×长	dm×dm
	棒磨 B(棒)	湿式	溢流	棒磨机 MB	筒体直径×长	dm×dm
			中间排矿 Z(中)	棒磨机 MBZ	筒体直径×长	dm×dm
			周边排矿 B(边)	棒磨机 MBB	筒体直径×长	dm×dm
		干式 G(干)	—	棒磨机 MBG	筒体直径×长	dm×dm
	自磨 A	湿式	—	自磨机 MA	筒体直径×长	dm×dm
			半自磨 B(半)	半自磨机 MAB		
		干式 G(干)	—	自磨机 MAG	筒体直径×长	dm×dm
	砾磨 E	—	—	砾磨机 ME	筒体直径、长	dm
	石灰石磨 S（石）	溢流型	脱硫 T(硫)	脱硫石灰石磨机 MST	筒体直径、长	dm
		湿式格子型 G	脱硫 T(硫)	脱硫石灰石磨机 MSGT	筒体直径、长	dm
	振动磨 Z(振)	单筒	—	振动磨 MZ	筒体容积	L
		双筒	—	振动磨 2MZ	筒体容积	L
		三筒	—	振动磨 3MZ	筒体容积	L
	钢球磨 G(钢)	中间贮存	—	钢球磨煤机 MG	筒体直径、长	dm
		双进双出 S(双)	—	钢球磨煤机 MGS	筒体直径、长	dm
	辊盘磨 P(盘)	—	—	辊盘式磨煤机 MP	磨盘直径、磨辊直径	dm
	碗式 W(碗)	—	—	碗式磨煤机 MW	磨碗直径、磨辊直径	dm
	风扇磨 F(风)	烟煤	—	风扇磨煤机 MF	叶轮直径、宽度	dm
		褐煤 H(褐)	—	风扇磨煤机 MFH	叶轮直径、宽度	dm
	竖井磨 S(竖)	—	—	竖井式磨煤机 MS	转子直径、长	dm
	管磨机 U	—	—	管磨机 MU	筒体直径、长	dm
		生料湿式 S(湿)	—	管磨机 MUS	筒体直径、长	dm
		生料干式 G(干)	—	管磨机 MUG	筒体直径、长	dm
		熟料 N(泥)	—	管磨机 MUN	筒体直径、长	dm

表 5（续）

类	组	型式	特征代号	产品名称与系列代号	主参数代号	
					名称	单位
磨机 M(磨)	立式 L(立)	水泥	生料 S(生)	立式水泥磨 MLS	磨盘直径、磨辊直径	dm
			熟料 N(泥)	立式水泥磨 MLN	磨盘直径、磨辊直径	dm
		矿渣 K(矿)	—	矿渣水泥立磨 MLK	磨盘直径、磨辊直径	dm
			带辅磨辊 F(辅)	矿渣水泥立磨 MLKF	磨盘直径、磨辊直径	dm
		脱硫 T(脱)	—	脱硫立式辊磨机 MLT	磨盘直径	cm
	摆式磨粉机 R	—	—	摆式磨粉机 MR	磨辊直径、高度	cm
		超细 X(细)		摆式磨粉机 MRX	磨辊直径、高度	cm
	离心磨 X（心）	—	—	离心磨 MX	电动机功率	kW

表 6　筛分设备产品型号表示方法

类	组	型式	特征代号	产品名称与系列代号	主参数代号	
					名称	单位
振动筛	直线振动筛 Z(直)	轴偏心	—	直线振动筛 Z	筛面宽、长	dm
		块偏心 K(块)	自同步	直线振动筛 ZK	筛面宽、长	dm
			箱式振动器 X(箱)	直线振动筛 ZKX	筛面宽、长	dm
			宽筛面 K(宽)	直线振动筛 ZKK	筛面宽、长	dm
			高频振动 G(高)	直线振动筛 ZKG	筛面宽、长	dm
		激振电动机 J(激)	—	直线振动筛 ZJ	筛面宽、长	dm
		共振筛 G(共)	连杆式 L(连)	直线振动筛 ZGL	筛面宽、长	dm
			惯性式 G(惯)	直线振动筛 ZGG	筛面宽、长	dm
		概率筛 L(率)	—	直线振动筛 ZL	筛面宽、长	dm
		电磁筛 C(磁)	—	直线振动筛 ZC	筛面宽、长	dm
		等厚筛 D(等)	—	直线振动筛 ZD	筛面宽、长	dm
		香蕉形 X(香)	—	直线振动筛 ZX	筛面宽、长	dm
	圆振动筛 Y(圆)	轴偏心 A	—	圆振动筛 YA	筛面宽、长	dm
			强迫同步 Q(强)	圆振动筛 YAQ	筛面宽、长	dm
		块偏心 K(块)	—	圆振动筛 YK	筛面宽、长	dm
			强迫同步 Q(强)	圆振动筛 YKQ	筛面宽、长	dm
			变振幅 B(变)	圆振动筛 YKB	筛面宽、长	dm

表 6（续）

类	组	型式	特征代号	产品名称与系列代号	主参数代号	
					名称	单位
振动筛	圆振动筛 Y(圆)	筛网振动 W(网)	—	圆振动筛 YW	筛面宽、长	dm
			大振幅 A	圆振动筛 YWA	筛面宽、长	dm
		激振电动机 J(激)	—	圆振动筛 YJ	筛面宽、长	dm
	椭圆振动筛 T(椭)	轴偏心 A	—	椭圆振动筛 TA	筛面宽、长	dm
			变振幅 B(变)	椭圆振动筛 TAB	筛面宽、长	dm
		块偏心 K(块)	—	椭圆振动筛 TK	筛面宽、长	dm
			变振幅 B(变)	椭圆振动筛 TKB	筛面宽、长	dm
		等厚筛 D(等)	—	椭圆振动筛 TD	筛面宽、长	dm
			三轴 S(三)	椭圆振动筛 TDS	筛面宽、长	dm
	复合振动筛 F(复)	激振电机 J(激)	—	复合振动筛 FJ	筛面宽、长	dm
其他筛 S(筛)	固定筛 U	弧形筛 H(弧)	—	弧形筛 SUH	筛面宽、弧半径、角度代号	dm
			翻转式 F(翻)	弧形筛 SUHF	筛面宽、弧半径、角度代号	dm
		旋流筛 X(旋)	—	旋流筛 SUX	筛面宽、长	dm
			电磁振动 C(磁)	旋流筛 SUXC	筛面宽、长	dm
	滚轴筛 G(滚)	—	—	滚轴筛 SG	筛面宽度、滚轴数	dm、根
		异型盘 Y(异)	—	滚轴筛 SGY	筛面宽度、滚轴数	dm、根
		偏心盘 P(偏)	—	滚轴筛 SGP	筛面宽度、滚轴数	dm、根
	摇动筛 Y(摇)	单机体 D(单)	—	摇动筛 SYD	筛面宽、长	dm
		双机体 S(双)	—	摇动筛 SYS	筛面宽、长	dm
	滚筒筛 T(筒)	—	—	滚筒筛 ST	筒径×筒宽	mm×mm
	弛张筛 Z(张)	单驱动 D(单)	—	弛张筛 SZD	筛面宽、长	dm
			带保护层筛网 B(保)	弛张筛 SZDB	筛面宽、长	dm
		双驱动 S(双)	—	弛张筛 SZS	筛面宽、长	dm
			带保护层筛网 B(保)	弛张筛 SZSB	筛面宽、长	dm
	旋转筛 X(旋)	概率筛 L(率)	—	旋转筛 SXL	筛盘直径	dm
		振动筛 Z(振)	—	旋转筛 SXZ	筛盘直径	dm
	网振筛 W(网)	—	—	网振筛 SW	筛面宽、长	dm
		高频 G(高)	—	网振筛 SWG	筛面宽、长	dm
	悬臂筛网 B(臂)	振动筛	—	悬臂筛网振动筛 SB	筛面宽、长	dm

表7　洗选设备产品型号表示方法

类	组	型式	特征代号		产品名称与系列代号	主参数代号	
						名称	单位
分级设备 F(分)	螺旋分级机	高堰式 G(高)	单螺旋		螺旋分级机 FG	螺旋直径	dm
			双螺旋		螺旋分级机 2FG	螺旋直径	dm
		沉没式 C(沉)	单螺旋		螺旋分级机 FC	螺旋直径	dm
			双螺旋		螺旋分级机 2FC	螺旋直径	dm
	分级旋流器 X(旋)	水力	—		旋流器 FX	直径	mm
		风力 F(风)	—		旋流器 FXF	直径	mm
	水力分级机 S(水)	上升水流	自由沉降 Z(自)		水力分级机 FSZ	直径	mm
			干涉沉降 G(干)		水力分级机 FSG	直径	mm
		水平水流 P(平)	—		水力分级机 FSP	直径	mm
磁选设备 C(磁)	筒式 T(筒)	永磁	磁力滚筒		磁力滚筒 CT	筒径、筒长	dm
			干选 G(干)	单筒	筒式磁选机 CTG	筒径、筒长	dm
				双筒	筒式磁选机 2CTG	筒径、筒长	dm
				三筒	筒式磁选机 3CTG	筒径、筒长	dm
			湿选	半逆流 B(半)	筒式磁选机 CTB	筒径、筒长	dm
				逆流 N(逆)	筒式磁选机 CTN	筒径、筒长	dm
				顺流 S(顺)	筒式磁选机 CTS	筒径、筒长	dm
		电磁 D(电)	干选 G(干)	单筒	筒式磁选机 CTDG	筒径、筒长	dm
			湿选	半逆流 B(半)	筒式磁选机 CTDB	筒径、筒长	dm
				逆流 N(逆)	筒式磁选机 CTDN	筒径、筒长	dm
				顺流 S(顺)	筒式磁选机 CTDS	筒径、筒长	dm
	弱磁带式 J	永磁	湿选		带式磁选机 CJ	带宽	dm
			干选 G(干)		带式磁选机 CJG	带宽	dm
		电磁 D(电)	湿选		带式磁选机 CJD	带宽	dm
			干选 G(干)		带式磁选机 CJDG	带宽	dm
	中磁辊式 U	永磁	湿选		辊式磁选机 CU	辊径、辊长	dm
			干选 G(干)		辊式磁选机 CUG	辊径、辊长	dm

表 7（续）

类	组	型式	特征代号		产品名称与系列代号	主参数代号	
						名称	单位
磁选设备 C(磁)	强磁辊式 G(辊)	永磁	干选 G(干)	双辊	辊式强磁选机 2CGG	辊径、分选区长度	dm
			湿选	双辊	辊式强磁选机 2CG	辊径、分选区长度	dm
			筒辊式 T(筒)	单辊	筒辊式强磁选机 CGT	辊长	dm
				双辊	筒辊式强磁选机 2CGT	辊长	dm
		电磁 D(电)	单辊		辊式强磁选机 CGD	辊径、分选区长度	dm
			双辊		辊式强磁选机 2CGD	辊径、分选区长度	dm
	强磁环式 H(环)	永磁	湿选	单平环	环式强磁选机 CH	环外径	dm
				双平环	环式强磁选机 2CH	环外径	dm
		电磁 D(电)	湿选	单平环	环式强磁选机 CHD	环外径	dm
				双平环	环式强磁选机 2CHD	环外径	dm
				立环 L(立)	环式强磁选机 CHDL	环外径	dm
			干选 G(干)		环式强磁选机 CHDG	感应环外径	dm
	强磁盘式 P(盘)	电磁	干选 G(干)	单盘	盘式强磁选机 CPG	盘径	dm
				双盘	盘式强磁选机 2CPG	盘径	dm
				三盘	盘式强磁选机 3CPG	盘径	dm
			湿选		盘式强磁选机 CP	盘径	dm
	强磁转笼式 N(笼)	永磁	湿选		转笼式强磁选机 CN	笼径	dm
	高梯度筒式 A	电磁 D(电)	湿选		高梯度磁过滤器 CAD	滤床直径、高度、磁感应强度	dm、dT
	内筒式 E	—	—		内筒式精选机 CE	筒内径	dm
	磁选过滤设备 L(滤)	永磁	湿选		磁过滤器 CL	过滤面积	m^2
	磁力脱水槽 S(水)	永磁	—		磁力脱水槽 CS	槽径	dm
		电磁 D(电)	—		磁力脱水槽 CSD	槽径	dm
	电磁振动式 Z(振)	—	—		振动磁选机 CZ	入料口径	cm
	双液冷 Y(液)	普通型	—		双液冷磁选机 CY	入料口径	cm
		振动式 Z(振)	电磁		双液冷磁选机 CYZ	入料口径	cm

表 7（续）

类	组	型式	特征代号	产品名称与系列代号	主参数代号 名称	主参数代号 单位
浮选设备 X(选)	机械搅拌式浮选机 J(搅)	叶轮式	—	浮选机 XJ	单槽容积	m^3
			浅槽 Q(浅)	浮选机 XJQ	单槽容积	m^3
		棒型 B(棒)	—	浮选机 XJB	单槽容积	m^3
		充气式 C(充)	—	浮选机 XJC	单槽容积	m^3
			浅槽 Q(浅)	浮选机 XJCQ	单槽容积	m^3
		斜叶轮 X(斜)	直流入料 Z(直)	浮选机 XJXZ	单槽容积	m^3
			中心入料 T	浮选机 XJXT	单槽容积	m^3
		星形轮 N(星)	—	浮选机 XJN	单槽容积	m^3
		煤用型 M(煤)	—	浮选机 XJM	单槽容积	m^3
	吸附槽 F(附)	—	—	吸附槽 XF	槽体直径	mm
	浮选柱 Z(柱)	自溢式	—	浮选柱 XZ	柱直径	dm
		刮板式 G(刮)	—	浮选柱 XZG	柱直径	dm
		微泡 W(微)	旋流 X(旋)	浮选柱 XZWX	柱直径	dm
重力选矿设备 L(力)	跳汰机 T(跳)	侧鼓式 G(鼓)	—	跳汰机 LTG	跳汰面积	m^2
			V 形槽	跳汰机 LTGV	跳汰面积	m^2
		筛下空气室 X(下)	—	跳汰机 LTX	跳汰面积	m^2
		隔膜式	旁动 P(旁)	跳汰机 LTP	跳汰室宽、长/室数	dm/个
			下动 A(下)	跳汰机 LTA	跳汰室宽、长/室数	dm/个
			侧动 C(侧) 单列	跳汰机 LTC	跳汰室宽、长/室数	dm/个
			侧动 C(侧) 双列	跳汰机 2LTC	跳汰室宽、长/室数	dm/个
	重介质选矿机 Z(重)	斜轮 X(斜)	—	斜轮选煤机 LZX	槽宽	m
		立轮 L(立)	—	立轮选煤机 LZL	槽宽	m
		圆筒 T(筒)	—	圆筒选矿机 LZT	槽宽	m
		圆锥	—	圆锥选矿机 LZ	槽宽	m
		振动槽 C(槽)	—	振动槽 LZC	槽宽	m
	分选旋流器 U	重介质 Z(重)	—	旋流器 LUZ	直径	mm
		水介质 S(水)	—	旋流器 LUS	直径	mm
	摇床 Y(摇)	平面式	单层	摇床 LY	床面宽、长	dm
			双层	摇床 2LY	床面宽、长	dm
			三层	摇床 3LY	床面宽、长	dm
		离心式 X(心)	—	摇床 LYX	筒径、长度	dm
	离心选矿机 X(心)	卧式	双锥型	离心选矿机 LX	转鼓直径、长度	dm
			单锥型 D(单)	离心选矿机 LXD	转鼓直径、长度	dm

表 7（续）

类	组	型式	特征代号		产品名称与系列代号	主参数代号	
						名称	单位
重力选矿设备 L(力)	螺旋选矿机 A	—	—		螺旋选矿机 LA	螺旋直径	dm
	风力选矿机 F(风)	—	—		风力选矿机 LF	筛面宽、长	dm
脱水设备	真空过滤机 G(过)	筒式	外滤 W(外)		筒型真空过滤机 GW	过滤面积	m^2
			永磁 Y(永)	外滤 W	筒型真空过滤机 GYW	过滤面积	m^2
			无格 U		无格过滤机 GU	过滤面积	m^2
			绳索 S(绳)		绳索过滤机 GS	过滤面积	m^2
			折带 D(带)		折带过滤机 GD	过滤面积	m^2
			内滤 N(内)		筒型真空过滤机 GN	过滤面积	m^2
			永磁 Y(永)	内滤 N(内)	筒型真空过滤机 GYN	过滤面积	m^2
		盘式 P(盘)	立式	普通型	盘式真空过滤机 GP	过滤面积	m^2
				耐酸 S(酸)	盘式真空过滤机 GPS	过滤面积	m^2
				异形管中心轴 Y(异)	盘式真空过滤机 GPY	过滤面积	m^2
			加压 J(加)		盘式真空过滤机 GPJ	过滤面积	m^2
			平面 M(面)		盘式真空过滤机 GPM	过滤面积	m^2
		带式 A	水平 P(水)		带式真空过滤机 GAP	过滤面积	m^2
	压滤机 Y(压)	板框式 B(板)	—		板框式压滤机 YB	过滤面积	m^2
		室式 S(室)	侧杆式 C(侧)		室式压滤机 YSC	过滤面积	m^2
			悬挂式 X(悬)		室式压滤机 YSX	过滤面积	m^2
			骑跨式 Q(骑)		室式压滤机 YSQ	过滤面积	m^2
		带式 D(带)	—		带式压滤机 YD	滤带宽度	mm
	离心脱水机 T(脱)	过滤式	立式	螺旋卸料 L(螺)	离心脱水机 TL	筛网大端直径	dm
				振动卸料 Z(振)	离心脱水机 TZ	筛网大端直径	dm
			卧式 W(卧)	螺旋卸料 L(螺)	离心脱水机 TWL	筛网大端直径	dm
				振动卸料 Z(振)	离心脱水机 TWZ	筛网大端直径	dm

表 7（续）

类	组	型式	特征代号		产品名称与系列代号	主参数代号	
						名称	单位
脱水设备	离心脱水机 T(脱)	沉降式 C(沉)	—		离心脱水机 TC	大端直径、长度	dm
			过滤 L(滤)		离心脱水机 TCL	大端直径、长度	dm
	浓缩机 N(浓)	无耙 W(无)	—		浓缩机 NW	池内径	m
		中心传动 Z(中)	手动提耙 S(手)	单层	浓缩机 NZS	池内径	m
				双层	浓缩机 2NZS	池内径	m
				三层	浓缩机 3NZS	池内径	m
				防腐 F(腐)	浓缩机 NZSF	池内径	m
			自动提耙	—	浓缩机 NZ	池内径	m
				防腐 F(腐)	浓缩机 NZF	池内径	m
			液压式 Y(液)		浓缩机 NZY	池内径	m
			深锥 U		浓缩机 NZU	池内径	m
		周边传动	辊轮 G(辊)		浓缩机 NG	池内径	m
			胶轮 J(胶)	不提耙	浓缩机 NJ	池内径	m
				分段提耙 D	浓缩机 NJD	池内径	m
			齿条 T(条)	不提耙	浓缩机 NT	池内径	m
				分段提耙 D	浓缩机 NTD	池内径	m
				精矿 J(精)	浓缩机 NTJ	池内径	m
				中心提耙 Z(中)	浓缩机 NTZ	池内径	m
其他设备 R	洗矿机 X(洗)	筒型 T(筒)	—		洗矿机 RXT	筒径×长	dm×dm
		槽型 C(槽)	—		洗矿机 RXC	槽宽×长	dm×dm
		螺旋 L(螺)	—		洗矿机 RXL	螺旋直径	mm
			宽堰式 K(宽)		洗矿机 RXLK	螺旋直径	mm
	自动排液装置 P(排)	浮子式 F(浮)	—		自动排液装置 RPF	排液罐直径	mm
		电控式 D(电)	—		自动排液装置 RPD	排液罐直径	mm
	搅拌槽 J(搅)	普通型	—		搅拌槽 RJ	直径	dm
		提升型 T(提)	—		搅拌槽 RJT	直径	dm
		煤用型 M(煤)	—		搅拌槽 RJM	直径	dm
		高浓度 G(高)	—		搅拌槽 RJG	直径	dm
		轻型 Q(轻)	—		搅拌槽 RJQ	直径	dm
	混料桶 H(混)	煤用型 M(煤)	—		混料桶 RHM	直径	dm
	矿浆准备器 K(矿)	—	—		矿浆准备器 RK	生产率	m^3/h
	刷筛 S(刷)	—	—		刷筛 RS	半径、长度	dm

表 7（续）

类	组	型式	特征代号	产品名称与系列代号	主参数代号	
					名称	单位
其他设备 R	格栅除污机 G(格)	—	—	格栅除污机 RG	格栅宽度、间隙	dm、mm
	机械搅拌澄清池设备 A	搅拌机 J(搅)	—	搅拌机 RAJ	叶轮直径	m
		刮泥机 G(刮)	—	刮泥机 RAG	刮泥耙直径	m
	给药机 Y(药)	—	—	给药机 RY	给药量	mL/h
	预磁器 U	永磁	—	预磁器 RU	管径	mm
		电磁 D(电)	—	预磁器 RUD	管径	mm
	脱磁器 T(脱)	—	—	脱磁器 RT	管径	mm
	除铁器 C(除)	电磁皮带轮 L(轮)	—	电磁皮带轮 RCL	筒径、筒长	dm
		永磁滚筒 T(筒)	干选 G(干)	永磁滚筒 RCTG	筒径/适用带宽	cm
		电磁悬挂式 D(电)	人工卸铁风冷却 A	电磁除铁器 RCDA	适用带宽	dm
			人工卸铁自然冷却 B	电磁除铁器 RCDB	适用带宽	dm
			自动卸铁风冷却 C	电磁除铁器 RCDC	适用带宽	dm
			自动卸铁自然冷却 D	电磁除铁器 RCDD	适用带宽	dm
			人工卸铁油冷却 E	电磁除铁器 RCDE	适用带宽	dm
			自动卸铁油冷却 F	电磁除铁器 RCDF	适用带宽	dm
			人工卸铁热管冷却 G	电磁除铁器 RCDG	适用带宽	dm
			自动卸铁热管冷却 H	电磁除铁器 RCDH	适用带宽	dm
			人工卸铁强迫油冷 J	电磁除铁器 RCDJ	适用带宽	dm
			自动卸铁强迫油冷 K	电磁除铁器 RCDK	适用带宽	dm
			人工卸铁蒸发冷却 L	电磁除铁器 RCDL	适用带宽	dm
			自动卸铁蒸发冷却 M	电磁除铁器 RCDM	适用带宽	dm
			圆盘形人工卸铁自然冷却 Y(圆)	电磁除铁器 RCDY	适用带宽	dm

表 7（续）

类	组	型式	特征代号		产品名称与系列代号	主参数代号	
						名称	单位
其他设备 R	除铁器 C(除)	永磁悬挂式 Y(永)	人工卸铁 B		永磁除铁器 RCYB	适用带宽	dm
			自动卸铁 D		永磁除铁器 RCYD	适用带宽	dm
			翻板卸铁 F(翻)		永磁除铁器 RCYF	适用带宽	dm
			手摇卸铁 P		永磁除铁器 RCYP	适用带宽	dm
		管道式 G(管)	永磁	人工卸铁 A	管道式除铁器 RCGA	管径	cm
				自动卸铁 G	管道式除铁器 RCGG	管径	cm
				湿式管道 S	管道式除铁器 RCGS	管径	cm
				磁棒干选 C	管道式除铁器 RCGC	管径	cm
				中心塔尖式 J	管道式除铁器 RCGJ	管径	cm
			电磁 D(电)	—	管道式除铁器 RCGD	管径	cm
		超导 C(超)	—		除铁器 RCC	适用带宽	dm
	矿浆泵 B(泵)	长轴立式 Z(轴)	—		矿浆泵 RBZ	出口直径	dm

表 8 焙烧设备产品型号表示方法

类	组	型式	特征代号	产品名称与系列代号	主参数代号	
					名称	单位
预热机 R(热)	竖式 S(竖)	—	—	竖式预热机 RS	预热面积	m^2
	回转篦子式 H(回)	—	—	回转篦子预热机 RH	预热面积	m^2
干燥机 Z(燥)	转筒式 T(筒)	—	—	转筒式干燥机 ZT	筒体直径×长	dm×m
窑 Y(窑)	立窑 L(立)	机械窑	塔式 T(塔)	机械立窑 YLT	有效直径×高	dm×dm
			辊式 G(辊)	机械立窑 YLG	有效直径×高	dm×dm
			摆辊式 B(摆)	机械立窑 YLB	有效直径×高	dm×dm
			盘塔式 P(盘)	机械立窑 YLP	有效直径×高	dm×dm
			往复式 F(复)	机械立窑 YLF	有效直径×高	dm×dm
		石灰窑 S(石)	—	石灰立窑 YLS	有效直径×高	dm×dm
		液压窑 Y(液)	—	液压立窑 YLY	有效直径×高	dm×dm
	回转窑	活性石灰窑 S(石)	—	活性石灰窑 YS	筒体直径×长	dm×m

表 8（续）

类	组	型式	特征代号		产品名称与系列代号	主参数代号	
						名称	单位
窑 Y(窑)	回转窑	冶金窑 Y(冶)	—		冶金窑 YY	筒体直径×长	dm×m
		化工窑 H(化)	—		化工窑 YH	筒体直径×长	dm×m
		水泥窑 N(泥)	湿法 S(湿)	长窑	湿法长窑 YNS	筒体直径×长	dm×m
				短窑 D(短)	湿法短窑 YNSD	筒体直径×长	dm×m
			半干法 B(半)	立波尔 L(立)	立波尔窑 YNBL	筒体直径×长	dm×m
				带破碎烘干 P(破)	带破碎烘干窑 YNBP	筒体直径×长	dm×m
			干法	中空 Z(中)	中空窑 YNZ	筒体直径×长	dm×m
				窑外分解 F(分)	窑外分解窑 YNF	筒体直径×长	dm×m
				带悬浮预热 X(悬)	带悬浮预热器窑 YNX	筒体直径×长	dm×m
				带立筒预热 L(立)	带立筒预热器窑 YNL	筒体直径×长	dm×m
冷却机 L(冷)	篦式 B(篦)	回转 H(回)	—		回转篦式冷却机 LBH	篦床宽×长	dm×dm
		振动 Z(振)	—		振动篦式冷却机 LBZ	篦床宽×长	dm×dm
		推动 T(推)	—		水平推动冷却机 LBT	篦床宽×长	dm×dm
	竖式 S(竖)	—	—		竖式冷却机 LS	冷却面积	m^2
	单筒 T(筒)	—	—		单筒冷却机 LT	筒体直径×长	dm×m
	带式 D(带)	—	—		带式冷却机 LD	冷却面积	m^2
	环式 H(环)	—	—		环式冷却机 LH	冷却面积	m^2

表 9 超微粉碎设备产品型号表示方法

类	组	型式	特征代号	产品名称与系列代号	主参数代号	
					名称	单位
气流磨 Q(气)	水平圆盘式 P(平)	—	—	气流磨 QP	耗气量	m^3/min
	循环管式 G(管)	—	—	气流磨 QG	耗气量	m^3/min
	靶式 A	—	—	气流磨 QA	耗气量	m^3/min
	对喷式 U(对)	—	—	气流磨 QU	耗气量	m^3/min
	气旋式 X(旋)	—	—	气流磨 QX	耗气量	m^3/min
	流化床式 L(流)	—	—	气流磨 QL	耗气量	m^3/min

表 9（续）

类	组	型式	特征代号	产品名称与系列代号	主参数代号	
					名称	单位
搅拌磨 J(搅)	间隙式 A	—	—	搅拌磨 JA	球磨筒容积	L
	连续式 L(连)	立式	—	搅拌磨 JL	球磨筒容积	L
		卧式 W(卧)	—	搅拌磨 JLW	球磨筒容积	L
	循环式 X(循)	—	—	搅拌磨 JX	球磨筒容积	L
	螺旋搅拌式 U	—	—	搅拌磨 JU	球磨筒容积	L
	圆盘搅拌式 P(盘)	—	—	搅拌磨 JP	球磨筒容积	L
	砂磨机 S(砂)	立式	—	砂磨机 JS	筒体容积	L
		卧式 W(卧)	—	砂磨机 JSW	筒体容积	L
离心分级机 L(离)	卧式沉降 W(卧)	—	—	卧式沉降离心分级机 LW	转鼓直径×长度	mm×mm
	碟式沉降 D(碟)	—	—	碟式沉降离心分级机 LD	转鼓内径	mm

3.4 产品标记示例

产品标记由产品型号及产品名称组成，标记示例见示例 1～示例 11。

示例 1：

钻孔直径为 9 m，井深为 500 m 的竖井钻机：

AS-9/500　竖井钻机

示例 2：

经过第三次改进的，钻孔直径为 250 mm 的露天用牙轮钻机：

KY-250D　牙轮钻机

示例 3：

铲斗容积为 0.17 m^3 的电动轨轮正装后卸式装岩机：

Z-17　装岩机

示例 4：

标准斗容为 55 m^3 的机械正铲式矿用挖掘机：

WK-55　挖掘机

示例 5：

卷筒直径为 3.5 m，宽度为 2.5 m 的双筒缠绕式矿井提升机：

2JK-3.5×2.5　矿井提升机

示例 6：

给矿口宽度为 250 mm，长度为 400 mm 的复摆颚式破碎机：

PE-250×400　颚式破碎机

示例 7：

筒体直径为 1 500 mm，长度为 3 000 mm 的湿式格子型球磨机：

MQ-15×30　球磨机

示例 8：

筛面宽为 1 800 mm，长为 4 500 mm 的双层块偏心圆振动筛：

2YK-1845　圆振动筛

示例 9：

分选槽宽为 1 600 mm 的斜轮重介质选煤机：

LZX-1.6 斜轮选煤机

示例 10：

筒径为 1 000 mm，长为 3 000 mm 的湿式顺流永磁筒式磁选机：

CTS-1030 永磁磁选机

示例 11：

筒体内径为 3 000 mm，筒体长度为 32 000 mm 的单筒冷却机：

LT-3032 单筒冷却机

ICS 73.100.40
D 93

中华人民共和国国家标准

GB/T 25707—2010

液压防爆提升机和提升绞车

Hydraulic defence explosion mine hoists and mine winders

2010-12-23 发布　　　　2011-07-01 实施

中华人民共和国国家质量监督检验检疫总局
中国国家标准化管理委员会　发布

前　言

本标准的附录 A 为资料性附录。

本标准由中国机械工业联合会提出。

本标准由全国矿山机械标准化技术委员会(SAC/TC 88)归口。

本标准起草单位:洛阳中重自动化工程有限责任公司、株洲力达液压机械有限责任公司、山西新富升机器制造有限公司、洛阳矿山机械工程设计研究院有限责任公司。

本标准主要起草人:张凤林、李建设、张兰俊、刘大华、左达、张步斌、杨现利。

液压防爆提升机和提升绞车

1 范围

本标准规定了液压防爆提升机和提升绞车的型式与基本参数、技术要求、试验方法、检验规则、包装、运输和贮存。

本标准适用于在有煤尘、瓦斯等爆炸性气体环境使用的煤矿井下及其他需要防爆的场所作提升、下放物料和运输人员的液压防爆提升机和提升绞车。

2 规范性引用文件

下列文件中的条款通过本标准的引用而成为本标准的条款。凡是注日期的引用文件，其随后所有的修改单(不包括勘误的内容)或修订版均不适用于本标准，然而，鼓励根据本标准达成协议的各方研究是否可使用这些文件的最新版本。凡是不注日期的引用文件，其最新版本适用于本标准。

GB/T 191 包装储运图示标志(GB/T 191—2008,ISO 780:1997,MOD)

GB 2894 安全标志及其使用导则

GB/T 3766 液压系统通用技术条件(GB/T 3766—2001,eqv ISO 4413:1998)

GB 3836.1 爆炸性气体环境用电气设备 第1部分:通用要求(GB 3836.1—2000,eqv IEC 60079-0:1998)

GB 3836.2 爆炸性气体环境用电气设备 第2部分:隔爆型"d"(GB 3836.2—2000,eqv IEC 60079-1:1990)

GB 3836.4 爆炸性气体环境用电气设备 第4部分:本质安全型"i"(GB 3836.4—2000,eqv IEC 60079-11:1999)

GB/T 4879 防锈包装

GB/T 7935 液压元件 通用技术条件

GB/T 8923—1988 涂装前钢材表面锈蚀等级和除锈等级

GB/T 9969 工业产品使用说明书 总则

GB/T 10095.1 圆柱齿轮 精度制 第1部分:轮齿同侧齿面偏差的定义和允许值(GB/T 10095.1—2008,ISO 1328-1:1995,IDT)

GB/T 10095.2 圆柱齿轮 精度制 第2部分:径向综合偏差与径向跳动的定义和允许值(GB/T 10095.2—2008,ISO 1328-2:1997,IDT)

GB/T 11345—1989 钢焊缝手工超声波探伤方法和探伤结果分级

GB/T 13306 标牌

GB/T 13325 机器和设备辐射的噪声 操作者位置噪声测量的基本准则(工程级)(GB/T 13325—1991,neq ISO 6081:1986)

GB/T 14039—2002 液压传动 油液 固体颗粒污染等级代号(ISO 4406:1999,MOD)

GB/T 15706.2 机械安全 基本概念与设计通则 第2部分:技术原则(GB/T 15706.2—2007,ISO 12100-2:2003,IDT)

GB/T 16855.1 机械安全 控制系统有关安全部件 第1部分:设计通则(GB/T 16855.1—2008,ISO 13849-1:2006,IDT)

GB/T 17489 液压颗粒污染分析 从工作系统管路中提取液样(GB/T 17489—1998,idt ISO 4021:1992)

GB 20181　矿井提升机和矿用提升绞车　安全要求
GB/T 20961　单绳缠绕式矿井提升机
AQ 1043　矿用产品安全标志标识
JB/T 1581　汽轮机、汽轮发电机转子和主轴锻件　超声波探伤方法
JB/T 3721　矿井提升机　盘形制动器闸瓦
JB/T 3812　矿井提升机和矿用绞车　盘形制动器用碟形弹簧
JB/T 5000.13　重型机械通用技术条件　第13部分：包装
JB/T 7888.1　JTP型矿用提升绞车
JB/T 7929—1999　齿轮传动装置清洁度
JB 8519　矿井提升机和矿用提升绞车　盘形制动器
MT 113　煤矿井下用聚合物制品阻燃抗静电性通用试验方法和判定规则
MT/T 776　煤矿机械液压系统总成出厂检验规范
《煤矿安全规程》(2010年版)

3　型式与基本参数

3.1　型式

产品采用隔爆鼠笼式异步电动机带动双向变量液压泵，通过闭式液压回路驱动液压马达旋转，经齿轮减速器或直接带动卷筒旋转。

3.2　型号标记

2 J □ Y B - □ × □ □ □ □

- 产品改进序号(用A、B、C…… 表示)
- 控制方式：电液比例控制为D，液压比例控制省略
- 传动方式：减速器传动为J，液压马达直接传动为Z
- 卷筒宽度，单位为m
- 卷筒直径，单位为m
- 防爆
- 液压传动代号
- K为提升机(卷筒直径 ≥ 2 m)，T为提升绞车(卷筒直径 < 2 m)
- 卷扬机类
- 卷筒个数(单卷筒省略)

3.3　标记示例

a)　卷筒直径2.5 m，卷筒宽度2 m，减速器传动，电液比例控制的单卷筒液压防爆提升机标记为：

JKYB-2.5×2J(D)　液压防爆提升机

b)　卷筒直径1.6 m，卷筒宽度1.2 m，低速液压马达直接驱动，液压比例控制的双卷筒液压防爆提升绞车标记为：

2JTYB-1.6×1.2Z　液压防爆提升绞车

3.4　基本参数

液压防爆提升机和提升绞车的基本参数应优先选用表1中数值。

表 1　液压防爆提升机和提升绞车基本参数

产品型号	卷筒			最大提升高度或斜长（钢丝绳最大直径时）			钢丝绳			最大提升速度
	个数	直径	宽度	一层缠绕	二层缠绕	三层缠绕	最大静张力	最大静张力差	最大直径	
		m		m			kN	kN	mm	m/s
JTYB-1.2×1	1	1.2	1.0	123	275	447	30	30	20	2.5
JTYB-1.2×1.2			1.2	157	345	553				
2JTYB-1.2×0.8	2	1.2	0.8	89	206	342	30	20	20	2.5
2JTYB-1.2×1			1.0	123	275	447				
JTYB-1.6×1.2	1	1.6	1.2	178	385	617	45	45	24	3
JTYB-1.6×1.5			1.5	236	503	796				
2JTYB-1.6×0.9	2	1.6	0.9	120	268	439	45	30	24	3
2JTYB-1.6×1.2			1.2	178	385	617				
JKYB-2×1.5	1	2.0	1.5	255	538	854	60	60	28	3.5
JKYB-2×1.8			1.8	318	666	1 047				
2JKYB-2×1	2	2.0	1.0	151	327	532	60	40	28	3.5
2JKYB-2×1.25			1.25	203	432	693				
JKYB-2.5×2	1	2.5	2.0	360	747	1 175	90	90	34	4
JKYB-2.5×2.3			2.3	423	876	1 371				
JKYB-2.5×2.5			2.5	466	962	1 501				
2JKYB-2.5×1.2	2	2.5	1.2	190	403	654	90	55	34	4
2JKYB-2.5×1.5			1.5	253	532	849				
2JKYB-2.5×2			2.0	360	747	1 177				
JKYB-3×2.2	1	3.0	2.2	411	848	1 334	120	120	40	4.5
JKYB-3×2.5			2.5	477	981	1 536				
JKYB-3×2.8			2.8	542	1 114	1 737				
2JKYB-3×1.5	2	3.0	1.5	257	538	863	120	80	40	4.5
2JKYB-3×1.8			1.8	323	671	1 065				
2JKYB-3×2			2.0	367	760	1 199				
JKYB-3.5×2.5	1	3.5	2.5	507	1 040	1 629	150	150	44	5
JKYB-3.5×2.8			2.8	577	1 182	1 844				
JKYB-3.5×3			3.0	624	1 276	1 987				
2JKYB-3.5×1.7	2	3.5	1.7	320	661	1 055	150	100	44	5
2JKYB-3.5×2.1			2.1	413	851	1 342				
2JKYB-3.5×2.5			2.5	507	1 040	1 629				

表 1（续）

<table>
<tr><th rowspan="3">产品型号</th><th colspan="3">卷筒</th><th colspan="3">最大提升高度或斜长
（钢丝绳最大直径时）</th><th colspan="3">钢丝绳</th><th rowspan="2">最大提升速度</th></tr>
<tr><th rowspan="2">个数</th><th>直径</th><th>宽度</th><th>一层缠绕</th><th>二层缠绕</th><th>三层缠绕</th><th>最大静张力</th><th>最大静张力差</th><th>最大直径</th></tr>
<tr><th colspan="2">m</th><th colspan="3">m</th><th>kN</th><th>kN</th><th>mm</th><th>m/s</th></tr>
<tr><td>JKYB-4×3</td><td rowspan="2">1</td><td rowspan="2">4.0</td><td>3.0</td><td>655</td><td>1 336</td><td>2 081</td><td rowspan="2">180</td><td rowspan="2">180</td><td rowspan="2">48</td><td rowspan="2">5</td></tr>
<tr><td>JKYB-4×3.5</td><td>3.5</td><td>778</td><td>1 585</td><td>2 458</td></tr>
<tr><td>2JKYB-4×2.1</td><td rowspan="2">2</td><td rowspan="2">4.0</td><td>2.1</td><td>433</td><td>888</td><td>1 403</td><td rowspan="2">180</td><td rowspan="2">120</td><td rowspan="2">48</td><td rowspan="2">5</td></tr>
<tr><td>2JKYB-4×2.5</td><td>2.5</td><td>532</td><td>1 087</td><td>1 704</td></tr>
<tr><td colspan="11">注：提升高度的计算公式参见附录 A。</td></tr>
</table>

4 技术要求

4.1 工作条件

4.1.1 产品工作时，环境空气中的瓦斯、煤尘等不应超过《煤矿安全规程》中所规定的浓度。

4.1.2 环境温度：机房 5 ℃～40 ℃，硐室 5 ℃～30 ℃；环境空气相对湿度不大于 85%（20 ℃±5 ℃时）。

4.1.3 海拔高度不超过 1 000 m。对于海拔高度超过 1 000 m 的使用场合，需要考虑到空气冷却作用和介电强度的下降，选用的电气设备应根据制造厂和用户的协议进行设计和使用。

4.1.4 操作位置的照度不应低于 100 lx。

4.2 基本要求

4.2.1 产品主要技术参数和技术要求应符合本标准的规定，且适应于提升系统运行要求，并按照经规定程序批准的图样及技术文件制造、安装和使用。

4.2.2 产品应符合《煤矿安全规程》和 GB 20181 的有关规定。

4.2.3 产品的电气设备应符合 GB 3836.1、GB 3836.2 和 GB 3836.4 的有关规定，且应经国家授权的防爆检验机构进行防爆检验，并取得矿用产品安全标志证书。

4.2.4 选用的非金属材料应符合 MT 113 的规定。

4.2.5 液压元件应符合 GB/T 7935 的有关规定。

4.2.6 液压系统应符合 GB/T 3766 的有关规定。

4.2.7 外购配套件应有合格证、使用说明书；属安全标志管理的产品应具备有效的矿用产品安全标志证书。

4.2.8 所用材料均应附有质量保证书，必要时应进行化验或鉴别，确认合格后方可使用。

4.2.9 锐边、尖角和凸出部分的设计应符合 GB/T 15706.2 的规定。

4.2.10 产品的控制系统安全部分应符合 GB/T 16855.1 的要求。

4.2.11 产品的通用件、易损件、备用件应保证质量与互换性。

4.2.12 产品所有的原材料、标准件、外购件均应符合现行有关国家标准或行业标准的规定。

4.2.13 本标准未规定的机械加工和装配等技术要求，均应符合现行有关国家标准或行业标准的规定。

4.2.14 产品各部件应有便于起吊和安装的起吊悬挂装置。

4.3 整机性能要求

4.3.1 产品启动、运行、换向和停车应平稳、可靠，无冲击振动和异常声响，液压系统无渗漏现象。

4.3.2 产品应具有远距离液控（或电控）操纵和无级调速的性能。

4.3.3 操纵台位置处的噪声，其声压级不应大于 88 dB(A)。

4.3.4 产品在空负荷试验、负荷试验和超负荷试验中应运转平稳、可靠，无爬行和异常响声。各轴承处温升不应超过 40 ℃，最高温度不应超过 75 ℃。各部温升及液压、润滑系统压力应正常。

4.3.5 钢丝绳安全系数、卷筒直径与钢丝绳直径之比、卷筒直径与钢丝绳中最粗钢丝的直径之比、卷筒上的钢丝绳缠绕层数、提升容器的最大速度和最大加、减速度应符合《煤矿安全规程》的相关规定。

4.4 外观质量

4.4.1 产品涂漆前，钢制件的表面除锈质量应符合 GB/T 8923—1988 中 St2 级的规定。

4.4.2 涂漆层的外观不允许有气泡、裂纹、脱落、流挂及漏涂等影响美观的缺陷。

4.5 安全保护

4.5.1 产品外露回转部位应设防护装置。

4.5.2 产品应设置过卷、过速、过负荷、欠电压、限速（速度超过 3 m/s）、减速、零位联锁、超油压、深度指示器失效、闸间隙、弹簧疲劳、松绳报警和紧急制动等安全保护装置及紧急制动停车开关，安全保护要求应符合《煤矿安全规程》和 GB 20181 的有关规定。

4.5.3 防止过卷装置、防止过速装置、限速装置和减速功能保护装置应设置为相互独立的双线型式（可与井筒相应位置发讯装置配合）。

4.5.4 产品应设置主电机及辅助电机的启动和停止、调绳离合器的离合等机械或电气联锁机构。

4.5.5 高压系统用软管应标明许用压力；在操作位置附近的高压软管应安装护罩。

4.5.6 产品应设置总停开关。

4.5.7 动力供给中断或中断后重新供给，只能通过手工操纵才能重新启动；当动力供给故障或液压系统压力下降时，应有保护措施，以免发生危险。保护装置和防护措施应保障有效。

4.5.8 产品应加设定车装置。

4.6 主轴装置

4.6.1 主轴装置的制造装配要求应符合 GB 20181、GB/T 20961 和 JB/T 7888.1 的有关规定。主轴应采用锻件。

4.6.2 主轴应进行超声波探伤检验，内部不允许有白点和裂纹，其夹渣和非裂纹性缺陷要求如下：

a) 在主轴轴心 2/3 直径范围内的单个、零星、分散性缺陷和密集性缺陷，应符合表 2 的规定；

表 2 主轴缺陷限定值

零件名称	被探截面直径	允许存在的单个、分散性缺陷		允许存在的密集性缺陷		起始灵敏度/mm
	mm	最大当量直径/mm	个数/100 cm²	最大当量直径/mm	占截面总面积/%	
主轴	≤ϕ400	ϕ6	10	ϕ4	6	ϕ3
	>ϕ400	ϕ8	10	ϕ6	8	

b) 在主轴轴心 2/3 直径以外范围，允许存在不大于 ϕ5 mm 的当量单个、分散性缺陷 6 个；允许存在小于 ϕ4 mm 的当量密集性缺陷，但缺陷区面积不应超过被探面积的 5%。

4.6.3 卷筒的主要焊缝均应进行超声波探伤检验，内在质量应达到 GB/T 11345—1989 中Ⅱ级焊缝规定。焊后应进行整体退火或去应力处理。

4.6.4 钢丝绳绳头固定在卷筒上，应有特备的容绳或卡绳装置，不应系在卷筒轴上；出绳孔应光滑，不应有锐利的边缘；钢丝绳的弯曲不应形成锐角。

4.6.5 卷筒挡绳板外缘高出钢丝绳最外缠绕层的高度不应小于钢丝绳直径的 2.5 倍；卷筒上应设有带绳槽的衬板。

4.6.6 卷筒上缠绕层数达到两层及两层以上时，钢丝绳层间过渡区应设置层间过渡块。

4.6.7 装配后卷筒外圆径向跳动量及制动盘端面全跳动量应符合表 3 的规定。

表3 卷筒跳动量

项　目	直径/m		
	≤1.6	2～3.5	>3.5
卷筒径向全跳动量/mm	≤4.0	≤5.0	≤7.0
制动盘端面全跳动量/mm	≤0.4	≤0.5	≤0.7

4.6.8 制动盘表面不应有影响使用性能的缺陷；制动盘表面粗糙度参数 Ra 的最大允许值为 3.2 μm。

4.6.9 主轴左端部明显位置处应打上主轴编号。

4.7 盘形制动器

4.7.1 盘形制动器应动作灵敏、制动平稳、安全可靠，性能应符合 JB 8519 的有关规定。

4.7.2 盘形制动器应设置闸间隙和弹簧疲劳保护装置。

4.7.3 盘形制动器活塞和闸瓦在设计油压下应同时动作，不应有爬行、卡住现象。

4.7.4 在无负荷条件下，盘形制动器活塞最低动作压力不应超过 0.3 MPa。

4.7.5 盘形制动器碟形弹簧应符合 JB/T 3812 的规定。

4.7.6 盘形制动器闸瓦应符合 JB/T 3721 的规定。

4.7.6.1 制动闸瓦应采用符合设计要求的材料，与制动盘的设计摩擦系数应根据实测确定，不应低于 0.35。

4.7.6.2 制动闸瓦不允许有影响使用性能的龟裂、起泡、分层等缺陷。

4.7.6.3 制动闸瓦不应拉毛或刮伤试验盘。

4.7.7 制动闸瓦在摩擦试验时，不应发生有焰燃烧和无焰燃烧现象。

4.7.8 盘形制动器应装设排气装置。

4.7.9 盘形制动器在 1.25 倍设计压力下保持 10 min，各密封处不应有渗漏油现象。

4.8 制动性能

4.8.1 工作制动和安全制动在制动状态时，所产生的制动力矩与实际提升最大静荷重旋转力矩之比均不应小于 3。在调整双卷筒旋转相对位置时，制动器在制动盘上所产生的制动力矩，不应小于该卷筒所悬重量(钢丝绳重量与提升容器重量之和)形成的旋转力矩的 1.2 倍。

4.8.2 安全制动时的制动减速度应符合表 4 的规定。自然减速度按公式(1)进行计算。

表4 安全制动减速度

单位为米每二次方秒

运行状态	倾角 θ		
	$\theta<15°$	$15°\leqslant\theta\leqslant30°$	$\theta>30°$
上提重载	$\leqslant A_c$	$\leqslant A_c$	≤5
下放重载	≥0.75	$\geqslant 0.3\ A_c$	≥1.5

$$A_c = g(\sin\theta + f\cos\theta) \quad \cdots\cdots(1)$$

式中：

A_c——自然减速度，单位为米每二次方秒 m/s^2；

g——重力加速度，单位为米每二次方秒 m/s^2；

θ——井巷倾角，单位为(°)；

f——绳端载荷的运行阻力系数，一般取 0.010～0.015。

4.8.3 产品应具备不离开座位即能操纵的工作制动(常用闸)和安全制动(保险闸)两种功能，且彼此能各自独立而可靠地实施。安全制动除操作者操作外，还应能自动制动，并在自动制动的同时断开电源。

4.8.4 盘形制动器安全制动空行程时间不大于 0.3 s。保险闸施闸时，闸瓦不应发生显著的弹性摆动。

4.8.5 工作闸和安全闸共用一套闸瓦时，其操纵和控制机构必须分开。

4.8.6 松闸和制动操纵机构与提升机操纵机构之间应设置联锁装置。

4.8.7 双卷筒的每个卷筒应有其各自独立的安全闸，两套安全闸的控制回路应能独立控制，而在正常提升时能同步动作。

4.8.8 产品安全制动应安全可靠。应具有可调二级制动功能，即第一级制动油压和作用时间可根据需要调整。

4.8.9 盘形制动器闸瓦与制动盘的接触面积不应小于60%。

4.8.10 制动器松闸时，闸瓦与制动盘单侧间隙不应大于2 mm。

4.8.11 制动盘工作面不应有影响摩擦系数的介质(如油、水等)。

4.9 深度指示器

4.9.1 深度指示器应能准确地指示出提升容器在井筒中的位置，指示应清晰，并能迅速而准确地发出减速、停车及过卷等对应的控制信号和报警信号。

4.9.2 机械式深度指示器所指示的提升容器实际位置误差应满足容器停车要求，在运转中应灵活、平稳，不应有卡阻和振动现象。减速、限速及过卷装置应动作灵活、可靠，并能及时、准确复位。

4.9.3 数字式深度指示器的显示精度应为cm级。数字式深度指示器应有位置校正和判断显示数据正确的措施，信号应由可编程序控制器(PLC)或微机直接发出。

4.10 操纵台

4.10.1 操作手柄在全行程范围内操纵灵活、零位定位准确、可靠。

4.10.2 操作手柄操作力不应大于50 N。

4.10.3 操作台应设紧急制动按钮。紧急制动按钮应醒目、方便。

4.10.4 操纵台在机房内的安装位置，应能保证司机可清晰地观察到深度指示器指示标记及提升钢丝绳。

4.10.5 操作油缸装置应便于调节，活塞运动灵活。

4.11 减速器和减速器润滑系统

4.11.1 减速器渐开线齿轮制造精度，应符合GB/T 10095.1和GB/T 10095.2的有关规定。

4.11.2 减速器主要零部件应作磁粉和超声波探伤检验，不应有影响机械性能的白点、疏松、裂纹等缺陷。

4.11.3 减速器应运转平稳，不应有周期性冲击及不正常噪声。

4.11.4 减速器各密封处和结合面处不应有渗油现象。

4.11.5 减速器润滑系统油液过滤精度应不低于25 μm。

4.11.6 减速器清洁度应符合JB/T 7929—1999中J级要求。

4.11.7 减速器轴承温升不应超过40 ℃，最高不应超过75 ℃。

4.11.8 减速器集中润滑系统耐压试验压力为$1.5p$，保压5 min，系统各处不应有永久变形及漏油、渗油现象。

4.12 液压系统

4.12.1 液压控制系统应安全可靠、无级调速、启动换向平稳、监测仪表齐全，操作手柄应设置零位联锁保护装置。

4.12.2 液压系统(包括主回路、辅助回路、调绳回路)在表5规定的压力下进行耐压试验。保压5 min，系统各处不应有永久变形及漏油、渗油现象。

表5 试验压力

压力 p/MPa	系统工作压力 p/MPa		
	$p\leqslant 16$	$16<p\leqslant 25$	$25<p\leqslant 32$
试验压力	$1.5p$	$1.25p$	$1.15p$
		低于24 MPa时按24 MPa试验	低于32 MPa时按32 MPa试验

4.12.3 液压系统用压力表精度等级不应低于1.6级，需要时压力表处应装阻尼器。

4.12.4 液压系统在正常工作时,油温温升不应超过 34 ℃、最高油温不应超过 70 ℃。

4.12.5 液压油运动黏度为 40 mm^2/s ～ 110 mm^2/s(油温 40 ℃时)。

4.12.6 液压系统的清洁度,不应低于 GB/T 14039—2002 中的—/18/15 级规定。

4.13 调绳性能

4.13.1 调绳离合器在工作压力下应动作灵活、离合自如、动作可靠。

4.13.2 调绳离合器进行耐压试验时,各密封处和管路系统不应有渗油现象。

4.13.3 在调绳时,活动卷筒的盘形制动器应处于安全制动状态,固定卷筒的盘形制动器应仍能正常操作。

4.14 电控系统

4.14.1 电控系统主电路应选用有矿用产品安全标志的隔爆型电气元件,如:电机、电磁启动器、电磁阀和本安电源(控制电源)。

4.14.2 本安回路及其电气配套件应符合 GB 3836.1 和 GB 3836.4 的有关规定。本安回路的关联设备应通过有资质的防爆检验站所进行的关联试验。

4.15 标志

4.15.1 产品应按图样规定在明显位置固定产品标牌和煤矿矿用产品安全标志牌。

4.15.2 产品标牌的型式和尺寸应符合 GB/T 13306 的规定;矿用产品安全标志标识的型式和尺寸应符合 AQ 1043 的有关规定。

4.15.3 标牌的内容如下:

a) 制造厂名称及地址;
b) 产品名称及型号;
c) 主要技术参数;
d) 产品执行标准编号;
e) 制造日期与出厂编号;
f) “MA”标志和矿用产品安全标志编号。

4.15.4 在产品安装场所有潜在危险存在时,应设置安全警告标志。安全警告标志应符合 GB 2894 的规定。

4.15.5 标牌应采用铜或不锈钢材质制作。

4.16 产品使用说明书

4.16.1 产品使用说明书应包括机械、液压和电气几方面内容,其编写应符合 GB/T 9969 的有关规定。

4.16.2 产品使用说明书应包括如下内容:

a) 产品名称、主要用途及适用范围;
b) 产品的工作条件和环境要求;
c) 产品特点;
d) 产品型号、规格和主要技术参数;
e) 产品结构特征及工作原理,结构示意图(包括总图、主要部件结构图、液压原理图、电气原理图、电气接线图、备件和易损件清单等);
f) 系统说明(机械传动系统、液压系统、润滑系统、电气控制系统及其他系统);
g) 安装与调试方法;
h) 使用与操作方法;
i) 维护与保养方法;
j) 常见故障分析及排除方法;
k) 安全保护装置及事故处理方法;
l) 外形尺寸及质量。

4.16.3 使用说明书还应以醒目的方式给出使用与维护中预防危险的特别说明和安全警示语。

4.17 产品成套供货范围

4.17.1 产品成套供货范围包括全套机械、液压和电气设备、一次性随机备件及专用工具。

4.17.2 随机供应的图样和技术文件：

a) 成套发货表及装箱清单以及备件目录等；

b) 产品合格证；

c) 煤矿矿用产品安全标志证书复印件；

d) 使用说明书；

e) 总图；

f) 基础图；

g) 主轴装置装配图；

h) 主要电气配套件使用说明书。

5 试验方法

5.1 产品试验应在额定电压下进行(极限偏差为额定电压的±5%)。

5.2 主轴内部缺陷超声波探伤检验应按照JB/T 1581规定的方法进行。

5.3 卷筒的主要焊缝超声波探伤检验应按照GB/T 11345规定的方法进行。

5.4 卷筒和制动盘形位公差测量：在空转试验时，用划针盘和钢尺测量卷筒径向圆跳动，用百分表测量制动盘端面全跳动。

5.5 盘形制动器按JB 8519有关规定进行试验。

5.6 操作性能试验

5.6.1 在运转过程中，扳动操作手柄进行提升、下放各3次以上，根据手感，观察操作手把是否灵敏、可靠。

5.6.2 手柄操作力测定试验：应用精度不低于2级的测力仪器测定手把操纵力。测定时测力仪器应与操纵杆保持垂直。

5.7 液压系统试验

5.7.1 液压系统耐压试验和密封试验按MT/T 776的有关规定进行。

5.7.2 液压系统油液清洁度检测按GB/T 17489和MT/T 776有关规定进行。

5.8 减速器出厂空负荷试验

5.8.1 减速器应在额定转速和空负荷下进行正反向各2 h的运转试验。

5.8.2 减速器清洁度测定应按JB/T 7929的有关规定执行，用SSW0.063/0.045滤网，采用过滤烘干称重法测定，天平的误差不应大于5 mg。

5.9 制动性能试验

5.9.1 盘形制动器灵敏、可靠性试验应在额定负荷工况下，连续进行开、合闸试验。

5.9.2 最大制动力矩测定应用精度不低于2级的测量装置进行测定。每套盘形制动器应单独测定。

5.9.3 盘形制动器接触面积测定应用游标卡尺等仪器设备测量盘形制动器接触斑点的长度，计算接触面积。

5.9.4 盘形制动器空行程时间测定应用精度不低于±1/100 s的测试仪器进行测定。

5.10 制动闸瓦试验

5.10.1 制动闸瓦阻燃抗静电性能试验应按MT 113的有关规定执行；摩擦试验采用专用摩擦火花测试装置进行测定。

5.10.2 制动闸瓦与制动盘的摩擦系数应按JB/T 3721的规定检测。

5.11 安全保护装置试验

5.11.1 卷筒挡绳板外缘高出钢丝绳最外缠绕层的高度为钢丝绳直径倍数的检查，测量挡绳板外缘高出最外1层钢丝绳的高度，取其平均值并除以钢丝绳直径。

5.11.2 过卷保护性能试验应使提升机和提升绞车以很慢速度开过过卷位置，观察过卷保护装置是否动作并报警。

5.11.3 过速保护性能试验可采用模拟设置的方法进行；调低提升机和提升绞车速度保护值，在运行状态下观察超速保护装置是否动作并报警。

5.11.4 减速(限速)点未减速(限速)保护性能试验应开动提升机和提升绞车进行提升或下放，并使绳速大于2 m/s，强制动作减速(限速)保护开关，观察减速(限速)保护装置是否动作并报警。

5.11.5 零位联锁保护性能试验：在主电机停止工况下，推动操作手柄离开零位，启动辅助泵电机，观察能否起动辅助泵电机。

5.11.6 过负荷保护试验：人为使主回路压力过负荷，观察液压系统超油压保护装置是否动作。

5.11.7 欠电压保护试验：人为调低电磁启动器输入电压，观察电磁启动器的联锁保护动作。

5.11.8 闸间隙和弹簧疲劳保护试验：人为接通闸间隙或弹簧疲劳保护开关，观察报警装置是否报警。

5.11.9 松绳报警试验：人为动作松绳保护装置，观察报警装置是否报警。

5.11.10 深度指示器失效保护试验：人为发出深度指示器失效信号，观察保护装置是否动作并报警。

5.11.11 紧急制动停车开关灵敏可靠性试验：应在开动辅泵和主泵后，操作紧急制动开关，应能切断电源，使主泵停机。然后，开动提升机，在额定工况下进行提升和下放，再操作紧急制动开关，应能切断电源，盘形制动器抱闸、停机。

5.12 调绳离合器试验

5.12.1 调绳离合器系统按表5规定的要求进行耐压试验，保持10 min。

5.12.2 闸住活动卷筒，在不同位置平稳脱开和闭合离合器。

5.13 空运转试验

不挂钢丝绳和容器，使提升机以额定转速正、反向各运转30 min，在空运转过程中，观察各部动作、响声、振动、温度、渗漏等。

5.14 负荷试验

5.14.1 试验方法：试验时，挂上钢丝绳和容器，在额定转速下，按额定负荷的25%、50%、75%各运转1 h，满载连续运转不少于2 h(双卷筒提升机当有载容器运转1 h以后，将载荷换装给空容器再运转1 h)。满负荷试验前，应全面检查各部件。

5.14.2 最大静拉力、静拉力差测定应将精度不低于2级的测力装置连接在钢丝绳与卷筒相切处进行测量。

5.14.3 操纵台位置噪声测定应按GB/T 13325的规定执行；用精度不低于±1 dB(A)的测量仪器进行测定。

5.14.4 最大提升速度测定应用精度不低于2级的测速装置进行测量。测量时应将操作手柄放至最大速度位置。

5.14.5 温度测定应在试验前和试验后3 min内，用精度不低于±0.5%测温仪器进行测定。试验前和试验后油池的温度差即为油箱温升。

5.14.6 紧急制动减速度测定应用精度不低于2级的测速装置进行测量。先测最大速度，再操作紧急制动停车开关进行制动，测量紧急制动时的总时间和空行程时间，将最大速度除以总时间和空行程时间之差即为紧急制动减速度。

5.15 超负荷试验

超负荷试验应在满负荷试验合格后进行，试验负荷为额定负荷的110%，进行提升和下放，并检查各部位。

6 检验规则

6.1 检验分类

产品试验分为型式检验和出厂检验。

6.2 出厂检验

6.2.1 所有产品应经制造厂检验部门检验合格,并附产品合格证后方可出厂。

6.2.2 若检验项目有一项不合格,则认为被检产品不合格。

6.2.3 出厂检验项目见表6。

6.3 型式检验

6.3.1 凡属下列情况之一者,应进行型式检验:

a) 新产品试制定型鉴定或老产品转厂生产时;

b) 正式生产后,产品结构、材料、工艺有较大改变,可能影响产品性能时;

c) 正常生产后的定期检验;

d) 长期停产后恢复生产时;

e) 出厂检验结果与上次型式检验有较大差异时;

f) 国家质量监督检验机构或国家安全监察部门提出型式检验要求时。

6.3.2 型式检验抽样在出厂检验合格的提升机中随机抽取一台。

6.3.3 若检验项目有一项不合格,则认为被检验产品不合格。

6.3.4 进行动作检验时,动作次数不应少于3次。

6.3.5 型式检验项目见表6。

表6 检验项目

序号	检验项目	检验要求	检验方法	检验类别	
				出厂检验	型式检验
1	超声波检验	4.6.2、4.6.3	5.2、5.3	△	—
2	外观质量	4.4	目测	△	△
3	主轴装置	4.6	5.4	△	△
4	盘形制动器	4.7	5.5	△	△
5	操纵性能	4.10	5.6	△	△
6	液压系统	4.12.1～4.12.4	5.7.1	△	△
		4.12.6	5.7.2	△	—
7	减速器出厂空负荷跑合试验	4.11.3、4.11.6	5.8	△	—
8	减速器润滑系统	4.11.8	5.7.1	△	△
9	制动性能	4.8	5.9	△	△
10	制动闸瓦摩擦性能试验	4.7.6	5.10	—	△
11	深度指示器系统	4.9	目测	△	△
12	安全保护装置	4.5	5.11	△	△
13	调绳性能	4.13	5.12	△	△
14	空负荷试验	4.3.1、4.3.4	5.13	△	△
15	负荷试验	4.3.1～4.3.4	5.14	—	△

表 6（续）

序号	检验项目	检验要求	检验方法	检验类别	
				出厂检验	型式检验
16	超负荷试验	4.3.1～4.3.4	5.15	—	△
注 1：序号 1 项目，可检查制造过程检验记录、探伤报告、合格证。 注 2：序号 7 项目，无减速器的无此项。 注 3：序号 8 项目，无减速器和减速器无集中润滑装置无此项。 注 4：序号 13 项目，单卷筒无此项。 注 5："△"表示必检项目；"—"表示不检项目。					

7　包装、运输和贮存

7.1　产品包装应符合 JB/T 5000.13 的规定，包装文字和标志应符合 GB/T 191 的规定。

7.2　产品外露加工表面应进行防锈处理，并符合 GB/T 4879 的规定。

7.3　产品的包装应符合陆路或水路运输要求。

7.4　产品在运输过程中应防止碰撞损坏。

7.5　产品不应露天存放，不应接触腐蚀性物品及热源。

7.6　产品每存放一年应进行一次养护。

附 录 A
（资料性附录）
提升高度或斜长计算公式

提升高度或斜长的计算公式如表 A.1 所示。

表 A.1 提升高度或斜长计算公式

单位为米

项 目	计 算 公 式	说 明
一层	$H_1=\left(\dfrac{B-0.5d-b}{d+\varepsilon}-n_m\right)\pi D-L_s$	H—提升高度； D—卷筒直径； D_p—钢丝绳平均缠绕直径； B—卷筒宽度； d—钢丝绳直径； b—出绳孔中心至滚筒挡绳板内侧的距离 $b=\dfrac{d}{2}+20$； n_g—多层缠绕供移动用的绳圈，$n_g=4$； n_m—摩擦绳圈，$n_m=3$； n_i—缠绕层数； L_s—试验绳长度 $L_s=30$ m； ε—绳间间隙 $\varepsilon=2$ mm～3 mm
二层	$H_2=\left[\dfrac{2B-(2-0.5)d-2b}{d+\varepsilon}-(n_m+n_g)\dfrac{D}{D_p}\right]\pi D_p-L_s$	
三层	$H_3=\left[\dfrac{3B-(3-0.5)d-3b}{d+\varepsilon}-(n_m+n_g)\dfrac{D}{D_p}\right]\pi D_p-L_s$	
平均缠绕直径	$D_p=D+\dfrac{n_i-1}{2}\sqrt{4d^2-(d+\varepsilon)^2}$	

ICS 73.120
D 94

中华人民共和国国家标准

GB/T 25708—2010

球磨机和棒磨机

Ball mill and rod mill

2010-12-23 发布　　2011-07-01 实施

中华人民共和国国家质量监督检验检疫总局
中国国家标准化管理委员会　发布

前　言

本标准自实施之日起，原 JB/T 1406—2002《球磨机和棒磨机》废止。

本标准由中国机械工业联合会提出。

本标准由全国矿山机械标准化技术委员会(SAC/TC 88)归口。

本标准负责起草单位：洛阳矿山机械工程设计研究院有限责任公司。

本标准参加起草单位：沈阳重型机械集团有限责任公司、中信重工机械股份有限公司、济南重工股份有限公司、中钢集团衡阳重机有限公司、山东山矿机械有限公司。

本标准主要起草人：张晓、李春然、王继生、喻晓、高俊昆、周小平、赵恒、杨现利、刘万华、王建华、范永清、王春红。

球磨机和棒磨机

1 范围

本标准规定了球磨机和棒磨机的型式与基本参数、技术要求、试验方法、检验规则、标志和使用说明书、包装、运输和贮存。

本标准适用于湿法、干法流程中粉磨各种硬度的矿石、岩石和其他适磨物料的球磨机和棒磨机(以下简称磨机)。

2 规范性引用文件

下列文件中的条款通过本标准的引用而成为本标准的条款。凡是注日期的引用文件,其随后所有的修改单(不包括勘误的内容)或修订版均不适用于本标准,然而,鼓励根据本标准达成协议的各方研究是否可使用这些文件的最新版本。凡是不注日期的引用文件,其最新版本适用于本标准。

GB/T 191 包装储运图示标志(GB/T 191—2008,ISO 780:1997,MOD)

GB/T 700 碳素结构钢(GB/T 700—2006,ISO 630:1995,NEQ)

GB/T 1174 铸造轴承合金(GB/T 1174—1992,neq ISO 4382-1:1991)

GB/T 1348 球墨铸铁件(GB/T 1348—2009,ISO 1083:2004,MOD)

GB/T 1804—2000 一般公差 未注公差的线性和角度尺寸的公差(eqv ISO 2768-1:1989)

GB/T 3768 声学 声压法测定噪声源声功率级 反射面上方采用包络测量表面的简易法(GB/T 3768—1996,eqv ISO 3746:1995)

GB 5226.1 机械电气安全 机械电气设备 第1部分:通用技术条件(GB 5226.1—2008,IEC 60204-1:2005,IDT)

GB/T 5680 高锰钢铸件

GB/T 7233.1—2009 铸钢件 超声检测 第1部分:一般用途铸钢件(ISO 4992-1:2006,MOD)

GB/T 9444—2007 铸钢件磁粉检测(ISO 4986:1992,IDT)

GB/T 9969 工业产品使用说明书 总则

GB/T 10095.1 圆柱齿轮 精度制 第1部分:轮齿同侧齿面偏差的定义和允许值(GB/T 10095.1—2008,ISO 1328-1:1995,IDT)

GB/T 10095.2 圆柱齿轮 精度制 第2部分:径向综合偏差与径向跳动的定义和允许值(GB/T 10095.2—2008,ISO 1328-2:1997,IDT)

GB/T 13306 标牌

JB/T 5000.3—2007 重型机械通用技术条件 第3部分:焊接件

JB/T 5000.4 重型机械通用技术条件 第4部分:铸铁件

JB/T 5000.6 重型机械通用技术条件 第6部分:铸钢件

JB/T 5000.8 重型机械通用技术条件 第8部分:锻件

JB/T 5000.12 重型机械通用技术条件 第12部分:涂装

JB/T 5000.13 重型机械通用技术条件 第13部分:包装

JB/T 8853 圆柱齿轮减速器

3 型式与基本参数

3.1 型式

3.1.1 磨机根据介质不同分为球磨机和棒磨机;球磨机按排料形式分为格子型和溢流型,格子型球磨机分为干式和湿式。结构型式分别见图1、图2、图3、图4、图5，此图不确定具体结构。其中格子型球磨机 ϕ3 200 mm 及其以下直径的规格出料端盖推荐采用图1结构，ϕ3 600 mm 及其以上直径的规格出料端盖推荐采用图2结构。

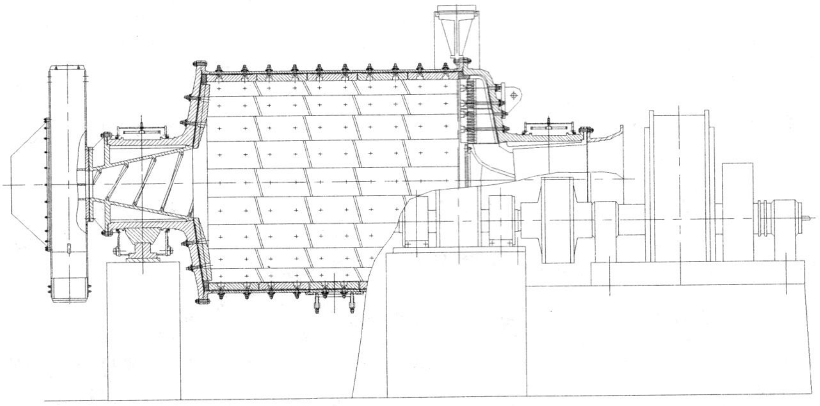

图1 湿式格子型球磨机（≤ϕ3 200 mm 磨机）

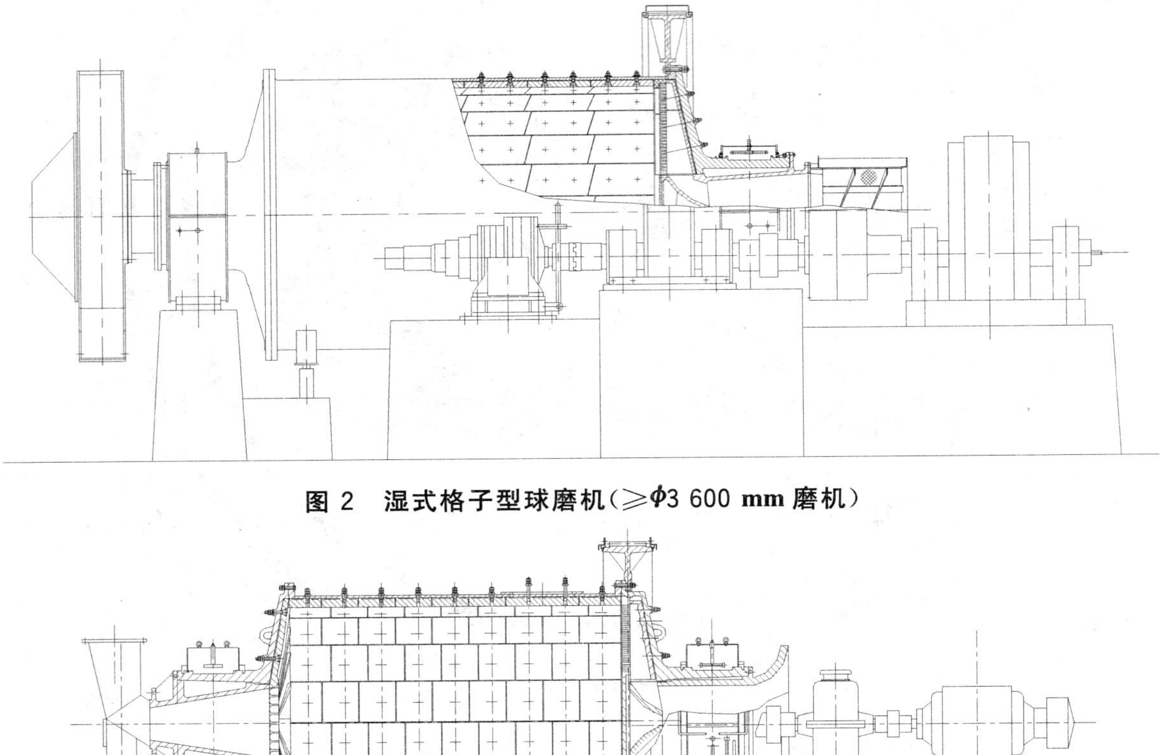

图2 湿式格子型球磨机（≥ϕ3 600 mm 磨机）

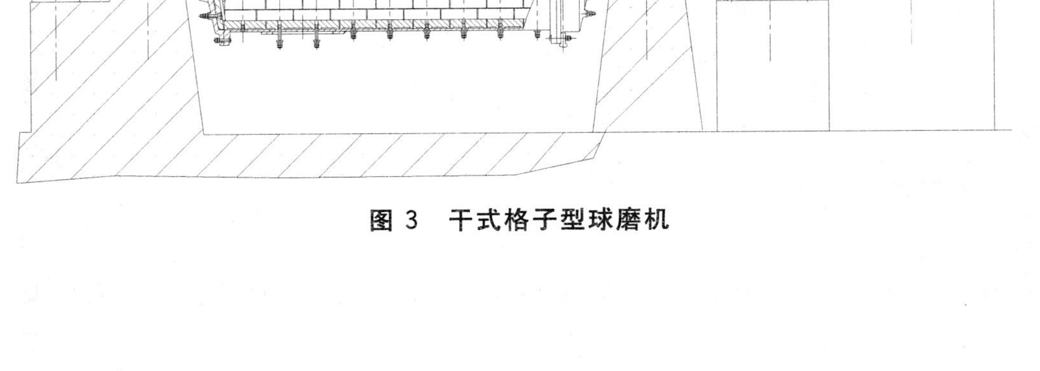

图3 干式格子型球磨机

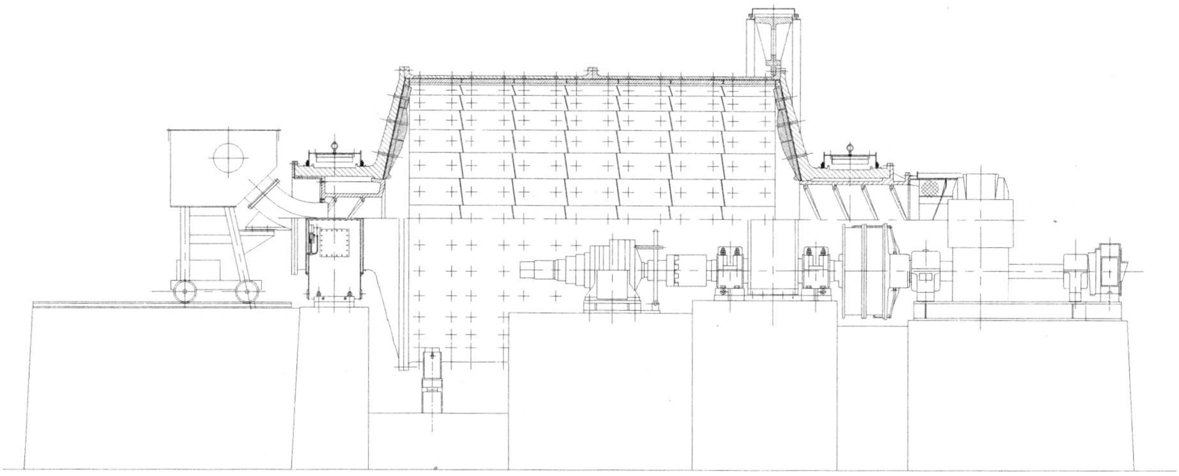

图4　溢流型球磨机

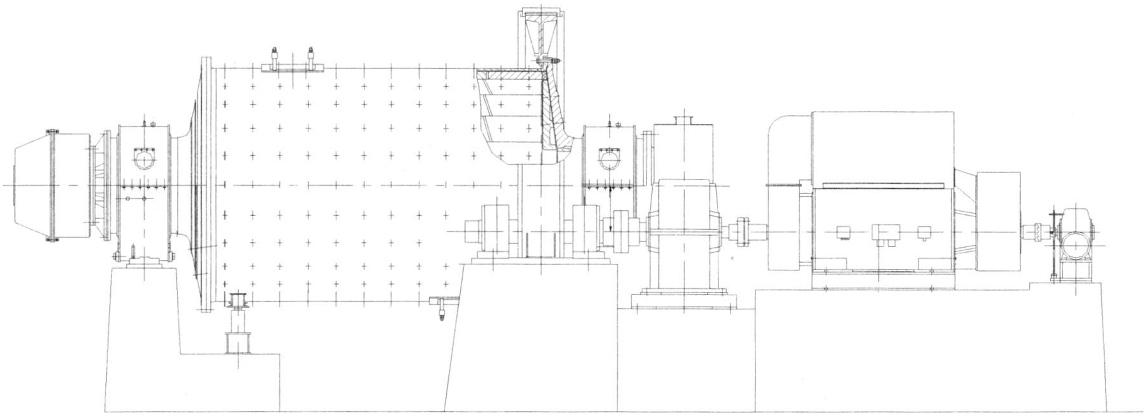

图5　湿式棒磨机

3.1.2　磨机的传动型式分为同步电机传动、异步电机传动和无齿轮传动。根据功率大小，同步电机传动和异步电机传动分为单传动和双传动。对于单传动的磨机，按其布置型式分为左装和右装（面对进料端顺着料流方向看，主电机在筒体左侧的是左装，主电机在筒体右侧的是右装）。具体型式见图6、图7、图8、图9、图10。

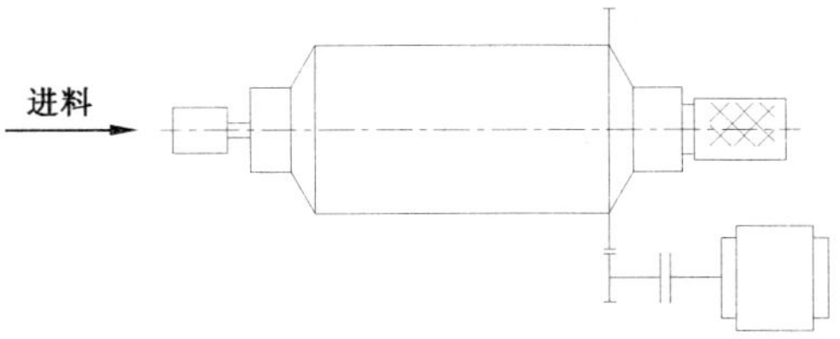

图6　同步单传动

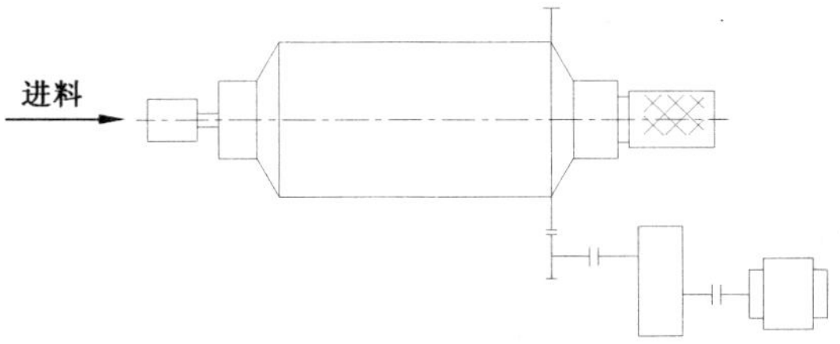

图7　异步单传动

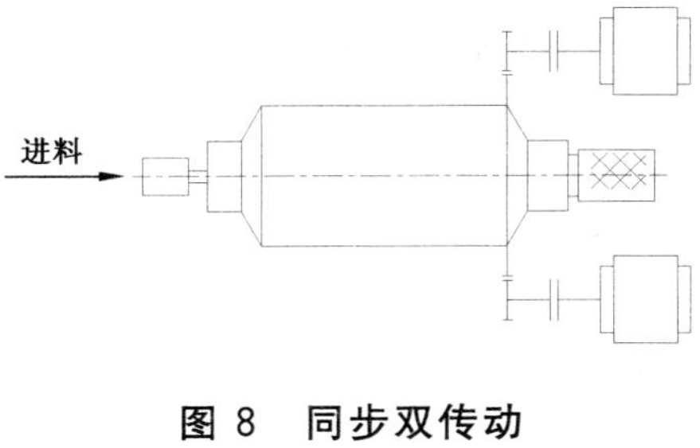

图8　同步双传动

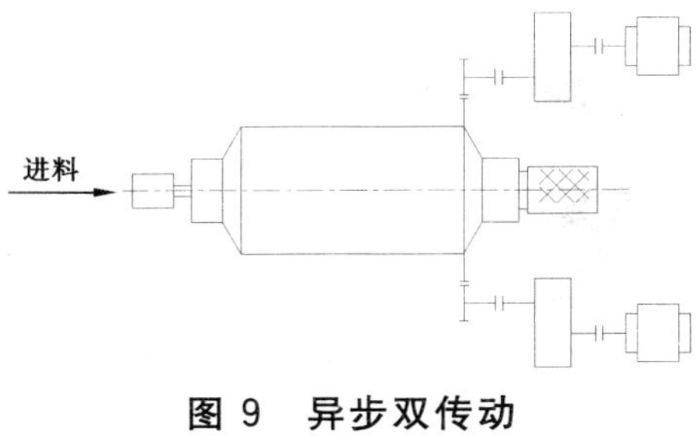

图9　异步双传动

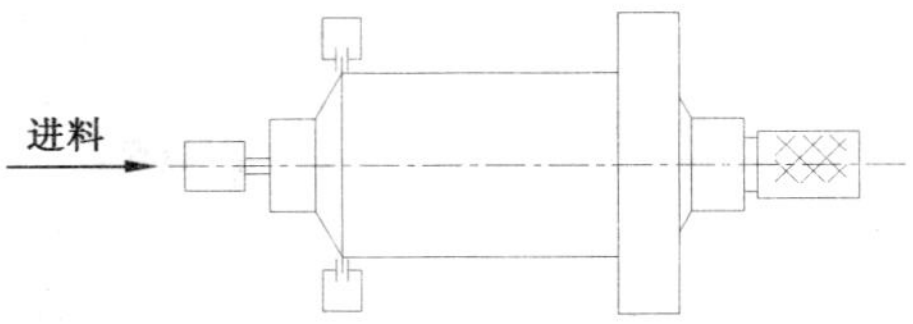

图 10　无齿轮传动

3.2　型号

3.2.1　球磨机型号表示方法

M　Q　□ - □ ×□

- 筒体长度(取整数),dm
- 筒体直径(取整数),dm
- 结构型式:湿式格子型不标注;
  G 为干式格子型;
  Y 为溢流型
- 介质(球)
- 磨机类(磨)

标记示例:

筒体内直径为 2 700 mm,筒体有效长度为 3 600 mm 的湿式格子型球磨机,其标记为:

MQ-27×36　球磨机

3.2.2　棒磨机型号表示方法

MB　□ - □ ×□

- 筒体长度(取整数),dm
- 筒体直径(取整数),dm
- 结构型式:Z 为中间排矿;
  B 为周边排矿;
  溢流型不标注
- 介质(棒)
- 磨机类(磨)

标记示例:

筒体内直径为 3 200 mm,筒体有效长度为 4 500 mm 的中间排矿湿式棒磨机,其标记为:

MBZ-32×45　棒磨机

3.3 磨机的基本参数

磨机的基本参数应分别符合表1、表2、表3和表4的规定。

表1 湿式格子型球磨机基本参数

型　号	筒体直径/mm	筒体长度/mm	筒体有效容积/m^3	最大装球量/t	工作转速/(r/min)	最大主电动机功率/kW
MQ-09×□	900	900～1 800	0.45～0.9	0.96～1.9	34.8～39.5	7.5～15
MQ-12×□	1 200	1 200～2 400	1.1～2.2	2.4～4.7	29.8～33.9	22～45
MQ-15×□	1 500	1 500～3 000	2.2～4.5	4.7～9.7	26.5～30.1	55～90
MQ-21×□	2 100	2 200～4 000	7～12	15～27	22.3～25.3	140～250
MQ-24×□	2 400	2 400～4 500	10～18	21～39	20.8～23.6	210～355
MQ-27×□	2 700	2 100～5 400	11～28	23～59	19.6～22.2	260～630
MQ-32×□	3 200	3 000～6 400	22～47	46～98	17.9～20.4	500～1 120
MQ-36×□	3 600	3 900～7 000	36～64	75～135	16.9～19.2	1 000～1 800
MQ-40×□	4 000	4 500～7 200	52～83	103～165	15.6～17.3	1 400～2 200
MQ-43×□	4 300	4 700～7 500	63～100	125～200	15.0～16.7	1 600～2 500
MQ-45×□	4 500	5 000～7 700	73～113	147～226	14.7～16.3	2 000～3 100
MQ-48×□	4 800	5 300～7 900	89～132	178～265	14.2～15.8	2 200～3 300
MQ-50×□	5 000	5 500～8 100	100～147	199～293	13.9～15.5	2 600～3 800
MQ-52×□	5 200	5 700～8 300	112～163	224～326	13.6～15.2	3 000～4 300
MQ-55×□	5 500	6 000～8 500	132～187	265～375	12.9～14.0	3 700～5 200

注1：筒体直径指筒体内径，筒体长度是指筒体有效长度。

注2：给矿粒度为≤25 mm。

表2 干式格子型球磨机基本参数

型　号	筒体直径/mm	筒体长度/mm	筒体有效容积/m^3	最大装球量/t	工作转速/(r/min)	最大主电动机功率/kW
MQG-09×□	900	900～1 800	0.45～0.9	0.96～1.9	34.8～39.5	7.5～15
MQG-12×□	1 200	1 200～2 400	1.1～2.2	2.4～4.7	29.8～33.9	22～45
MQG-15×□	1 500	1 500～3 000	2.2～4.5	4.7～9.7	26.5～30.1	55～90
MQG-21×□	2 100	2 200～4 000	7～12	15～27	22.3～25.3	140～250
MQG-24×□	2 400	2 400～4 500	10～18	21～39	20.8～23.6	210～355
MQG-27×□	2 700	2 100～5 400	11～28	23～59	19.6～22.2	260～630
MQG-32×□	3 200	3 000～6 400	22～47	46～98	17.9～20.4	500～1 120
MQG-36×□	3 600	3 900～7 000	36～64	75～135	16.9～19.2	1 000～1 800
MQG-40×□	4 000	4 500～7 200	52～83	103～165	15.6～17.3	1 400～2 200
MQG-43×□	4 300	4 700～7 500	63～100	125～200	15.0～16.7	1 600～2 500
MQG-45×□	4 500	5 000～7 700	73～113	147～226	14.7～16.3	2 000～3 100

注1：筒体直径指筒体内径，筒体长度是指筒体有效长度。

注2：给矿粒度为≤25 mm。

表 3 溢流型球磨机基本参数

型 号	筒体直径/mm	筒体长度/mm	筒体有效容积/m^3	最大装球量/t	工作转速/(r/min)	最大主电动机功率/kW
MQY-09×□	900	1 100～2 100	0.6～1.2	1～2	34.8～39.5	11～15
MQY-12×□	1 200	1 600～2 900	1.6～2.8	3～5	29.8～33.9	22～45
MQY-15×□	1 500	2 000～3 600	3.2～5.7	6～11	26.5～30.1	55～110
MQY-21×□	2 100	2 700～5 000	9～16	17～30	22.3～25.3	160～315
MQY-24×□	2 400	3 100～5 800	13～24	24～45	20.8～23.6	250～460
MQY-27×□	2 700	3 500～6 500	19～34	35～65	19.6～22.2	380～710
MQY-32×□	3 200	4 200～7 700	32～58	58～108	17.9～20.4	700～1 300
MQY-36×□	3 600	4 500～8 600	45～83	84～154	16.9～19.2	1 000～1 900
MQY-40×□	4 000	5 100～8 800	61～103	108～182	15.6～17.3	1 400～2 400
MQY-43×□	4 300	5 500～9 400	80～132	141～233	15.0～16.7	1 900～3 100
MQY-45×□	4 500	5 800～9 800	92～151	163～267	14.7～16.3	2 200～3 600
MQY-48×□	4 800	6 100～10 400	111～184	196～325	14.2～15.8	2 700～4 500
MQY-50×□	5 000	6 400～11 000	126～210	223～370	13.9～15.5	3 100～5 200
MQY-52×□	5 200	6 700～11 300	142～232	250～410	13.6～15.2	3 600～6 000
MQY-55×□	5 500	7 100～11 500	169～266	298～469	12.9～14.0	4 000～6 300
MQY-58×□	5 800	7 400～12 000	196～310	319～504	12.6～13.6	4 800～7 600
MQY-60×□	6 000	7 700～12 500	219～345	356～561	12.3～13.4	5 400～8 600
MQY-62×□	6 200	8 000～12 600	242～372	371～571	12.1～13.2	5 900～9 200
MQY-64×□	6 400	8 200～13 000	264～409	406～628	11.9～13.0	6 500～10 100
MQY-67×□	6 700	8 600～13 500	304～467	467～716	11.7～12.7	7 700～11 900
MQY-70×□	7 000	9 000～13 600	348～515	485～718	11.4～12.4	8 600～12 800
MQY-73×□	7 300	9 400～14 000	395～577	570～832	11.2～12.1	10 000～14 700
MQY-76×□	7 600	9 800～14 600	447～653	644～941	10.9～11.9	11 500～17 000
MQY-79×□	7 900	10 200～15 000	501～724	675～977	10.7～11.7	12 700～18 400
MQY-82×□	8 200	10 600～15 500	561～807	756～10 88	10.5～11.4	14 500～20 800
MQY-85×□	8 500	11 000～16 000	625～895	843～1 207	10.3～11.2	16 400～23 600

注 1：筒体直径指筒体内径，筒体长度是指筒体有效长度。

注 2：给矿粒度为≤25 mm。

表 4 湿式棒磨机基本参数

型 号	筒体直径/mm	筒体长度/mm	筒体有效容积/m^3	最大装棒量/t	工作转速/(r/min)	最大主电动机功率/kW
MB-09×□	900	1 400～2 200	0.7～1.1	1.7～2.8	29.0～31.3	11～15
MB-12×□	1 200	1 800～2 500	1.6～2.2	4.1～5.6	25.2～28.0	30～37
MB-15×□	1 500	2 100～3 000	3.3～4.5	8.4～11.5	23.0～25.0	75～95

表 4（续）

型　号	筒体直径/mm	筒体长度/mm	筒体有效容积/m^3	最大装棒量/t	工作转速/(r/min)	最大主电动机功率/kW
MB-21×□	2 100	3 000～3 600	9.2～11	23.5～28	19.0～21.0	175～210
MB-27×□	2 700	3 600～4 500	18.4～23	47～59	17.2～18.5	360～450
MB-32×□	3 200	4 500～5 400	32.8～39	82～99	14.7～17.1	630～800
MB-36×□	3 600	4 500～6 000	40.8～54.8	104～140	13.7～16.0	1 000～1 250
MB-40×□	4 000	5 000～6 000	63～74	144～170	13.0～15.2	1 250～1 500
MB-43×□	4 300	5 000～6 000	74～87	169～199	12.5～14.6	1 400～1 800
MB-45×□	4 500	5 000～6 000	80～95	183～217	12.2～14.3	1 600～2 000
注 1：筒体直径指筒体内径，筒体长度是指筒体有效长度。 注 2：给矿粒度为≤25 mm。						

4　技术要求

4.1　基本要求

4.1.1　磨机应符合本标准的规定，并按规定程序批准的图样和技术文件制造。

4.1.2　本标准未规定的原材料、外购件及加工、装配、安装等技术条件，均应符合国家标准及相关行业有关通用标准的规定。

4.1.3　使用条件：环境温度：−5 ℃～40 ℃；工作制度：连续。

4.1.4　图样上线性尺寸的未注公差：

a)　切削加工部位应符合 GB/T 1804—2000 的 m 级；

b)　焊接件非切削加工部位应符合 JB/T 5000.3—2007 中 7.3 的有关规定。

4.1.5　焊接件应符合 JB/T 5000.3 中的有关规定。

4.1.6　铸钢件应符合 JB/T 5000.6 中的有关规定。

4.1.7　球墨铸铁件应符合 GB/T 1348 中的有关规定。

4.1.8　锻件应符合 JB/T 5000.8 中的有关规定。

4.1.9　高锰钢铸件应符合 GB/T 5680 中的有关规定。

4.1.10　铸铁件应符合 JB/T 5000.4 中的有关规定。

4.2　整机性能要求

4.2.1　磨机主要技术参数应符合本标准的规定且适应于系统工艺的要求。

4.2.2　筒体直径大于或等于 ϕ2 700 mm 系列的磨机推荐采用动静压主轴承，筒体直径大于或等于 ϕ5 000 mm系列的磨机推荐采用静压主轴承，筒体直径大于或等于 ϕ7 300 mm 系列的磨机推荐采用滑履轴承。筒体直径小于 ϕ4 000 mm 的磨机也可采用滚动轴承。

4.2.3　正常工作状态下主轴承回油温升不应高于 15 ℃，最高回油温度不应高于 55 ℃。

4.2.4　筒体直径小于或等于 ϕ4 000 mm 系列的磨机，功率小于或等于 1 600 kW，小齿轮轴承推荐采用油脂润滑；筒体直径大于 ϕ4 000 mm 系列的磨机，功率大于 1 600 kW，小齿轮轴承推荐采用稀油润滑。

4.2.5　磨机空负荷运转时的噪声声压级值不应超过 90 dB(A)。

4.2.6　成套磨机应包括：主机、主电动机、喷射润滑装置、主轴承润滑油站及低压集中电控设备等。同步传动还应包括离合器，异步传动包括减速器和联轴器，无齿轮传动应包括制动器。对筒体直径大于或等于 ϕ2 700 mm 系列的磨机，应根据需要提供必要的辅机(如：慢速驱动装置、顶起装置等)。

4.2.7　磨机润滑装置应可靠运行，如果配备润滑站，则油泵电机与主电动机应有电气联锁装置，当润滑系统发生故障不能正常工作时应发出信号，保证主电动机自动停车，并应设有油温、油压、油量、压差的报警信号装置；润滑系统中应设有安全阀、压力计、温度计等安全装置。

4.2.8 回油管路的倾斜度建议 1∶20～1∶6。

4.3 安全要求

4.3.1 传动装置转动部分应配备防护罩，用户在旋转件周围应设置防护栏杆。

4.3.2 磨机用电气设备的保护接地、绝缘电阻、耐压试验等要求应符合 GB 5226.1 的有关规定。

4.4 主要零部件要求

4.4.1 主轴承瓦体和滑履轴承瓦体材料不应低于表 5 力学性能的规定。筒体直径小于 ϕ5 500 mm 系列的磨机主轴承衬推荐采用锡基铸造轴承合金，合金材料不应低于 GB/T 1174 中关于 ZSnSb11Cu6 的规定，合金应贴合牢固，不应有脱壳现象。筒体直径大于或等于 ϕ5 500 mm 系列的磨机主轴承衬推荐采用成型铜瓦结构，材料推荐采用铜基铸造轴承合金，合金材料不应低于表 5 力学性能的规定。滑履轴承衬采用锡基铸造轴承合金，合金材料不应低于 ZSnSb11Cu6 的规定。主轴承若采用滚动轴承，则按滚动轴承有关技术条件执行。

4.4.2 筒体钢板材料不应低于 GB/T 700 中关于 Q235A 力学性能的规定；所用焊条抗拉强度不应低于 420 MPa。

4.4.3 筒体焊缝不允许通过人孔和螺钉孔，焊缝距孔边缘距离不小于 75 mm，其焊缝质量不应低于 JB/T 5000.3—2007 中规定的 BS 级、BK 级。

4.4.4 筒体焊后应消除焊接应力。

4.4.5 进出料中空轴轴颈处表面粗糙度参数 Ra 的最大允许值为 1.6 μm。R 区处表面粗糙度参数 Ra 的最大允许值为 3.2 μm。

4.4.6 进出料端盖及中空轴材料不应低于表 5 力学性能的规定，加工表面进行超声波探伤检测，应不低于 GB/T 7233.1—2009 中的 2 级规定，R 区进行磁粉探伤检查，应不低于 GB/T 9444—2007 中的 2 级规定。

4.4.7 衬板材料允许采用金属衬板、橡胶衬板和磁性衬板等。金属衬板与筒体和端盖之间应设有橡胶衬垫，以减缓介质对筒体、端盖的冲击和矿浆对筒体、端盖的磨蚀。

4.4.8 小齿轮或轴齿轮

小齿轮或轴齿轮材料力学性能不应低于表 5 的有关规定，齿面硬度应高于大齿轮齿面硬度 30 HB 以上，加工精度应符合 GB/T 10095.1 和 GB/T 10095.2 的规定。

4.4.9 大齿轮

大齿轮材料力学性能不应低于表 5 的有关规定，加工精度应符合 GB/T 10095.1 和 GB/T 10095.2 中的规定；轮缘厚度应均匀。

表 5 主要零件最低力学性能

零件名称	力学性能			
	σ_b/MPa	$\sigma_s(\sigma_{0.2})$/MPa	$\delta(\delta_5)$/%	ψ/%
主轴承瓦体	420	290	5	
滑履轴承瓦体	590	390	12	30
主轴承铜瓦	220		6	
端盖(筒体直径＞1 500 mm)	450	230	22	32
端盖(筒体直径≤1 500 mm)	120			
小齿轮/轴齿轮(筒体直径≤3 600 mm)	590	345	17	

表 5（续）

零件名称	力学性能			
	σ_b/MPa	$\sigma_s(\sigma_{0.2})$/MPa	$\delta(\delta_5)$/%	ψ/%
小齿轮/轴齿轮(筒体直径>3 600 mm)	780	590	12	
大齿轮(筒体直径≤3 600 mm)	570	310	15	21
大齿轮(筒体直径>3 600 mm)	690	490	11	

4.4.10 筒体装配后进出料端盖大端柱面对轴颈径向跳动、大端与齿轮和筒体把合侧面对轴颈轴向摆动不应大于表 6 的规定。

表 6 端盖径向跳动、轴向摆动公差

单位为毫米

代号	筒体直径							
	900～1 500	2 100～2 700	3 200～3 600	4 000～4 800	5 000～5 800	6 000～6 700	7 000～7 600	7 900～8 500
径向跳动	0.20	0.30	0.40	0.5	0.7	0.9	1.1	1.30
轴向摆动	0.15	0.25	0.35	0.45	0.65	0.85	1.05	1.25

4.4.11 磨机的易损件(各种衬板、勺头、小齿轮等)或备用件(进出料管、大齿轮、减速器齿轮等)的相应配合尺寸应能互换。

4.4.12 减速器性能应符合 JB/T 8853 的规定。

4.5 装配技术要求

4.5.1 主轴承应与轴承底板四周均匀接触。

4.5.2 采用球面瓦结构的主轴承球面须经配研，球面应接触良好，动作灵活；采用腰鼓面结构的主轴承腰鼓面不需配研。

4.5.3 采用铸造轴承合金材料的主轴承瓦体内需留冷却水道，冷却水道应进行通水检查，不应有渗漏现象。采用铸造铜合金材料的主轴承瓦体内不需留冷却水道。

4.5.4 磨机装配后轴瓦与中空轴轴肩的间隙应均匀，最大偏差不大于(0.08×中空轴直径)/1 000 mm。

4.5.5 传动轴和电机轴(或减速器轴)的同轴度误差不应大于 ϕ0.3 mm，其倾斜度偏差不应大于1/1 000。

4.5.6 装配后大齿轮的径向跳动，在每米节圆直径上不大于 0.125 mm，端面跳动在每米节圆直径上不大于 0.15 mm。

4.5.7 大、小齿轮齿侧间隙应按公式(1)～公式(3)计算：

a) 模数侧隙：

$$J_1 = 0.226 m_n^{0.5} \quad \cdots\cdots(1)$$

式中：

J_1——模数侧隙，单位为毫米(mm)；

m_n——齿轮法向模数，单位为毫米(mm)。

b) 温度侧隙：

$$J_2 = 0.012 a \Delta t / 1\,000 \quad \cdots\cdots(2)$$

式中：

J_2——温度侧隙，单位为毫米(mm)；

a——大、小齿轮中心距，单位为毫米(mm)；

Δt——齿面温升，单位为摄氏度(℃)。

c) 齿侧间隙：

$$J = J_1 + J_2 \qquad (3)$$

式中：

J——齿侧间隙，单位为毫米(mm)。

齿侧间隙的公差值不应超过 0.25 mm。

4.5.8 筒体直径小于 ϕ5 500 mm 系列的磨机，大、小齿轮齿面接触斑点，沿齿高方向不应少于 40%，沿齿长方向不应少于 50%；筒体直径大于或等于 ϕ5 500 mm 系列的磨机，大、小齿轮齿面接触率，沿齿高方向不应少于 50%，沿齿长方向不应少于 70%。

4.5.9 湿式磨机衬板在筒体内部的排列不应构成环形间隙。端衬板与筒体衬板、端衬板与进出料管之间所构成的环形间隙应用木楔(湿法作业)、铁楔或水泥(干法作业)等材料堵塞。衬板与衬板之间的间隙不大于 10 mm。

4.6 电气控制

磨机应提供配套的成套低压电控装置，以完成如下控制功能：

a) 磨机启动和停机的顺序逻辑控制；
b) 对主电机、离合器或减速器、润滑站、主轴承、慢速驱动装置以及喷射润滑装置等主辅机进行控制、保护和联锁，以实现磨机故障报警或停机，保证磨机连续长期安全工作；
c) 为配套辅机和控制柜提供电源。

4.7 涂装

设备在包装运输前应对零部件进行涂装，涂装的技术要求和检验应符合 JB/T 5000.12 中的有关规定。

5 试验方法

5.1 外观检查用目测进行，应无明显缺陷。

5.2 整机空运转时噪声应按 GB/T 3768 规定的方法测定。

5.3 磨机进行空运转试验并满足下列要求：

a) 连续空运转时间不少于 4 h；
b) 主轴承回油温升、最高回油温度应符合 4.2.3 的规定；
c) 各润滑点的润滑应正常，无漏油现象；
d) 噪声应符合 4.2.5 的规定；
e) 主电动机电流无显著变化。

5.4 负荷运转试验在空负荷合格后进行。在运转前磨机筒体内装入规定最大负荷量的 20%～30%的钢球(棒)和物料，运转后每隔 30 min 加入 10%，直至满负荷后连续运转 24 h，并应达到：

a) 磨机应工作平稳，并无异常现象；
b) 筒体各螺钉孔处、人孔和法兰结合面无渗漏现象；
c) 主轴承回油温升、最高回油温度应符合 4.2.3 的规定。

6 检验规则

6.1 检验分类

检验分为出厂检验和型式检验。

6.2 出厂检验

6.2.1 每台磨机应经制造厂质量检验部门检验合格后方可出厂，出厂时应附有证明产品质量合格的文件。

6.2.2 出厂检验项目为4.2.3、4.2.5、4.4.10、4.5.1、4.5.2、4.5.8、4.7。

6.3 型式检验

6.3.1 有下列情况之一时，应进行型式检验：

a) 新产品试制定型鉴定或老产品转厂生产时；

b) 正式生产后，产品结构、材料、工艺有较大改变，可能影响产品性能时；

c) 正常生产后的定期检验；

d) 长期停产后恢复生产时；

e) 出厂检验结果与上次型式检验有较大差异时；

f) 国家质量监督检验机构提出型式检验要求时。

6.3.2 型式检验应包括本标准的全部要求。

6.3.3 型式检验应从出厂检验合格的产品中抽取1台进行。检验中若不合格，则应加倍抽样进行复检。如复检合格，则判该批产品为合格。如仍有1台不合格时，则判该批产品为不合格品。

7 标志和使用说明书

7.1 每台磨机均应在明显而适当的位置固定产品标牌。标牌应符合GB/T 13306的规定，并应标明下列内容：

a) 制造厂名称及地址；

b) 产品名称及型号；

c) 主要技术参数；

d) 产品执行标准编号；

e) 制造日期与出厂编号。

7.2 磨机的使用说明书应符合GB/T 9969的规定。

7.3 磨机的包装标志应符合GB/T 191的规定。

8 包装、运输和贮存

8.1 磨机的包装应符合JB/T 5000.13的规定。

8.2 磨机分为封闭包装、裸装和捆装等。箱装时零、部件在箱内应固定牢固。

8.3 磨机外露加工表面应进行防腐处理，并用油纸或塑料薄膜包扎，防腐期不应少于1年。

8.4 封闭包装箱外壁上应有明显的文字标记，并符合7.3的规定，其内容包括：

a) 收货站及收货单位名称；

b) 发货站及发货单位名称；

c) 合同号及产品名称、型号；

d) 毛重、净重、箱号及外形尺寸；

e) 起吊作业标志和储运图示标志。

8.5 裸装时应在明显位置有文字标记，并符合7.3的规定。

8.6 随机附带下列技术文件：

a) 产品质量合格证明文件；

b) 产品使用说明书；

c) 装箱清单及成套发货明细表；

d) 安装总装配图、安装基础图及安装部件图；

e) 易损件目录。

8.7 磨机在运输时应具有防止变形挤坏的安全措施。

8.8 磨机的包装应符合应符合陆路或水路运输要求。

8.9 磨机的贮存应符合下列要求：

a） 磨机应在不低于－5 ℃的温度下贮存，不允许受阳光直射和润滑油沾污；

b） 库房或棚下应通风防雨、雪，防日光直射；

c） 裸装、捆装部件要单放，不允许码放。

8.10 磨机每贮存一年，应进行一次养护。

ICS 73.120
D 94

中华人民共和国国家标准

GB/T 25709—2010

自磨机和半自磨机

AG mill and SAG mill

2010-12-23 发布　　2011-07-01 实施

中华人民共和国国家质量监督检验检疫总局
中国国家标准化管理委员会　发布

前　言

本标准由中国机械工业联合会提出。

本标准由全国矿山机械标准化技术委员会(SAC/TC 88)归口。

本标准负责起草单位:洛阳矿山机械工程设计研究院有限责任公司。

本标准参加起草单位:中信重工机械股份有限公司、沈阳重型机械集团有限责任公司。

本标准主要起草人:王成伟、喻晓、李春然、王继生、王丽君、郭明、张升奇、郭武刚。

自磨机和半自磨机

1 范围

本标准规定了自磨机和半自磨机的型式与基本参数、技术要求、试验方法、检验规则、标志和使用说明书、包装、运输和贮存。

本标准适用于自磨机和半自磨机(以下简称磨机)。该机主要用于湿法流程中粉磨各种硬度的矿石、岩石和其他适磨物料。

2 规范性引用文件

下列文件中的条款通过本标准的引用而成为本标准的条款。凡是注日期的引用文件,其随后所有的修改单(不包括勘误的内容)或修订版均不适用于本标准,然而,鼓励根据本标准达成协议的各方研究是否可使用这些文件的最新版本。凡是不注日期的引用文件,其最新版本适用于本标准。

GB/T 191 包装储运图示标志(GB/T 191—2008,ISO 780:1997,MOD)

GB/T 700—2006 碳素结构钢(ISO 630:1995,NEQ)

GB/T 1174—1992 铸造轴承合金(neq ISO 4382-1:1991)

GB/T 1348 球墨铸铁件(GB/T 1348—2009,ISO 1083:2004,MOD)

GB/T 1804—2000 一般公差 未注公差的线性和角度尺寸的公差(eqv ISO 2768-1:1989)

GB/T 3768 声学 声压法测定噪声源声功率级 反射面上方采用包络测量表面的简易法(GB/T 3768—1996,eqv ISO 3746:1995)

GB 5226.1 机械电气安全 机械电气设备 第1部分:通用技术条件(GB 5226.1—2008,IEC 60204-1:2005,IDT)

GB/T 5680 高锰钢铸件

GB/T 7233.1—2009 铸钢件 超声检测 第1部分:一般用途铸钢件(ISO 4992-1:2006,MOD)

GB/T 9444—2007 铸钢件磁粉检测(ISO 4986:1992,IDT)

GB/T 9969 工业产品使用说明书 总则

GB/T 10095.1 圆柱齿轮 精度制 第1部分:轮齿同侧齿面偏差的定义和允许值(GB/T 10095.1—2008,ISO 1328-1:1995,IDT)

GB/T 10095.2 圆柱齿轮 精度制 第2部分:径向综合偏差与径向跳动的定义和允许值(GB/T 10095.2—2008,ISO 1328-2:1995,IDT)

GB/T 13306 标牌

JB/T 5000.3—2007 重型机械通用技术条件 第3部分:焊接件

JB/T 5000.4 重型机械通用技术条件 第4部分:铸铁件

JB/T 5000.6 重型机械通用技术条件 第6部分:铸钢件

JB/T 5000.8 重型机械通用技术条件 第8部分:锻件

JB/T 5000.12 重型机械通用技术条件 第12部分:涂装

JB/T 5000.13 重型机械通用技术条件 第13部分:包装

JB/T 8853 圆柱齿轮减速器

3 型式与基本参数

3.1 型式

3.1.1 根据磨机筒体内钢球充填率的不同分为自磨机和半自磨机；为了消除顽石积累的影响，自磨机允许添加3%左右的大球(ϕ80 mm～ϕ120 mm)，半自磨机钢球充填率一般为8%～12%，最大可达15%。从排料类型上分为干式和湿式，一般情况下均采用湿式，干式自磨机和半自磨机仅在无水地区或需要干产品的特殊情况下才考虑应用。

3.1.2 磨机的传动型式分为同步电机传动、异步电机传动和无齿轮传动。根据功率大小，同步电机传动和异步电机传动分为单传动和双传动。对于单传动的磨机，按其布置型式分为左装和右装(面对进料端顺着料流方向看，主电机在筒体左侧的是左装，主电机在筒体右侧的是右装)。具体型式见图1～图5。根据工艺流程布置的需要，传动装置放置在进料端、出料端法兰均可。

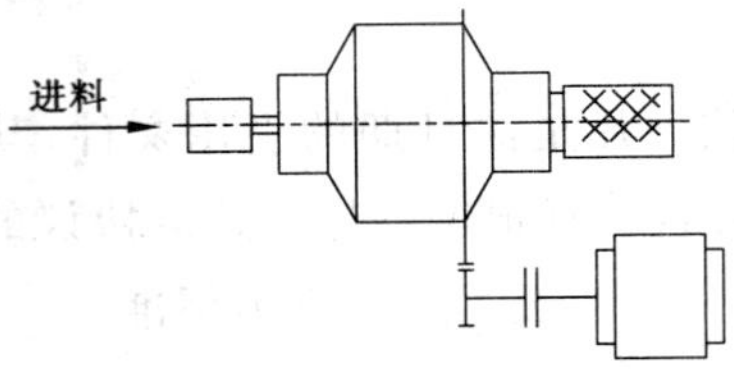

图1 同步单传动

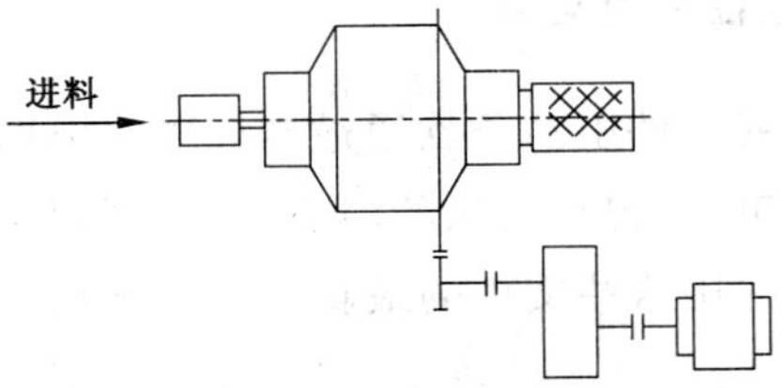

图2 异步单传动

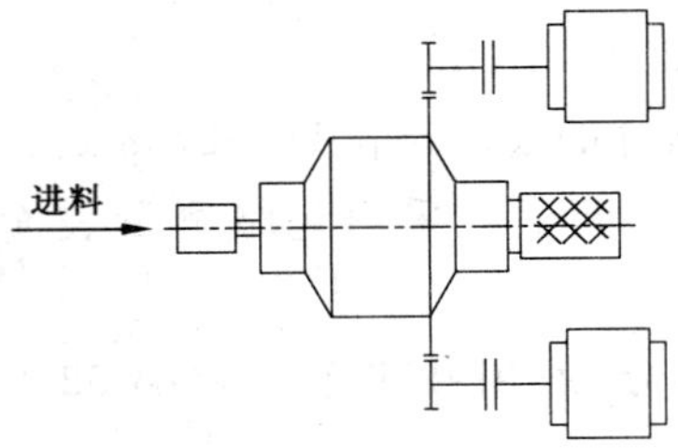

图3 同步双传动

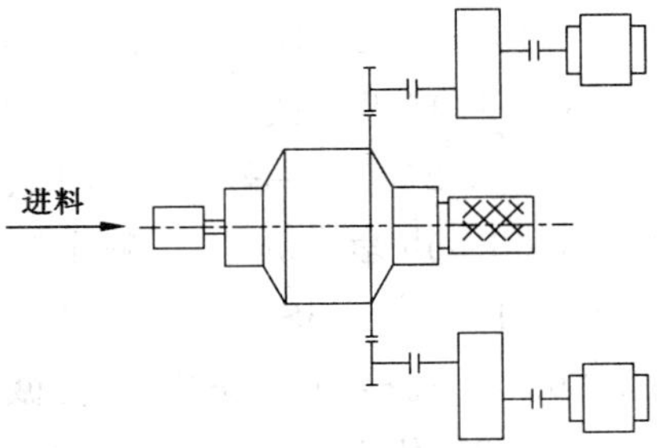

图4 异步双传动

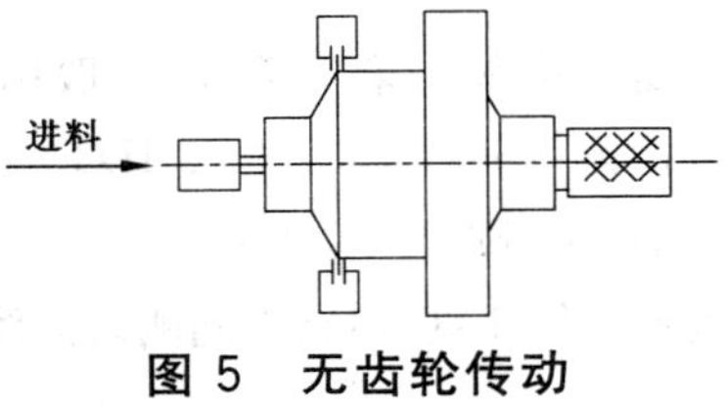

图5 无齿轮传动

3.2 型号表示方法

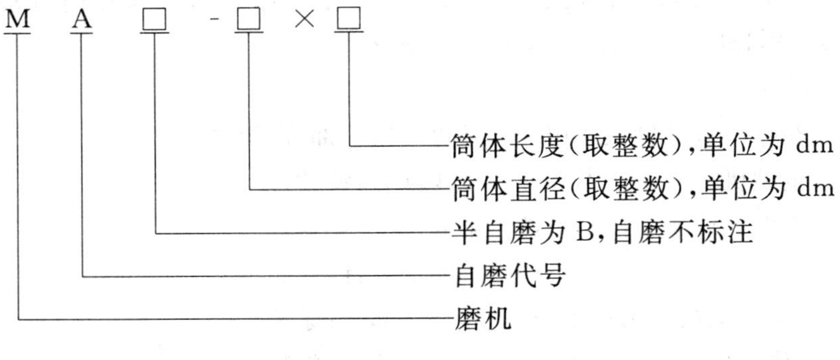

标记示例：

筒体直径为8 000 mm，筒体长度为3 200 mm的湿式自磨机，其标记为：

MA-80×32 自磨机

筒体直径为 8 000 mm，筒体长度为 3 200 mm 的湿式半自磨机，其标记为：

MAB-80×32 半自磨机

3.3 自磨机和半自磨机的基本参数

自磨机和半自磨机的基本参数应分别符合表 1 和表 2 的规定。

表 1 湿式自磨机基本参数

型 号	筒体直径/mm	筒体长度/mm	筒体有效容积/m^3	最大装球量/t	工作转速/(r/min)	主电动机功率/kW
MA-40×□ (AG-40×□)	4 000	1 400～3 600	17～42	2～6	16.2	220～540
MA-45×□ (AG-45×□)	4 500	1 600～4 100	24～61	3～9	15.3	320～830
MA-50×□ (AG-50×□)	5 000	1 800～4 500	34～83	5～12	14.5	500～1 200
MA-55×□ (AG-55×□)	5 500	1 800～5 000	42～112	6～16	13.8	630～1 700
MA-61×□ (AG-61×□)	6 100	2 400～5 500	69～152	10～21	13.1	1 050～2 400
MA-67×□ (AG-67×□)	6 700	2 600～6 000	93～201	13～28	12.5	1 500～3 300
MA-73×□ (AG-73×□)	7 300	2 800～6 600	120～264	17～37	12.0	2 000～4 500
MA-80×□ (AG-80×□)	8 000	3 200～7 200	160～347	22～48	11.4	2 800～6 200
MA-86×□ (AG-86×□)	8 600	3 400～7 700	197～429	27～60	11.0	3 500～7 900
MA-92×□ (AG-92×□)	9 200	3 700～8 300	246～530	34～74	10.7	4 500～10 000
MA-98×□ (AG-98×□)	9 800	3 900～8 800	296～640	41～89	10.3	5 600～12 500
MA-104×□ (AG-104×□)	10 400	4 200～9 400	359～770	50～107	10.0	7 000～15 400
MA-110×□ (AG-110×□)	11 000	4 400～9 900	422～909	59～127	9.8	8 400～19 000
MA-116×□ (AG-116×□)	11 600	4 600～10 400	492～1 064	69～148	9.5	10 000～22 000
MA-122×□ (AG-122×□)	12 200	4 900～11 000	580～1 246	81～174	9.2	12 000～27 000

注 1：筒体直径指筒体内径，筒体长度是指筒体两端法兰与法兰之间的长度；有效长度需根据端衬板、格子板的尺寸确定；有效容积指筒体、端盖去除衬板后的容积，包括锥体容积。

注 2：给矿粒度为≤350 mm。

注 3：最大装球量按有效容积的 3%计算。

注 4：工作转速为临界转速的 75%，变频调速时按照额定转速−10%～5%上下浮动。

注 5：括号内的型号为习惯用型号。

表 2 湿式半自磨机基本参数

型 号	筒体直径/mm	筒体长度/mm	筒体有效容积/m^3	最大装球量/t	工作转速/(r/min)	主电动机功率/kW
MAB-40×□ (SAG-40×□)	4 000	1 600～3 600	19～42	13～29	16.2	310～710
MAB-45×□ (SAG-45×□)	4 500	1 800～4 100	27～61	19～43	15.3	470～1 100
MAB-50×□ (SAG-50×□)	5 000	2 000～4 500	38～83	27～58	14.5	700～1 500
MAB-55×□ (SAG-55×□)	5 500	2 200～5 000	51～112	36～78	13.8	960～2 200
MAB-61×□ (SAG-61×□)	6 100	2 400～5 500	69～152	48～106	13.1	1 400～3 100
MAB-67×□ (SAG-67×□)	6 700	2 700～6 000	93～201	65～140	12.5	2 000～4 300
MAB-73×□ (SAG-73×□)	7 300	2 900～6 600	120～264	84～184	12.0	2 600～5 900
MAB-80×□ (SAG-80×□)	8 000	3 200～7 200	160～347	112～242	11.4	3 600～8 100
MAB-86×□ (SAG-86×□)	8 600	3 400～7 700	197～429	137～299	11.0	4 600～10 000

表 2（续）

型　号	筒体直径/ mm	筒体长度/ mm	筒体有效容积/ m^3	最大装球量/ t	工作转速/ (r/min)	主电动机功率/ kW
MAB-92×□（SAG-92×□）	9 200	3 700～8 300	246～530	172～370	10.7	5 900～13 000
MAB-98×□（SAG-98×□）	9 800	3 900～8 800	296～640	206～446	10.3	7 300～16 000
MAB-104×□（SAG-104×□）	10 400	4 200～9 400	359～770	250～537	10.0	9 100～20 000
MAB-110×□（SAG-110×□）	11 000	4 400～9 900	422～909	294～634	9.8	11 000～25 000
MAB-116×□（SAG-116×□）	11 600	4 600～10 400	492～1 064	343～742	9.5	13 000～30 000
MAB-122×□（SAG-122×□）	12 200	4 900～11 000	580～1 246	405～869	9.2	16 000～36 000

注 1：筒体直径指筒体内径，筒体长度是指筒体两端法兰与法兰之间的长度，有效长度需根据端衬板、格子板的尺寸确定；有效容积指筒体、端盖去除衬板后的容积，包括锥体容积。

注 2：给矿粒度为≤350 mm。

注 3：最大装球量按 15%计算。

注 4：工作转速为临界转速的 75%，变频调速时按照额定转速－10%～5%上下浮动。

注 5：括号内的型号为习惯用型号。

4　技术要求

4.1　基本要求

4.1.1　磨机应符合本标准的规定，并按规定程序批准的图样和技术文件制造。

4.1.2　本标准未规定的原材料、外购件及加工、装配、安装等技术条件，均应符合国家标准及相关行业有关通用标准的规定。

4.1.3　使用条件：环境温度：－5 ℃～40 ℃；工作制度：连续。

4.1.4　图样上线性尺寸的未注公差：

a）切削加工部位应符合 GB/T 1804—2000 的 m 级；

b）焊接件非切削加工部位应符合 JB/T 5000.3—2007 中 7.3 的有关规定。

4.1.5　焊接件应符合 JB/T 5000.3 中的有关规定。

4.1.6　铸钢件应符合 JB/T 5000.6 中的有关规定。

4.1.7　球墨铸铁件应符合 GB/T 1348 中的有关规定。

4.1.8　锻件应符合 JB/T 5000.8 中的有关规定。

4.1.9　高锰钢铸件应符合 GB/T 5680 的有关规定。

4.1.10　灰铸铁件应符合 JB/T 5000.4 的有关规定。

4.2　整机性能要求

4.2.1　磨机主要技术参数应符合本标准的规定且适应于系统工艺的要求。

4.2.2　筒体直径大于或等于 ϕ4 000 mm 系列的磨机推荐采用动静压主轴承，筒体直径大于或等于 ϕ6 000 mm系列的磨机推荐采用静压主轴承，筒体直径大于或等于 ϕ10 500 mm 系列的磨机推荐采用滑履轴承。

4.2.3　正常工作状态下主轴承回油温升不应高于 15 ℃，最高回油温度不应高于 55 ℃。

4.2.4　磨机功率小于或等于 1 600 kW 系列的磨机，小齿轮轴承推荐采用油脂润滑；磨机功率大于 1 600 kW系列的磨机，小齿轮轴承推荐采用稀油润滑。

4.2.5　磨机空负荷运转时的噪声声压级值不应超过 90 dB(A)。

4.2.6　成套磨机应包括：主机、主电动机、喷射润滑装置、主轴承润滑油站及低压集中电控设备等，同步传动还应包括气动离合器，异步传动包括减速器和联轴器，无齿轮传动应包括制动器。应根据需要提供必要的辅机(如:慢速驱动装置、顶起装置等)。

4.2.7 磨机润滑装置应可靠运行,如果配备站润滑,则油泵电机与主电动机应有电气联锁装置,当润浮系统发生故障不能正常工作时应发出信号,保证主电动机自动停车,并应设有油温、油压、油量、压差的报警信号装置;润滑系统中应设有安全阀、压力计、温度计等安全装置。

4.2.8 回油管路的倾斜度建议 1∶20～1∶6。

4.2.9 磨机可以采用电声耳对磨机噪声进行检测,或压力传感器对磨机的负荷进行检测,解决磨机的“空磨”、“涨肚”问题,提高磨机高效、安全运行的可靠性。

4.2.10 磨机根据磨矿工艺系统的不同,允许采用回料自返筛,将难磨粒子重新返回磨机继续参与磨矿,或开顽石孔将难磨粒子排出破碎等方法获得最大产能。

4.2.11 磨机可以配备衬板机械手和螺栓冲,以提高设备的操作率和降低劳动强度。磨机筒体除衬板螺栓孔外,允许添加“拆卸”孔,并提供橡胶塞堵,以防止衬板“拆卸”孔泄露。

4.2.12 磨机筒体建议不再开设人孔,所有衬板、格子板和矿浆提升器的尺寸应通过磨机进料口,并潶足衬板机械手拆卸。

4.2.13 磨机结构设计应考虑地震情况,在磨机基础图纸上指定设计载荷(包括静载荷、动载荷和地震载荷)。

4.3 安全要求

4.3.1 裸露的传动装置转动部分应配备防护罩,用户在旋转件周围应设置防护栏杆。

4.3.2 磨机用电气设备的接地保护、绝缘电阻、耐压试验等要求应符合 GB 5226.1 的有关规定。

4.3.3 所有大型构件(筒体、端盖、中空轴)等要有装卸用的可拆卸吊耳。每个吊耳的设计起吊能力最小为两倍的起吊质量,起吊质量应打印或油漆在吊耳明显位置。

4.4 主要零部件要求

4.4.1 主轴承瓦体和滑履轴承瓦体材料不应低于表 3 力学性能的规定。磨机主电机功率小于 5 000 kW 系列的磨机主轴承衬推荐采用锡基铸造轴承合金,合金材料不应低于 GB/T 1174—1992 中关于 ZSnSb11Cu6 的规定,合金应贴合牢固,不应有脱壳现象。磨机主电机功率大于或等于 5 000 kW 系列的磨机主轴承衬推荐采用成型铜瓦结构,材料推荐采用铜基铸造轴承合金,合金材料不应低于表 3 力学性能的规定。滑履轴承衬采用锡基铸造轴承合金,合金材料不应低于 ZSnSb11Cu6 的规定。

4.4.2 筒体钢板材料不应低于 GB/T 700—2006 中关于 Q235A 力学性能的规定;所用焊条抗拉强度不应低于 420 MPa。

4.4.3 筒体焊缝不准通过人孔和螺钉孔,焊缝距孔边缘距离不小于 75 mm,其焊缝质量不应低于 JB/T 5000.3—2007中规定的 BS 级、BK 级。

4.4.4 筒体焊后应消除焊接应力。

4.4.5 进出料中空轴轴颈处表面粗糙度 Ra 的最大允许值为 1.6 μm ;R 区处表面粗糙度参数 Ra 的最大允许值为 3.2 μm。

4.4.6 进出料端盖及中空轴材料不应低于表 3 力学性能的规定;加工表面应进行超声波探伤检测,不应低于 GB/T 7233.1—2009 中的 2 级规定;R 区应进行磁粉探伤检测,不应低于 GB/T 9444—2007 中的 2 级规定。

4.4.7 衬板材料一般采用金属衬板,建议选择硬度适中,耐磨性能较好的材料。筒体、端衬板建议采用 T 字形提升衬板。衬板设计时应考虑结构形状(衬板间距、提升高度和截面角度)、矿石性质、磨机转速等影响。金属衬板与筒体和端盖之间应设有橡胶衬垫,以减缓介质对筒体、端盖的冲击和矿浆对筒体、端盖的磨蚀。

4.4.8 磨机衬板在筒体内部的排列不应构成环形间隙。端衬板与筒体衬板、端衬板与进出料管之间所构成的环形间隙应用木楔(湿法作业)、铁楔或水泥(干法作业)等材料堵塞。衬板与衬板之间的间隙不大于 10 mm。

4.4.9 衬板的外形设计要消除圆周方向接缝或可能形成矿浆轨迹的其他区域。衬板应避免横跨两段筒体接头。

4.4.10 格子板孔大小、面积和矿浆排料装置，能实现磨机完全排浆，没有矿浆淤积、短路或不完全排浆。

4.4.11 小齿轮或轴齿轮材料力学性能不应低于表 3 的有关规定，齿面硬度应高于大齿轮齿面硬度 30 HB以上，加工精度应符合 GB/T 10095.1 和 GB/T 10095.2 的规定。

4.4.12 大齿轮材料力学性能不应低于表 3 的有关规定，加工精度应符合 GB/T 10095.1 和 GB/T 10095.2 中的规定；轮缘厚度应均匀。

表 3 主要零件最低力学性能

零件名称	力学性能			
	σ_b/ MPa	$\sigma_s(\sigma_{0.2})$/ MPa	$\delta(\delta_5)$/ %	ψ/ %
主轴承瓦体	420	290	5	
滑履轴承瓦体	590	390	12	30
主轴承铜瓦	220		6	
中空轴、端盖	450	230	22	32
小齿轮/轴齿轮（电机功率≤1 500 kW）	590	345	17	
小齿轮/轴齿轮（电机功率>1 500 kW）	780	590	12	
大齿轮（电机功率≤1 500 kW）	570	310	15	21
大齿轮（电机功率>1 500 kW）	690	490	11	

4.4.13 筒体装配后进出料端盖大端柱面对轴颈径向跳动、大端与齿轮和筒体把合侧面对轴颈轴向摆动不应大于表 4 的规定。

表 4 端盖径向跳动、轴向摆动公差 单位为毫米

代 号	筒 体 直 径						
	4 000～6 000	6 000～7 000	7 000～8 000	8 000～9 000	9 000～10 000	10 000～11 000	12 000～
径向跳动	0.60	0.70	0.80	0.90	1.0	1.1	1.2
轴向摆动	0.55	0.65	0.75	0.85	0.95	1.05	1.15
注：当为无齿轮驱动时，端盖径向跳动、轴向摆动公差应满足制动器和无齿轮驱动电机厂家的要求。							

4.4.14 磨机的易损件（各种衬板、小齿轮等）或备用件（进出料管、大齿轮、减速器齿轮等）的相应配合尺寸应能互换。

4.4.15 减速器性能应符合 JB/T 8853 的规定。

4.5 装配技术要求

4.5.1 主轴承应与轴承底板四周均匀接触。

4.5.2 采用球面瓦结构的主轴承球面须经配研，球面应接触良好，动作灵活；采用腰鼓面结构的主轴承腰鼓面不需配研。

4.5.3 采用铸造轴承合金材料的主轴承瓦体内需留冷却水道，冷却水道应进行通水检查，不应有渗漏现象。采用铸造铜合金材料的主轴承瓦体内不需留冷却水道。

4.5.4 磨机装配后测量轴瓦与中空轴轴肩的间隙，间隙应均匀，最大偏差不大于（0.08×中空轴直径）/1 000 mm。

4.5.5 传动轴和电机轴（或减速器轴）的同轴度误差不应大于 ϕ0.3 mm，其倾斜度偏差不应大

于1/1 000。

4.5.6 装配后大齿轮的径向跳动，在每米节圆直径上不大于0.125 mm，端面跳动在每米节圆直径上不大于0.15 mm。

4.5.7 大、小齿轮齿侧间隙应按公式(1)～公式(3)计算：

a) 模数侧隙

$$J_1 = 0.226 m_n^{0.5} \text{ mm} \quad \cdots\cdots(1)$$

式中：

J_1——模数侧隙，单位为毫米(mm)；

m_n——齿轮法向模数，单位为毫米(mm)。

b) 温度侧隙系数

$$J_2 = 0.012 a \Delta t / 1\,000 \quad \cdots\cdots(2)$$

式中：

J_2——温度侧隙，单位为毫米(mm)；

a——大、小齿轮中心距，单位为毫米(mm)；

Δt——齿面温升，单位为摄氏度(℃)。

c) 齿侧间隙

$$J = J_1 + J_2 \quad \cdots\cdots(3)$$

式中：

J——齿侧间隙，单位为毫米(mm)。

齿侧间隙的公差值不应超过0.25 mm。

4.5.8 磨机主电机功率小于5 000 kW系列的磨机，大、小齿轮齿面接触率，沿齿高方向不应少于40%，沿齿长方向不应少于50%；磨机主电机功率大于或等于5 000 kW系列的磨机，大、小齿轮齿面接触率，沿齿高方向不应少于50%，沿齿长方向不应少于70%。

4.6 电气控制

磨机应提供配套的成套低压电控装置，以完成以下控制功能：

a) 磨机启动和停机的顺序逻辑控制；

b) 对主电机、离合器或减速器、润滑站、主轴承、慢速驱动装置以及喷射润滑装置等主辅机进行控制、保护和联锁，以实现磨机故障报警或停机，保证磨机连续长期安全工作；

c) 为配套辅机和控制柜提供电源。

4.7 涂装

设备在包装运输前应对零部件进行涂装，涂装的技术要求和检验应符合JB/T 5000.12中的有关规定。

5 试验方法

5.1 外观检查用目测进行，应无明显缺陷。

5.2 整机空运转时噪声应按GB/T 3768规定的方法测定。

5.3 建议磨机首台产品，一般在制造厂进行空运转试验，并满足下列要求：

a) 连续空运转时间不少于2 h；

b) 主轴承回油温升、最高回油温度应符合4.2.3的规定；

c) 各润滑点的润滑应正常，无漏油现象；

d) 噪声应符合4.2.5的规定。

5.4 磨机在用户处进行空负荷试验，连续运转8 h，应满足下列要求：

a) 主电动机电流无显著变化；

b) 达到5.3 b)、c)、d)的规定。

5.5 负荷试验在空负荷试验合格后进行。负荷运转试验:在运转前磨机筒体内装入规定最大负荷量的0%～50%的钢球和物料连续运转24 h;磨机筒体内装入规定最大负荷量的50%～100%的钢球和物料连续运转24 h,连续运转时应达到:

a) 磨机工作平稳,并无异常现象;
b) 筒体各螺钉孔处、人孔和法兰结合面无渗漏现象;
c) 符合5.4的规定;
d) 主轴承回油温升、最高回油温度应符合4.2.3的规定。

6 检验规则

6.1 检验分类

检验分为出厂检验和型式检验。

6.2 出厂检验

6.2.1 每台磨机应经制造厂质量检验部门检验合格后方可出厂,出厂时应附有证明产品质量合格的文件。

6.2.2 出厂检验在制造厂进行,检验项目为4.2.3、4.2.5、4.4.13、4.5.1、4.5.2、4.5.8、4.7。

6.3 型式检验

6.3.1 有下列情况之一时,应进行型式检验:

a) 新产品试制定型鉴定或老产品转厂生产时;
b) 正式生产后,产品结构、材料、工艺有较大改变,可能影响产品性能时;
c) 正常生产后的定期检验;
d) 长期停产后恢复生产时;
e) 出厂检验结果与上次型式检验有较大差异时;
f) 国家质量监督检验机构提出型式检验要求时。

6.3.2 型式检验应包括本标准的全部要求。

6.3.3 型式检验应从出厂检验合格的产品中抽取1台进行。检验中若不合格,则应加倍抽样进行复检。如复检合格,则判该批产品为合格。如仍有1台不合格时,则判该批产品为不合格品。

7 标志和使用说明书

7.1 每台磨机均应在明显而适当的位置固定产品标牌。标牌应符合GB/T 13306的规定,并应标明下列内容:

a) 制造厂名称及地址;
b) 产品名称及型号;
c) 主要技术参数;
d) 产品执行标准编号;
e) 制造日期与出厂编号。

7.2 磨机的使用说明书应符合GB/T 9969的规定。

7.3 磨机的包装标志应符合GB/T 191的规定。

8 包装、运输和贮存

8.1 磨机的包装应符合JB/T 5000.13的规定。

8.2 磨机分为封闭包装、裸装和捆装等。箱装时零、部件在箱内应固定牢固。

8.3 磨机外露加工表面应进行防腐处理,并用油纸或塑料薄膜包扎,防腐期不应少于1年。

8.4 封闭包装箱外壁上应有明显的文字标记，并应符合 7.3 的规定，其内容包括：

a) 收货站及收货单位名称；

b) 发货站及发货单位名称；

c) 合同号及产品名称、型号；

d) 毛重、净重、箱号及外形尺寸；

e) 起吊作业标志和储运图示标志。

8.5 裸装时应在明显位置有文字标记，并符合 7.3 的规定。

8.6 随机附带下列技术文件：

a) 产品质量合格证明文件；

b) 产品使用说明书；

c) 装箱清单及成套发货明细表；

d) 安装总装配图、安装基础图及安装部件图；

e) 易损件目录。

8.7 磨机在运输时应具有防止变形挤坏的安全措施。

8.8 磨机的包装应符合应符合陆路或水路运输要求。

8.9 磨机的贮存应符合下列要求：

a) 磨机应在不低于－5 ℃的温度下贮存，不允许受阳光直射和润滑油沾污；

b) 库房或棚下应通风防雨、雪，防日光直射；

c) 裸装、捆装部件要单放，不允许码放。

8.10 磨机每贮存一年，应进行一次养护。

ICS 73.100.40
D 93

中华人民共和国国家标准

GB/T 25710—2010

矿用斜巷行人助行装置

Walking auxiliary devices in mine inclined laneway

2010-12-23 发布　　2011-07-01 实施

中华人民共和国国家质量监督检验检疫总局
中国国家标准化管理委员会　发布

前　　言

本标准由中国机械工业联合会提出。

本标准由全国矿山机械标准化技术委员会(SAC/TC 88)归口。

本标准起草单位:淮北恒远工程建材设备有限责任公司、淮北矿业(集团)有限责任公司、淮北市质量技术监督局、洛阳矿山机械工程设计研究院有限责任公司。

本标准主要起草人:李伟、刘明生、刘效春、王和志、刘尹、马玉平、张广峰、杨定富、王亚东。

矿用斜巷行人助行装置

1 范围

本标准规定了矿用斜巷行人助行装置的术语和定义、型式与基本参数、技术要求、试验方法、检验规则及标志、包装、运输和贮存。

本标准适用于煤矿和非煤矿山斜巷使用的斜巷行人助行装置(以下简称"助行装置")。

2 规范性引用文件

下列文件中的条款通过本标准的引用而成为本标准的条款。凡是注日期的引用文件,其随后所有的修改单(不包括勘误的内容)或修订版均不适用于本标准,然而,鼓励根据本标准达成协议的各方研究是否可使用这些文件的最新版本。凡是不注日期的引用文件,其最新版本适用于本标准。

GB/T 3768 声学 声压法测定噪声源声功率级 反射面上方采用包络测量表面的简易法(GB/T 3768—1996,eqv ISO 3746:1995)

GB 3836.1 爆炸性气体环境用电气设备 第1部分:通用要求(GB 3836.1—2000,eqv IEC 60079-0:1998)

GB 3836.2 爆炸性气体环境用电气设备 第2部分:隔爆型"d"(GB 3836.2—2000,eqv IEC 60079-1:1990)

GB 3836.4 爆炸性气体环境用电气设备 第4部分:本质安全型"i"(GB 3836.4—2000,eqv IEC 60079-11:1999)

GB 8918 重要用途钢丝绳(GB 8918—2006,ISO 3154:1988,MOD)

GB/T 13306 标牌

GB/T 15706.2 机械安全 基本概念与设计通则 第2部分:技术原则(GB/T 15706.2—2007,ISO 12100-2:2003,IDT)

GB 16423 金属非金属矿山安全规程

GB 20180 矿用辅助绞车 安全要求

AQ 1037 煤矿用无极绳绞车 安全检验规范

JB/T 5000.3 重型机械通用技术条件 第3部分:焊接件

JB/T 5000.4 重型机械通用技术条件 第4部分:铸铁件

JB/T 5000.6 重型机械通用技术条件 第6部分:铸钢件

JB/T 5000.8 重型机械通用技术条件 第8部分:锻件

JB/T 5000.12 重型机械通用技术条件 第12部分:涂装

JB/T 8062 无极绳绞车

MT 111 矿用隔爆型低压交流真空电磁起动器

MT 624 煤矿用隔爆型控制按钮

MT 818.1 煤矿用电缆 第1部分:移动类软电缆一般规定

MT 818.9 煤矿用电缆 第9部分:额定电压0.3/0.5 kV煤矿用移动轻型软电缆

《煤矿安全规程》(2010版)

3 术语和定义

下列术语和定义适用于本标准。

3.1

矿用斜巷行人助行装置　walking auxiliary devices in mine inclined laneway

以矿用无极绳绞车为主机驱动，上山行人通过卡绳手把与缠绕在绞车上的钢丝绳张紧段连接，将钢丝绳的牵引力传递到行人，并通过调速机构调节钢丝绳运行速度与行人上山步行速度基本一致，牵引行人上山，以减轻行人上山体力消耗，实现行人助行功能的装置。

4　型式与基本参数

4.1　型式

助行装置分为隔爆型和非隔爆型。由矿用无极绳绞车主机、导向装置、尾轮导向架、拉紧装置等部分组成。结构原理如图1所示。

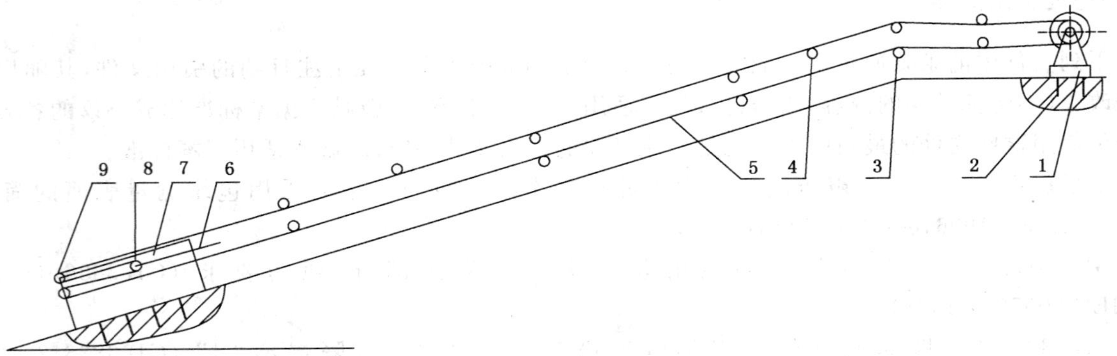

1——绞车；
2——基础固定锚；
3——导绳轮；
4——托绳轮；
5——钢丝绳；
6——拉紧装置；
7——尾轮导向架；
8——动滑轮；
9——尾部导向轮。

图1　助行装置结构原理示意图

4.2　型号表示方法

助行装置型号编制方法如下：

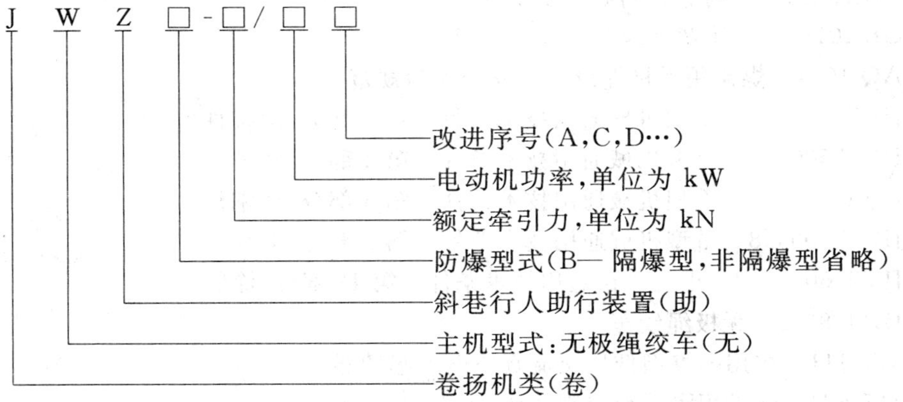

型号示例：

额定牵引力7.5 kN、电动机功率5.5 kW、第一次改进的非隔爆型矿用斜巷行人助行装置型号标记为：JWZ-7.5/5.5A。

隔爆型、额定牵引力15 kN、电动机功率11.4 kW、第二次改进的矿用斜巷行人助行装置型号标记为：JWZB-15/11.4C。

4.3　基本参数

助行装置的基本参数见表1。

表 1　基本参数

型　号	钢丝绳公称直径/mm	钢丝绳运行速度/(m/s)	额定牵引力/kN	适用巷道长度/m	电动机功率/kW	控制电源电压/V	交流工作电压/V
JWZ-7.5/5.5	12.5	0.5～0.7	7.5	≤500	5.5	36	380/660，660/1 140
JWZB-7.5/5.5							
JWZ-10/7.5			10		7.5		
JWZB-10/7.5							
JWZ-15/11.4			15	500～1 000	11.4		
JWZB-15/11.4							
JWZ-20/15	15.5		20	1 000～1 500	15		
JWZB-20/15							
JWZ-35/25			35	1 500～2 000	25		
JWZB-35/25							

5　技术要求

5.1　环境适应性要求

5.1.1　助行装置在环境温度为－10 ℃～40 ℃，相对湿度不大于85%(环境温度20 ℃±5 ℃)、海拔高度不超过1 000 m，无腐蚀性气体、坡度小于30°巷道的条件下应能正常工作。

5.1.2　隔爆型助行装置在煤矿井下使用时，巷道周围空气中的瓦斯、煤尘等不应超过《煤矿安全规程》中规定的浓度。

5.2　一般要求

5.2.1　助行装置应符合本标准的要求，并按照经规定程序批准的图样和技术文件制造。

5.2.2　标准件和外购件均应有合格证书，方可使用。

5.2.3　所有材料均应有合格证或质量证明书，必要时应进行化验鉴别，确认合格后方可使用。

5.2.4　电器设备应符合有关国家标准或行业标准的要求，隔爆型助行装置使用的电器设备还应符合GB 3836.1、GB 3836.2和GB 3836.4的规定。

5.2.5　绞车主机除应符合JB/T 8062和GB 20180的有关要求外，隔爆型助行装置还应符合AQ 1037的规定，非隔爆型助行装置还应符合GB 16423的规定。

5.2.6　钢丝绳的安全系数应符合《煤矿安全规程》规定，钢丝绳的插接长度不应小于钢丝绳直径的1 000倍，钢丝绳的性能应符合GB 8918的要求。

5.2.7　隔爆型助行装置的磁力启动器应符合MT 111的规定，控制电缆应符合MT 818.1和MT 818.9的规定，控制按钮应符合MT 624的规定。

5.3　制造与装配

5.3.1　焊接件焊缝应符合JB/T 5000.3的规定。铸铁件、铸钢件和锻件应分别符合JB/T 5000.4、JB/T 5000.6和JB/T 5000.8的有关规定。

5.3.2　锐边、尖角和凸出部分的设计应符合GB/T 15706.2的规定。

5.3.3　所有连接和紧固件应连接可靠、无松动现象。所有密封、润滑部位不应有渗漏现象。

5.3.4　钢丝绳导向与拉紧装置应符合下列要求：

a)　助行装置的导向轮和上、下托轮应转动灵活；

b)　上、下支承轴上的托轮位置应可调，其调节范围为0 mm～100 mm；

c)　机尾拉紧装置应可靠，张紧力应满足运行距离、坡度和负载需要。

5.4 使用性能

5.4.1 助行装置安装后运行应平稳、可靠,无异常声响、振动和卡阻现象,在运行和制动时钢丝绳不应在绳轮上滑行,钢丝绳在运行过程中不应脱离上、下托轮。

5.4.2 助行装置的卡绳手把应方便挂、脱和使用。

5.5 安全性能

5.5.1 助行装置应能与相关设备实现联机闭锁,并应能两端开停机。

5.5.2 助行装置应设置过载保护装置,当载荷超过1.25倍额定牵引力时应能自动停机。

5.5.3 距主机机头、机尾2 000 mm～3 000 mm处应设置上、下行人安全支架和防钢丝绳脱槽装置。

5.5.4 经1.5倍额定牵引力负荷试验后,助行装置应无塑性变形和部件损坏。各主要部件壳体温度不应超过80 ℃。

5.5.5 在1.5倍额定牵引力下,负荷助行装置主机机头处的噪声应不大于85 dB(A)。

5.6 外观质量要求

5.6.1 助行装置的涂漆颜色应符合产品图样的规定,上、下托轮、防爆标志及其他旋转部件应涂红色油漆。

5.6.2 外露旋转部件的颜色应与周围的非旋转部件有明显区别,并且界限分明。

5.6.3 涂装质量应符合JB/T 5000.12的规定。

6 试验方法

6.1 主机空运转试验

在正常工作条件下,主机空运转30 min,检查以下内容:

a) 传动装置运转是否平稳可靠,有无异常声响、振动和卡阻情况;

b) 各连接件、紧固件是否连接可靠,无松动现象;

c) 各密封、润滑部位,是否有渗漏现象;

d) 制动器是否灵活、可靠、运转正常。

6.2 开、停机及联机闭锁检查

助行装置在井下安装调试并与闭锁设备联机后,两端开停机,检查开停机、联机闭锁情况。

6.3 负荷试验

6.3.1 钢丝绳额定牵引力测定采用测量精度等级不低于2级的测力装置测量。助行装置安装固定后,按要求装上钢丝绳,紧边钢丝绳连接测力装置,松边钢丝绳紧到合理张力,把绞车电机接上功率测量装置,缓慢启动绞车,在电机功率达到额定功率时,测力装置的读数即为助行装置的额定牵引力,连续测量三次,取平均值。

6.3.2 加载1.25倍的额定牵引力,观察自动停机情况。

6.3.3 去掉过载保护装置,加载1.5倍的额定牵引力,运转8 h,观察助行装置运行情况,并用准确度等级不低于±1.0%、分度值为1℃的测温仪器测量各主要零部件壳体的温度。同时观察绳轮上钢丝绳有无滑行情况及零部件有无塑性变形。

6.4 运行速度测定

用转速计测量驱动轮转速,换算成驱动轮线速度,即钢丝绳运行速度。

6.5 噪声测量

按GB/T 3768的规定进行。

7 检验规则

7.1 检验分类

助行装置检验分为出厂检验和型式检验。

7.2 出厂检验

每台助行装置需经制造商质量检验部门进行出厂检验，检验合格并附有合格证后方可出厂。出厂检验项目见表2。

表2 检验项目

序号	检验项目	检验类别	
		出厂检验	型式检验
1	几何尺寸	√	√
2	主机空运转试验	√	√
3	开、停机及联机闭锁	√	√
4	额定牵引力	—	√
5	钢丝绳运行速度	√	√
6	1.25倍额定牵引力过载保护试验	√	√
7	1.5倍额定牵引力负荷试验	√	√
9	壳体温度	√	√
10	噪声	—	√
11	装配质量	√	√
12	外观质量	√	√
注："√"表示检验项目；"—"表示不检验项目。			

7.3 型式检验

7.3.1 有下列情况之一时，应进行型式检验：

a) 产品投产鉴定时；

b) 正常生产情况下每两年进行一次检验时；

c) 正式生产后如结构、材料、工艺发生重大变化，可能影响产品性能时；

d) 出厂检验结果与上一次型式检验有较大差异时；

e) 产品长期停产后，恢复生产时；

f) 国家质量和安全生产监督部门提出检验要求时。

7.3.2 型式检验项目见表2。型式检验从出厂检验合格的产品中随机抽取1台。

7.4 判定规则

检验项目全部合格，判定该产品合格，如有不合格项，则判定该产品不合格。

8 标志、包装、运输和贮存

8.1 标志

助行装置应在机头部位标注制造厂代号和标牌，标牌应符合GB/T 13306的规定，其内容应至少包括：

a) 制造厂名称和地址；

b) 产品名称与型号；

c) 主要技术参数；

d) 制造编号及出厂日期；

e) 安全标志和编号；

f) 产品执行标准编号。

8.2 **包装**

助行装置零部件可裸装或箱装,并应符合运输要求。

8.3 **运输**

助行装置在运输过程中应轻装轻卸,防止碰撞和雨雪浸淋。

8.4 **贮存**

助行装置应存放在通风干燥无腐蚀物质的库房内。

ICS 25.120.30
J 61

中华人民共和国国家标准

GB/T 25711—2010

铸造机械 通用技术条件

Foundry machinery—General technical requirements

2010-12-23 发布　　2011-07-01 实施

中华人民共和国国家质量监督检验检疫总局
中国国家标准化管理委员会　发布

前　　言

本标准按照 GB/T 1.1—2009 给出的规则起草。

本标准由中国机械工业联合会提出。

本标准由全国铸造机械标准化技术委员会(SAC/TC 186)归口。

本标准起草单位:济南铸造锻压机械研究所有限公司、青岛铸造机械集团公司、宁波思进机械有限公司、青岛双星铸造机械有限公司、青岛三锐机械制造有限公司。

本标准主要起草人:王德志、卢军、吴正涛、刘汝斌、丁仁相、吴寿喜。

铸造机械　通用技术条件

1　范围

本标准规定了铸造机械基本要求、加工和装配质量、外观质量、试验方法、检验规则、标志、包装、运输与贮存。

本标准适用于铸造机械(以下简称机器)的设计、制造、质量检验和维修。各类铸造机械应按本标准给出的原则补充制定相应的产品标准。

2　规范性引用文件

下列文件对于本文件的应用是必不可少的。凡是注日期的引用文件,仅注日期的版本适用于本文件。凡是不注日期的引用文件,其最新版本(包括所有的修改单)适用于本文件。

GB/T 191　包装储运图示标志

GB/T 3766　液压系统　通用技术条件

GB 5083　生产设备安全卫生设计总则

GB 5226.1　机械电气安全　机械电气设备　第1部分:通用技术条件

GB/T 6576　机床润滑系统

GB 7251.2　低压成套开关设备和控制设备　第2部分:对母线干线系统(母线槽)的特殊要求

GB/T 7932　气动系统　通用技术条件

GB/T 9969　工业产品使用说明书　总则

GB/T 13306　标牌

GB 20905　铸造机械　安全要求

GB 50277　铸造设备安装工程施工及验收规范

JB/T 3000　铸造设备　型号编制方法

JB/T 5365.1　铸造机械清洁度测定方法　重量法

JB/T 5365.2　铸造机械清洁度测定方法　显微镜法

JB/T 6331.1　铸造机械噪声的测量方法　声功率级测定

JB/T 6331.2　铸造机械噪声的测量方法　声压级测定

JB/T 8356.1　机床　包装技术条件

JB/T 8356.2　机床　包装箱

JB/T 8832　机床数控系统　通用技术条件

JB/T 9978　铸造机械　术语

3　基本要求

3.1　型号、名称和参数

3.1.1　机器的型号、名称应按照JB/T 3000和JB/T 9978的规定进行编制和给出。

3.1.2 机器的型式、参数与尺寸应符合有关标准或技术协议的规定。

3.2 设计原则

3.2.1 机器的设计应布局合理、造型美观、性能先进、便于操作和维护。

3.2.2 应防止和减少机器运转时所产生的环境污染和对人身健康造成危害。

3.2.3 应提高机器的标准化、自动化水平。

3.2.4 机器应节能环保。

3.2.5 机器应采取措施，充分提高可靠性，保证其使用寿命。

3.2.6 整体或分部运输的机器应符合运输和装载的规定。

3.3 性能和结构

机器性能和结构应满足有关标准或技术协议的要求，机器的设计还应充分考虑系列化、通用化、标准化和模块化。

3.4 配套要求

机器上所使用的配套产品(包括电气、液压、气动元件或设备和专用工具等)应符合有关标准的规定，并有制造厂的合格证明书或质量标志。

3.5 成套性

3.5.1 出厂的机器应保证成套性，备有能正常使用所需的备品备件、易损件和专用工具，并在相应的技术文件中规定。

3.5.2 备品备件、易损件均应保证使用性能和互换性。

3.6 安全与卫生

3.6.1 机器应按 GB 20905 和 GB 5083 的规定，采取相应的安全措施防止对人或设备造成损害。

3.6.2 机器排放的废气、废水、废渣等有害物，应符合国家有关法律、法规及标准的规定。

3.6.3 机器运转时不应有异常的声响，机器的噪声应符合国家法律法规及有关标准的规定。

3.7 电气系统

3.7.1 机器的电气系统应符合 GB 5226.1 和 GB 7251.2 的规定。

3.7.2 机器的数控系统应符合 JB/T 8832 的有关规定。

3.8 液压、气动、冷却系统和润滑系统

3.8.1 机器的液压系统应符合 GB/T 3766 的规定。

3.8.2 机器的气动系统应符合 GB/T 7932 的规定。

3.8.3 机器的润滑系统应有观察供油情况的装置和指示油位的油标，润滑应良好，并符合 GB/T 6576 的规定。

3.8.4 机器的冷却系统应保证冷却充分、可靠。

3.8.5 机器的液压、气动、冷却和润滑系统及其他部位不应漏(渗)油、漏(渗)水、漏气。冷却液不应混入液压系统和润滑系统。

3.9 压力容器

压力容器的设计、制造、检验、采购、安装应符合有关标准的规定。

3.10 起重输送设备

起重输送设备应符合相关标准的规定。

3.11 机器的安装

机器的安装应符合 GB 50277 标准的规定。

3.12 铭牌和标牌

3.12.1 机器上应有铭牌和操作指示、维护和安全等标牌。

3.12.2 标牌应符合 GB/T 13306 的规定。

3.12.3 机器上应有牢固的厂名和商标。

3.13 随机技术文件

3.13.1 机器随机供应的技术文件至少应包括：

a) 使用说明书；

b) 合格证明书；

c) 装箱单。

3.13.2 机器随机技术文件的编制应符合 GB/T 9969 的规定。

4 加工和装配质量

4.1 机器的加工质量应符合图样和技术文件的规定。

4.2 机器上各种零件材料的牌号、力学性能和物理性能应符合有关标准的规定。

4.3 机器零部件的材料、性能均应符合有关标准和工艺文件的规定。

4.4 机器应按装配工艺规程进行装配，并应符合有关标准的规定。

4.5 高速旋转的零、部件，应进行动或静平衡试验和校正。

4.6 机器的清洁度应符合有关产品标准的规定。

5 外观质量

5.1 机器的外观表面不应有图样未规定的凸起、凹陷、粗糙不平和其他损伤。

5.2 机器外露的加工表面不应有磕碰、划伤和锈蚀。

5.3 机器的防护罩应平整、匀称，不应翘曲、凹陷。

5.4 机器零、部件外露结合面的边缘应整齐、匀称，除设计规定外不应有明显的错位。错位量和错位不匀称量应符合表 1 的规定。

机器的门、盖与机器的结合面应贴合，贴合缝隙值不应大于表 1 的规定。

机器的电气柜、电气箱等的门、盖周边与其相关件的缝隙应均匀，缝隙不均匀值不应大于表 1 的规定。

表 1

单位为毫米

结合面边缘及门、盖边长尺寸	错位量	错位不均匀量	贴合缝隙值	缝隙不均匀值
≤315	1	0.5	0.5	0.5
>315～500	2	1	1	1
>500～1 250	3	1	1.5	1.5
>1 250～2 500	4	1.5	2	2
>2 500	5	2	—	—
注 1：当配合面边缘及门、盖边长的长、宽不一致时，按长边尺寸确定允许值。 注 2：错位不均匀量指外露结合面边缘同一边或对应边最大错位量与最小错位量的差值。 注 3：缝隙不均匀值指门、盖间对开缝或其相对机器本体间最大缝隙值与最小缝隙值的差值。				

5.5 机器外露零件表面不应有磕碰、锈蚀。螺钉、铆钉、销子端部不应有扭伤、锤伤等缺陷。

5.6 金属手轮轮缘和操作手柄应有防护层。

5.7 电镀件、发黑件色调应一致，保护层应完整，不应有褪色、脱落现象。

5.8 机器上的各种管路、线路应布置紧凑、排列整齐、固定牢靠，不应与其他零部件发生干涉现象，也不应产生扭曲、折叠等现象。

5.9 机器零件的涂漆应符合有关标准和技术文件的规定。

5.10 机器上的各种标牌应清晰、耐久。产品铭牌应固定在机器明显的位置，并应平整牢固、不歪斜。

6 试验方法

6.1 机器检验的基本要求

6.1.1 机器检验时，应注意防止气流、光线和热辐射等外部干扰。

6.1.2 机器应防止受环境温度变化的影响，有环境温度要求的应在其规定条件下进行检验。

6.1.3 检验前，应将机器安置在适当的基础上，按照制造厂的使用说明书调平机器，并应符合相应精度检验标准中规定的安装要求。

6.1.4 检验过程中，不应调整影响机器精度和性能的结构和零件。用地脚螺栓紧固的机器，在检验过程中不应重新调整安装水平，否则应复检调整后受到影响的有关项目。

6.1.5 检验一般应在制造完毕的成品上进行，特殊情况下可按使用说明书拆卸某些零部件。

6.1.6 机器由于结构的限制或不具备规定的测试工具时，可用与标准等同效果的方法代替。

6.2 基本参数和尺寸规格的检验

基本参数和尺寸规格应符合有关机器参数标准、尺寸连接标准的规定；如无标准，则应符合经规定程序批准的图样和技术文件的规定。

6.3 基本性能试验

机器在试验过程中，应进行下列项目检验：

a) 安全装置的可靠性；

b) 各种操作项目；

c) 各种部件的调整、调节装置的可靠性；

d) 所有指示器、控制装置、传感器、数显装置等的准确性与可靠性；

e) 各种配套装置及其动作的灵活性、协调性与可靠性；
f) 液压、气动、冷却、润滑系统及电气系统的灵敏度、密封性及可靠性；
g) 各种联锁；
h) 监控装置的灵敏度、稳定性和可靠性。

6.4 配套、成套检验

检验机器的配套性和成套性，应符合本标准 3.4、3.5 的规定。

6.5 安全与卫生

检验机器的安全与卫生应符合本标准 3.6 的规定。

6.6 加工和装配质量检验

机器的加工和装配质量检验应符合本标准的第 4 章的规定。

6.7 外观检验

机器的外观检验应符合第 5 章的规定。

6.8 空运转试验

6.8.1 每台机器应在无负荷状态下进行空运转试验，其连续空运转时间不应少于 4 h。连续运转试验过程中不应发生故障，如出现异常或故障，在查明原因进行调整或排除后，应重新开始试验。试验时，自动循环应包括所有功能和全部工作范围，各次自动循环之间的休止时间不应大于 1 min。

6.8.2 在主轴轴承达到稳定温度时，检验主轴轴承的温升和最高温度，其值应不超过表 2 的规定。

表 2

单位为摄氏度

轴承形式	最高温度	温升
滑动轴承	60	25
滚动轴承	70	35

6.8.3 在额定工作压力下使系统连续运行至油液达到热平衡后，检验油液的温度和温升，其温度最高不应高于 55 ℃。

6.8.4 自动、手动操纵机构，动作应灵活、准确、可靠。

6.8.5 调整机构、夹紧机构、读数指示器和其他装置，应平稳、准确、灵敏、可靠。

6.8.6 机器的工作机构与操纵机构，动作应灵活可靠、相互协调、运转平稳和无不正常声响。

6.8.7 在空运转条件下，机器的噪声应按 JB/T 6331.1 或 JB/T 6331.2 的规定进行检验。

6.8.8 机器的清洁度应按 JB/T 5365.1 或 JB/T 5365.2 的规定进行检验。

6.8.9 机器的安全装置按 GB 20905 的规定进行检验。

6.8.10 机器的电气系统应按 GB 5226.1 的规定进行检验。

6.8.11 机器数控系统应按 JB/T 8832 的规定进行检验。

6.8.12 机器的液压、气动、冷却和润滑系统应符合 3.8 的规定。

6.9 负荷试验

6.9.1 成批生产的定型产品允许抽检，抽检台数和试验时间应根据批量大小、制造质量情况，在其产品标准中做出规定。

6.9.2 机器应根据性能和类型进行最大负荷、生产率、最大工作行程和其他指标进行试验。

6.9.3 机器的工作机构均应在额定负荷下进行试验，动作应相互协调、灵活可靠、运转平稳和无不正常声响，并应符合设计的要求。

6.9.4 机器的安全防护装置和劳动防护装置应灵敏可靠。

6.9.5 凡制造厂因条件限制，暂时无法进行试验检验的项目，在征得用户同意后，允许与用户共同考核。

6.10 精度检验

6.10.1 将机器安装和调整好，使机器处于工作状态位置。

6.10.2 精度检测方法应符合各类产品标准的规定。

6.10.3 每台机器在空运转试验或负荷试验前后均应检测其几何精度。检测过程中，不允许对影响精度的机构和零件进行调整。实测数值，应记入检验单中。

6.11 包装检验

机器的包装检验应符合 8.1～8.4 的规定。

6.12 可靠性检验

成批生产的机器，应在生产厂或用户厂进行考核。

6.13 其他

按机器的技术文件或供需双方合同中所列的其他内容检验。

7 检验规则

7.1 出厂检验

7.1.1 每台机器应在制造厂经检验合格后方能出厂，并应附有合格证明书。

7.1.2 机器的出厂检验项目一般包括以下内容：

a） 基本参数和尺寸规格；

b） 基本性能；

c） 加工和装配质量；

d） 精度；

e） 外观；

f） 空运转；

g） 包装；

h） 随机文件及附件。

7.2 型式检验

7.2.1 有下列情况之一时，应进行型式检验：

a） 新产品或老产品转厂生产的试验定型鉴定时；

b） 正式生产后如结构、工艺、材料有较大改变可能影响产品性能时；

c） 正常生产时，每三年进行一次；

d） 停产二年以上、恢复正常生产时；

e) 国家质量监督机构提出型式试验要求时。

7.2.2 型式试验时抽验样品的数量：当每批产量小于等于10台时抽检样品一台；当每批产量大于10台时抽检样品2台。

7.2.3 型式试验应对本标准中所有项目进行检验，所检验项目应全部合格。

8 标志、包装、运输和贮存

8.1 包装储运图示应符合GB/T 191的规定。

8.2 机器在包装前，应进行防锈处理。防锈要求应符合有关标准的规定。

8.3 机器的包装应符合JB/T 8356.1和JB/T 8356.2的规定或合同要求。

8.4 对造型线用的运输小车、辊道架、清理设备的室体、地坪等粗大的零部件，在进行防锈处理后，允许捆扎包装，但应有编号和标志。

8.5 机器的运输应符合铁路、公路、水路运输及机械化装载的规定。

8.6 机器的贮存应采取防潮防锈措施。

ICS 25.120.30
J 61

中华人民共和国国家标准

GB/T 25712—2010

振动时效工艺参数选择及效果评定方法

Vibratory stress relief technology—Parameter selection and effect evaluation methods

2010-12-23 发布 2011-07-01 实施

中华人民共和国国家质量监督检验检疫总局
中国国家标准化管理委员会 发布

前 言

本标准按照 GB/T 1.1—2009 给出的规则起草。

本标准由中国机械工业联合会提出。

本标准由全国铸造机械标准化技术委员会(SAC/TC 186)归口。

本标准起草单位:济南西格马科技有限公司、济南铸造锻压机械研究所。

本标准主要起草人:汤小牛、刘久明、卢军。

振动时效工艺参数选择及效果评定方法

1 范围

本标准规定了振动时效工艺参数的选择及技术要求和振动时效效果评定方法。

本标准适用于以碳素结构钢、低合金钢、不锈钢、铸铁、有色金属(铜、铝、钛及其合金)等材质的铸件、锻件、焊接件、模具、机加工件的振动时效工艺及其装置。

2 规范性引用文件

下列文件对于本文件的应用是必不可少的。凡是注日期的引用文件,仅注日期的版本适用于本文件。凡是不注日期的引用文件,其最新版本(包括所有的修改单)适用于本文件。

GB/T 25713 机械式振动时效装置

3 术语和定义

GB/T 25713 中界定的以及下列术语和定义适用于本文件。

3.1

全程扫频和局部扫频 span scanning & local scanning

时效装置从最低转速到当前偏心矩下最大转速全范围内扫频称全程扫频。

时效装置在当前偏心矩下某一段转速范围内扫频称局部扫频。

3.2

振型 vibration mode

工件受某一频率激励产生共振,在其某一点位移达到最大值的瞬间,工件各点的位移形成的线或面称为振型。

3.3

节点和节线 vibration node & vibration nodal line

工件共振时,振型上振幅最小处称为该振型的节点,简称节点。

节点连成的线称为该振型的节线,简称节线。共振时,工件可能有多个节点或节线。

3.4

振型有效区 effective area of vibration mode

工件共振时,在工件相邻节线之间或相交节线所围区域内,其动应力等效值在该区域内动应力等效值峰值的 0.707 倍以上的区域称为该振型的振型有效区,简称振型有效区。

3.5

有效频率和有效振型 effective vibration frequency & effective vibration mode

工件以某频率共振,若其振型有效区能覆盖工件被重点关注区域或其残余应力较大区域,则该频率对应的振型称为有效振型,该共振频率称为有效频率。

3.6

时效频率 eging frequency

当选定某一有效振型对工件进行时效时,为使振型有效区的动应力等效值峰值达到一定数值,在该有效振型对应的有效频率的亚共振频率区内具体选择的激振频率称为时效频率。

3.7

残余应力等效值　equivalent residual stress

在平面残余应力场中，为方便比较各点残余应力大小或判定某点的屈服状态，可把二维状态的残余应力等效成一维残余应力，然后直接用它去对各点进行比较或评判屈服状态，该一维残余应力即残余应力等效值，记为 $\bar{\sigma}$，$\bar{\sigma}=\sqrt{\sigma_1 \cdot \sigma_1+\sigma_2 \cdot \sigma_2-\sigma_1 \cdot \sigma_2}$，其中，$\sigma_1$ 为残余应力最大主应力，单位为兆帕(MPa)；σ_2 为残余应力最小主应力，单位为兆帕(MPa)。

3.8

残余应力水平　residual stress level

在工件某区域内按一定原则选取多个检测点，这些点的残余应力等效值的平均值称为该区域的残余应力水平，单位为兆帕(MPa)。

3.9

应力消除率　ratio of stress relief

某区域的应力消除率＝(时效前该区域残余应力水平－时效后该区域残余应力水平)/时效前该区域残余应力水平×100％。

3.10

应力均化率　rate of stress leveling

在某区域的所有检测点中，对残余应力等效值大于该区域残余应力水平的每一个点，用其残余应力等效值减去该区域残余应力水平，所有差值中的最大值称为该区域的残余应力离散度，单位为兆帕(MPa)。

时效后某区域的应力均化率＝(时效前该区域残余应力离散度－时效后该区域残余应力离散度)/时效前该区域残余应力离散度×100％。

4　工艺参数选择及技术要求

4.1　振前分析

4.1.1　根据工件的结构、尺寸、材质、时效要求、残余应力场分布，分析判断工件时效时所需有效振型；必要时分析工件的工况、工作应力大小与分布及其失效形式。

4.1.2　工件不应有超过标准规定的缩孔、夹渣、裂纹及虚焊等缺陷。

4.2　振前准备

4.2.1　在预测的有效振型的节线附近弹性支撑工件，支撑点应尽量少，工件的支撑应平稳、安全。

4.2.2　特殊工件的支撑以振动阻力小且平稳为准。

4.2.3　激振器应固定装在工件的刚性较大且位于端角或边缘处。

4.2.4　加速度传感器应固定在远离激振器且位于工件端角或边缘处。

4.3　确定工艺参数

4.3.1　从0％偏心矩开始、以10％为间隔、依次由小到大，每次进行全程扫频；当工件出现较明显的共振后，停止调整偏心矩。

4.3.2　以可出现共振的偏心矩进行全程扫频，找出该偏心矩下最大转速范围内所有共振频率。然后，把激振器转速调到每个共振频率处，观察并确认该共振频率对应的振型、节线及振型有效区；根据工件残余应力分布或重点关注区确定该工件时效所需的有效振型、有效频率及扫频范围。

4.3.3　按有效振型，把支撑点调整到节线处；把加速度传感器调整到工件上有一定刚性且振幅较大处，把其测试方向调整到与振型有效区所在平面垂直；把激振器调整到工件刚性较大且振幅较大处、且使其旋转轴与振型有效区所在平面平行。

4.3.4 以有效频率激振工件，再次调节偏心矩。调节的原则是：装置不过载且工件被关注部位产生的动应力等效值的峰值介于该部位工作应力等效值峰值的1/3～2/3之间。

4.4 时效处理

4.4.1 对工件进行振动，在准备时效的有效频率左右，进行振前局部扫频，打印该有效频率的振前局部扫频曲线。

4.4.2 在有效频率的亚共振区选择时效频率振动工件。该时效频率下工件被关注部位动应力的等效值峰值应介于该部位工作应力等效值峰值的1/3～2/3之间；或者，在不使工件产生疲劳损伤前提下，铸件选择(10～40)MPa，锻件、焊接件、机加工件选择(20～80)MPa。

4.4.3 用时效频率振动工件并打印时效频率下的时效曲线；或以初始时效频率下加速度值为一固定值并使该加速度值在时效过程中保持不变，打印跟踪曲线。

4.4.4 需要用多阶有效频率振动时，应打印每次的时效曲线或跟踪曲线。

4.4.5 对工件时效过的有效频率进行振后局部扫频并打印局部扫频曲线。

4.4.6 有些工件可作多点激振处理。是否调整支撑点、传感器安装位置由用户根据工艺要求决定。

4.4.7 时效时间确定：

当a-t曲线或n-t曲线出现5.1.2中a)或b)或g)的情况后让电动机再持续旋转3 min后结束时效。一般累计振动时间不应超过40 min。

4.5 振动台时效

4.5.1 对于无法直接激振及有特殊要求的工件，应选择振动台时效。

4.5.2 按4.1.1对工件做振前分析，根据工艺要求装卡，可选择工件在振动台上悬臂、单个工件与振动台固定、多个工件之间以串、并联方式联结再与振动台固定成一个整体等联结方式。

4.5.3 装卡系统应方便、快速、牢固，装卡应避开节线。

4.5.4 按振动台与工件组成的整体振型支撑、装卡、试振。

4.5.5 进行振前扫频、时效、振后扫频并打印相关曲线数据。

4.6 悬臂时效

4.6.1 对某些弹性支撑方式共振频率基频较高的工件，可选择悬臂方式降频。

4.6.2 按4.1.1对工件做振前分析。

4.6.3 将工件需重点时效的一端固定在高刚性、大质量的物体边缘，激振器、传感器固定在另一端。

4.6.4 按4.3确定工艺参数。

4.6.5 进行振前扫频、时效、振后扫频并打印相关曲线数据。

4.7 串联时效

对某些弹性支撑方式共振频率基频较高的工件，可选择多件串联方式降频，然后完全参照4.1～4.4进行。

5 效果评定方法

5.1 参数曲线观测法

5.1.1 可根据振动时效中打印的时效曲线（a-t曲线）或跟踪曲线（n-t曲线）或振后扫频曲线（a-n曲线）相对振前扫频曲线的变化来监测时效效果。

5.1.2　当与时效频率相关的曲线出现下列情况之一时，即可判定该时效频率的振型有效区覆盖的工件区域已达到了时效效果：

a)　a-t 曲线上升后变平；

b)　a-t 曲线上升后下降然后变平；

c)　振后 a-n 曲线加速度峰值比振前升高；

d)　振后 a-n 曲线的共振频率比振前降低；

e)　振后 a-n 曲线的带宽比振前变窄；

f)　振后 a-n 曲线的共振峰有裂变现象发生；

g)　n-t 曲线下降后变平。

5.2　工件尺寸稳定性检测法

可将振动时效后工件与不时效或热时效工件进行下列项目之一的比较：精加工后精度、长期放置精度、加动载荷后精度、切割释放变形，结果应达到工艺要求。

5.3　残余应力检测法

5.3.1　可在时效前及时效后利用盲孔法或X射线衍射法对工件进行残余应力测试、对比。

5.3.2　可根据工艺要求取多个应力检测区，也可根据预测按残余应力主应力取向、正负或幅值分类取多个应力检测区。

5.3.3　每个应力检测区，被振工件时效前、时效后的残余应力检测点数均应大于5个。

5.3.4　检测点应处于至少一个已实施的时效频率对应的振型有效区。

5.3.5　对于盲孔法，测试时，应把钻孔工艺针对工件具体材质引起的附加应变去除，还应考虑应变释放随时间的影响；检测点在10倍盲孔直径范围内的应力梯度不应太大，时效后测点与时效前测点间距应在盲孔直径的5倍到10倍之间。

5.3.6　在对工件时效前后的残余应力分布通过列表、绘图等方式进行分析、比较时，除采用最大主应力、最小主应力及最大主应力方向外，还应采用残余应力等效值、残余应力水平、应力消除率、应力均化率等概念。但是，对某一个应力检测区，若时效前该区域残余应力水平小于工件材质的屈服极限的1/5，则不计算该区域应力消除率；若时效前该区域残余应力离散度小于工件材质的屈服极限的1/5时，则不计算该区域应力均化率。

5.3.7　时效后，至少有一个应力检测区：残余应力水平应该变低，焊接件的应力消除率应大于30%，铸件、锻件、模具、机加工件的应力消除率应大于20%；或者，应力均化率应大于20%。

ICS 25.120.30
J 61

中华人民共和国国家标准

GB/T 25713—2010

机械式振动时效装置

Machinery vibrating stress relief device

2010-12-23 发布　　2011-07-01 实施

中华人民共和国国家质量监督检验检疫总局
中国国家标准化管理委员会　发布

前　言

本标准按照 GB/T 1.1—2009 给出的规则起草。

本标准由中国机械工业联合会提出。

本标准由全国铸造机械标准化技术委员会(SAC/TC 186)归口。

本标准起草单位:济南西格马科技有限公司、济南铸造锻压机械研究所有限公司。

本标准主要起草人:刘久明、汤小牛、卢军。

机械式振动时效装置

1 范围

本标准规定了机械式振动时效装置的术语和定义、基本参数、技术要求、试验方法和检验规则以及包装、标志与储运等。

本标准适用于以碳素结构钢、低合金钢、不锈钢、铸铁、有色金属(铜、铝、钛及其合金)等材质的铸件、锻件、焊接件、模具、机加工件为处理对象的机械式振动时效装置(以下简称"装置")。

2 规范性引用文件

下列文件对于本文件的应用是必不可少的。凡是注日期的引用文件,仅注日期的版本适用于本文件。凡是不注日期的引用文件,其最新版本(包括所有的修改单)适用于本文件。

GB/T 191 包装储运图示标志

GB 5226.1 机械电气安全 机械电气设备 第1部分:通用技术条件

GB/T 6388 运输包装发货标志

GB/T 9969 工业产品使用说明书 总则

GB/T 13384 机电产品包装 通用技术条件

GB/T 17626.2 试验和测量技术 静电放电抗扰性试验

GB/T 17626.4—2008 试验和测量技术 快速瞬变电脉冲群抗扰性试验

JB/T 3000 铸造设备 型号编制方法

JB/T 6331.2 铸造机械噪声的测定方法 声压级测定

3 术语和定义

下列术语和定义适用于本文件。

3.1

扫频 scanning

固定偏心矩,将激振器的转速由低调高的过程。

3.2

扫频曲线 scanning curve

激振装置的频率由低向高均匀升速过程中,工件被检测点的加速度值随激振频率或激振器转速变化的曲线称为扫频曲线,简记 a-n 曲线,其中,a 为加速度(单位:m/s^2);n 为激振器转速(单位:r/min)。

3.3

时效时间和时效曲线 aging time & aging curve

当激振器的转速稳定在某一数值上后,持续的时间称为时效时间;其间,反映加速度随时效时间变化的曲线,称为时效曲线,简记 a-t 曲线,其中,a 为加速度(单位:m/s^2),t 为时效时间(单位:min)。

3.4

跟踪曲线 tracking curve

以初始时效频率处加速度值为一固定值,控制该加速度值在时效过程中保持不变,需要不断调节激振器转速。该转速随时间变化的曲线称为跟踪曲线，简记 n-t 曲线，其中，n 为激振器转速，t 为时效时间。

3.5

激振器和卡具　exciter & clamper

产生振动并能把振动传递给结构体和装置的机械称激振器。机械式振动时效装置专用的激振器由可调速电动机与受其驱动的偏心箱组成。电动机上有测速装置；偏心箱外部有对应不同偏心量(以占最大偏心矩的百分比表示)的刻度，据此可灵活、准确地调节偏心矩。

把激振器固定在被振工件上的专用工具称卡具，一般为C形。

4　基本参数

4.1　装置的主参数为30%偏心矩时设备所能达到的最大转速。

4.2　装置的基本参数应符合表1的规定。

表1　机械式振动时效装置基本参数

项目	基本参数		
30%偏心矩时最大转速/(r/min)	10 000	8 000	6 000
30%偏心矩时转速范围/(r/min)	1 000～10 000	1 000～8 000	1 000～6 000
100%偏心矩时转速范围/(r/min)	1 000～5 000	1 000～4 000	1 000～3 000
电动机额定功率/W	600～1 500	1 000～2 500	2 000～4 000
稳速精度/(r/min)	1		
激振器的最大偏心矩范围/(N·m)	0.01～0.02	0.03～0.07	0.1～0.3
控制箱加速度显示范围/(m/s^2)	0～255	0～255	0～255

4.3　装置的型号应符合JB/T 3000的规定。

5　技术要求

5.1　一般要求

5.1.1　装置应符合本文件的规定，并按经规定程序批准的图样及技术文件制造。

5.1.2　装置的参数推荐按第4章规定的参数优先选用。

5.1.3　装置在下列条件下使用，应能正常工作：

a)　环境温度：－20 ℃～40 ℃；

b)　相对湿度：不应大于80%(25 ℃)；

c)　电源：交流220 V，50 Hz。

5.1.4　装置表面油漆应无污损、碰坏和裂痕等现象。

5.1.5　电气系统应符合GB 5226.1的规定。

5.1.6　随机技术文件应包含产品使用说明书、产品合格证和装箱单，随机技术文件的编制应符合GB/T 9969的规定。

5.2　激振器

5.2.1　偏心箱与电动机连接的结构应安全、可靠。

5.2.2 偏心矩的挡位刻线应清晰、准确，数字标记应与刻线对正。

5.2.3 调整偏心时，活动偏心块应灵活，无卡阻现象，偏心块调整后应锁定可靠。

5.2.4 轴承应密封防尘，润滑脂应清洁。

5.2.5 激振器应有转向指示。

5.2.6 电动机应符合有关标准的规定。

5.2.7 电动机的电枢线与测速线应通过不同的航空插头引出。

5.3 控制箱

5.3.1 控制箱应能同时显示电动机转速值、加速度值、电动机电流值、时效时间。

5.3.2 控制箱各部分显示与记录应清晰、完整。

5.3.3 在扫频时，控制箱应能同时打印出扫频曲线（即 a-n 曲线），在扫频结束后，应能打印出扫频区间内的各阶共振频率所对应的转速和加速度值。

5.3.4 在振动时效过程中，控制箱应能在时效的同时打印出时效曲线（即 a-t 曲线），在时效结束时能打印出时效转速、时效时间等数据；或者，应能在时效的同时打印出跟踪曲线（即 n-t 曲线），在时效结束时能打印出时效时对加速度开始跟踪和结束跟踪时的转速、时间等数据。

5.3.5 在振动时效过程中，控制箱应能在不停机下对转速区间内所有峰值逐个分别进行时效，并能同时打印每个峰值的时效曲线或跟踪曲线。

5.3.6 控制箱的各操作按键或按钮应灵活、可靠。

5.3.7 过流时，应自动停机并警示。

5.3.8 控制箱的加速度显示精度、加速度重复显示精度应分别满足下列要求：

$$\Delta a \leqslant |2.5\%B + d| \quad \cdots\cdots(1)$$

$$\Delta \bar{a} \leqslant |2.5\%B + d| \quad \cdots\cdots(2)$$

式中：

Δa ——加速度显示精度，单位为米每二次方秒（m/s^2）；

$\Delta \bar{a}$ ——加速度重复显示精度，单位为米每二次方秒（m/s^2）；

B ——输入电压的名义加速度值，单位为米每二次方秒（m/s^2）；

d ——控制箱的加速度显示分辨率，单位为米每二次方秒（m/s^2）。

5.3.9 控制箱的加速度零点漂移应小于（2 m/s^2）/h。

5.3.10 控制箱应具有工作转速区间、电流保护范围及各种自动工艺方案等设置功能。

5.3.11 控制箱应具有针对工艺参数及过程的纸质打印记录或可电子保存等功能。

5.3.12 按键应经久耐用。

5.3.13 打印机应经久耐用。

5.3.14 控制箱应通过老化试验、高低温环境试验，试验后各种控制功能应正常；控制箱还应通过电源过压试验和欠压试验：试验中，加速度显示精度应满足 5.3.8 要求，稳速精度不应大于 1 r/min。

5.3.15 控制箱应通过下列安全性试验：

a） 绝缘电阻测试，绝缘电阻不应低于 5 MΩ；

b） 交流 1 500 V 耐压测试，试验时间 1 min，试验后各种控制功能应正常；

c） 泄漏电流测试，泄漏电流应小于 3.5 mA。

5.3.16 控制箱应通过下列电磁兼容试验：

a） 控制箱应按 GB/T 17626.2 的要求进行静电放电抗扰度测试，试验严酷等级：3 级。试验时各种控制功能应正常。

b） 控制箱应按 GB/T 17626.4 的要求进行电快速瞬变脉冲群抗扰度测试，试验严酷等级：3 级。试验时各种控制功能应正常。

5.3.17 控制箱应进行包装跌落试验：在正常出厂包装条件下，在150 mm高处跌落；打开包装后，控制箱机壳不能有明显变形，各种控制功能应正常。

5.4 空运转要求

5.4.1 激振器安装在标准基础上，偏心矩调到0%，激振器在最高转速进行空运转试验，空运转时间不应少于4 h。

5.4.2 所有转动部分应灵活，无停滞现象，无异常声响。

5.4.3 紧固件应牢固无松动。

5.4.4 装置的噪声声压级不应大于80 dB(A)。

5.4.5 在额定转速下，激振器连续运转2 h，其温升不应超过35 ℃，最高温度不应高于70 ℃。

5.5 负荷运转要求

5.5.1 负荷运转试验前应进行空运转试验。

5.5.2 激振器偏心矩调到100%，装置在100%偏心矩最大转速处须能连续工作20 min；偏心矩调到30%，装置在30%偏心矩最大转速处须能连续工作1 h。

5.5.3 偏心矩调到100%，电动机消耗的功率不应大于其额定功率。

5.5.4 在5.5.2中两种情况下，在工作转速区间内任意转速下的稳速精度不应大于1 r/min。

5.6 加速度传感器及磁座

5.6.1 加速度传感器频响范围应满足(10～300)Hz、(0～500)m/s^2，质量应小于50 g。

5.6.2 磁座吸力应达到抗剪切力100 N，质量应小于50 g。

5.6.3 传感器与磁座之间连接应牢固，振动过程中不能出现松动；传感器及磁座连接后的频响范围应大于500Hz。

5.7 卡具

针对表1所规定的三组基本参数，卡具在弹性范围内最大卡紧力分别应大于：100 kN、200 kN、300 kN。

5.8 减振胶垫

针对表1所规定的三组基本参数，设备所配备的所有减振胶垫在弹性范围内的总承载质量应分别不低于：12 t、20 t、35 t。

5.9 电缆及屏蔽线

电缆及屏蔽线外层应耐磨、并具有一定强度及良好的绝缘、屏蔽性能；其长度应一致，不应短于5 m。

6 试验方法

6.1 空运转试验与负荷试验

6.1.1 做一个标准基础：刚性足够大、外部(0～300)Hz、(0～50)kN的激励不应影响其牢固性。

6.1.2 激振器安装在标准基础上，偏心矩调到100%，检测控制箱过流保护前激振器所能达到的最大转速，在该转速时设备应能连续工作20 min，该转速不应小于设备标明的100%偏心矩时最大转速；偏心矩调到30%，检测控制箱过流保护前激振器所能达到的最大转速，在该转速时设备须能连续工作1 h，该转速不应小于设备标明的30%偏心矩时最大转速。

6.2 过流试验

将激振器的偏心块调整到某档位，手动或自动调整电动机转速，当电动机电流达到过流保护值时，装置应自动停机并报警。重新开机后装置在未达到过流保护值时还应能正常工作。

6.3 噪声的测定

在空运转条件下，将激振器的偏心矩调零并置于胶垫上，调整其转速至最高值，按JB/T 6331.2规定方法进行测定。

6.4 装置稳速精度的测定

将激振器安装在6.1.1所述标准基础上，偏心矩调到30%；以1 000 r/min为间隔量，将电动机的转速依次设定在1 000 r/min、2 000 r/min……直至30%偏心矩时最大转速处；在每个设定转速处，用数字转速表测定电动机的转速，每隔1 min记录一次电动机的测定转速和装置显示转速，共测10次，下列三种情况的较大者即是装置在当前转速下的稳速精度：

a) 电动机的实测转速与实测转速平均值的差值绝对值的最大值；

b) 控制箱显示的转速与显示转速平均值的差值绝对值的最大值；

c) 电动机实测转速平均值与控制箱显示转速平均值的差值绝对值。

注：实测/显示转速平均值为10次实测/显示转速值的算术平均值。

最后，比较装置在上述各个测试转速下的稳速精度，取其中最大值作为装置稳速精度。

6.5 加速度显示精度与加速度重复显示精度试验

在环境温度为25 ℃时，用标准信号发生器输出100 Hz左右的正弦信号，经100 pF电容器输入到加速度显示器。

输入电压为0.5 V、1.0 V、1.5 V、2.0 V时，记录其相应加速度数字显示值，按式(3)、式(4)、式(5)和式(6)进行计算：

$$S_{ai}=a_i/V_i \quad\cdots\cdots(3)$$

式中：

S_{ai}——第i次输入电压的装置加速度灵敏度，单位为米每二次方秒每伏[$(m/s^2)/V$]；

a_i——第i次输入电压的相应加速度数字显示值，单位为米每二次方秒(m/s^2)；

V_i——第i次输入的电压，单位为伏(V)。

$$S_a=\frac{1}{4}\sum_{i=1}^{4}S_{ai} \quad\cdots\cdots(4)$$

式中：

S_a——装置加速度灵敏度平均值，单位为米每二次方秒每伏[$(m/s^2)/V$]。

$$B_i=S_aV_i \quad\cdots\cdots(5)$$

式中：

B_i——第i次输入电压的名义加速度值，单位为米每二次方秒(m/s^2)。

$$\Delta a_i=|(B_i-a_i)+d| \quad\cdots\cdots(6)$$

式中：

Δa_i——第i次输入电压的加速度偏差，单位为米每二次方秒(m/s^2)；

d ——同 5.3.8,符号应取与$(B_i - a_i)$相一致。

取 Δa_i 中最大值为装置的加速度显示精度,记为 Δa。

在 10 min 内,输入电压在 0.0 V 与 1.5 V 之间反复切换 10 次时,记录每次在 1.5 V 时相应的稳定的加速度数字显示值;求 10 次显示值分别与这 10 次显示值的算术平均值之差的绝对值,取其中的最大值作为加速度重复显示精度,记为 $\Delta\bar{a}$。

6.6 加速度零漂试验

在环境温度为 25 ℃时,将激振器的偏心块调零,加速度传感器固定于静止的物体上。打开装置电源,将电动机的转速调至 2 000 r/min ,并运行 1 h,取此期间装置显示的加速度最大值和最小值的差值作为加速度零点漂移值。

6.7 激振器温升的测定

在空运转条件下,将激振器置于胶垫上,将转速调至最大并连续运转 2 h,用测温仪测量激振器外壳,取其最大值加 3 ℃修正值,即激振器的最高温度,其最高温度与环境温度的差值,即为激振器的温升。

6.8 控制箱环境试验

6.8.1 整机老化试验

控制箱应在老化箱内、50%相对湿度下、50 ℃时连续通电 24 h。

6.8.2 高低温环境试验

控制箱应在高低温环境试验箱内、50%相对湿度下、0 ℃和 50 ℃分别通电 2 h。

6.8.3 整机电源过压、欠压试验

过压试验时,给控制箱提供 250 V 交流电,按 6.5 测定装置的加速度显示精度,按 6.4 测定装置在电动机转速为 2 000 r/min 时的稳速精度。

欠压试验同上,差别是给控制箱提供 190 V 交流电。

6.9 整机安全性试验

6.9.1 整机绝缘电阻测试

按 GB 5226.1 的要求用绝缘电阻测试仪对控制箱进行测试。试验时断开电源,但应使电源开关位于接通位置。对火线、零线分别与控制箱接地端及金属外壳可接触部位进行测试,绝缘电阻不应低于 5 MΩ。

6.9.2 耐压试验

按 GB 5226.1 的要求采用耐压试验仪对控制箱进行绝缘强度试验,试验电压为交流 1 500 V (50 Hz)、1 min。

6.9.3 泄漏电流试验

按 GB 5226.1 的要求将泄漏电流自动测试仪与控制箱正确连接,在 250 V 交流电下进行测试。

7 检验规则

7.1 出厂检验

7.1.1 每台装置应经制造厂质检部门检验合格并附有产品质量合格证明书方可出厂。

7.1.2 出厂检验按5.1.4、5.1.6、5.2.1～5.2.5、5.2.7、5.3.1、5.3.2、5.3.6、5.3.7、5.4.2～5.4.4规定的项目进行检验，所检项目应合格。

7.2 型式试验

7.2.1 有下列情况之一时，应进行型式试验：

a) 新产品或老产品转产的试制定型鉴定时；

b) 正式生产后如结构、材料、制造工艺有较大改变时；

c) 正常生产时应每3年进行一次型式试验；

d) 停产1年以上恢复生产时；

e) 国家质量监督机构提出型式试验要求时。

7.2.2 型式试验时，每次检验台数是当月批量的10%，但不应少于2台。

7.2.3 型式检验应为第4章和第5章规定的内容，所检项目应全部合格。

8 包装、标志与储运

装置的包装、标志与储运应符合GB/T 191、GB/T 6388和GB/T 13384的规定。

ICS 25.120.30
J 61

中华人民共和国国家标准

GB/T 25714.1—2010

铁液浇包　第1部分:型式与基本参数

Molten iron ladle—Part 1: Types and basic parameters

2010-12-23 发布　　　　2011-07-01 实施

中华人民共和国国家质量监督检验检疫总局
中国国家标准化管理委员会　发布

前　言

GB/T 25714《铁液浇包》分为两个部分：

——第1部分：型式与基本参数；

——第2部分：技术条件。

本部分为GB/T 25714的第1部分。

本部分按照GB/T 1.1—2009给出的规则起草。

本部分由中国机械工业联合会提出。

本部分由全国铸造机械标准化技术委员会(SAC/TC 186)归口。

本部分起草单位：青岛青力环保设备有限公司、青岛炉力环保冲天炉设备厂、威海工友铸造机械有限公司、青岛中智达环保熔炼设备有限公司、青岛聚盛源环保熔炼设备有限公司。

本部分主要起草人：于仁先、秦玉岐、迟英杰、段金挺、陈永祥。

铁液浇包 第1部分:型式与基本参数

1 范围

GB/T 25714的本部分规定了铁液浇包的额定容量、型式和基本参数。

本部分适用于铸造生产用圆台桶形铁液浇包(以下简称浇包)。

2 规范性引用文件

下列文件对于本文件的应用是必不可少的。凡是注日期的引用文件,仅注日期的版本适用于本文件。凡是不注日期的引用文件,其最新版本(包括所有的修改单)适用于本文件。

JB/T 3000 铸造设备型号编制方法

3 浇包的型式

3.1 浇包按出铁方式分为倾转式和底注式。

3.2 浇包按驱动方式分为手动、电动、液压、气动。

3.3 浇包按升降方式分为手动、电动和气动。

4 浇包的参数

4.1 浇包主参数为浇包的额定容量。

4.2 浇包的基本参数见表1。

表1 铁液浇包基本参数

额定容量 t	余隙高度 mm		搪衬厚度 mm		桶体厚度 mm	
	灰铁	球铁	侧部	底部	侧部	底部
0.3	50	80	40	50	5	5
0.5	50	80	40	50	5	5
0.75	50	80	45	50	5	5
1.0	60	90	50	60	5	5
1.5	70	100	60	70	5	5
2.0	80	120	60	80	6	6
2.5	80	120	60	80	6	6
3.0	90	130	70	90	6	6
4.0	100	150	80	100	6	6
5.0	110	150	80	110	8	8

表 1（续）

额定容量 t	余隙高度 mm		搪衬厚度 mm		桶体厚度 mm	
	灰铁	球铁	侧部	底部	侧部	底部
6.0	110	160	90	110	8	8
7.0	110	160	90	110	8	8
8.0	120	180	100	120	10	10
10	130	180	110	130	10	10
12	140	200	120	140	12	12
15	150	200	120	150	12	14
20	170	220	130	170	16	20
25	180	220	150	180	16	20
30	200	250	170	200	16	25
35	220	250	190	220	18	28
40	220	250	200	220	18	28
45	220	250	200	220	18	30
50	230	250	210	230	20	30
60	230	250	210	230	24	35
70	230	280	220	250	24	36
80	250	320	220	250	28	40
90	250	320	220	250	28	40
100	250	360	230	300	28	40
120	300	400	230	300	28	40
注：余隙高度是指桶体上口平面与额定容量铁液顶面的距离。						

5 浇包的型号

浇包型号应符合 JB/T 3000 的规定。

ICS 25.120.30
J 61

中华人民共和国国家标准

GB/T 25714.2—2010

铁液浇包　第2部分：技术条件

Molten iron ladle—Part 2: Technical requirements

2010-12-23 发布　　　　2011-07-01 实施

中华人民共和国国家质量监督检验检疫总局
中国国家标准化管理委员会　发布

前言

GB/T 25714《铁液浇包》分为两个部分：

——第1部分：型式与参数；

——第2部分：技术条件。

本部分为GB/T 25714的第2部分。

本部分按照GB/T 1.1—2009给出的规则起草。

本部分由中国机械工业联合会提出。

本部分由全国铸造机械标准化技术委员会(SAC/TC 186)归口。

本部分起草单位：青岛青力环保设备有限公司、青岛炉力环保冲天炉设备厂、威海工友铸造机械有限公司、青岛双捷金属结构有限公司、青岛中智达环保熔炼设备有限公司、青岛汉唐机械有限公司。

本部分主要起草人：于仁先、秦玉岐、迟英杰、王强辉、段金挺、于国华。

铁液浇包 第2部分:技术条件

1 范围

GB/T 25714 的本部分规定了铁液浇包的技术要求、试验方法、检验规则、包装、标志与储运。

本部分适用于铸造生产用铁液浇包(以下简称浇包)。

2 规范性引用文件

下列文件对于本文件的应用是必不可少的。凡是注日期的引用文件,仅注日期的版本适用于本文件。凡是不注日期的引用文件,其最新版本(包括所有的修改单)适用于本文件。

GB/T 699 优质碳素结构钢

GB/T 700 碳素结构钢

GB/T 985.1 气焊、焊条电弧焊、气体保护焊和高能束焊的推荐坡口

GB/T 985.2 埋弧焊的推荐坡口

GB/T 1184—1996 形状和位置公差 未注公差值

GB/T 1804—2000 一般公差 未注公差的线性和角度尺寸的公差

GB/T 3077 合金结构钢

GB 5226.1 机械电气安全 机械电气设备 第1部分:通用技术条件

GB/T 9439 灰铸铁件

GB/T 9969 工业产品使用说明书 总则

GB/T 11352 一般工程用铸造碳钢件

GB/T 13306 标牌

GB/T 16938 紧固件 螺栓、螺钉、螺柱和螺母通用技术条件

GB/T 25714.1 铁液浇包 第1部分:基本参数

JB/T 1644—2005 铸造机械 通用技术条件

JB/T 3000 铸造设备型号编制方法

JB/T 5000.15 重型机械通用技术条件 第15部分:锻钢件无损探伤

JB/T 9873 金属切削机床 焊接件通用技术条件

3 技术要求

3.1 一般要求

3.1.1 浇包应符合本标准和 JB/T 1644 的规定,并按经规定程序批准的图样及技术文件制造。

3.1.2 浇包的参数应优先按 GB/T 25714.1 的规定选用;特殊型式和参数按技术协议确定。

3.1.3 浇包的型号应按 JB/T 3000 的规定编制。

3.1.4 配置的电气系统应符合 GB 5226.1 的规定。

3.1.5 浇包的标牌应符合 GB/T 13306 的规定,标牌安装在吊杆外侧或包壳外侧不易损坏的明显处,标牌的内容应包括:

a) 产品名称;

b) 产品型号；

c) 浇包容量；

d) 制造厂名；

e) 制造日期。

3.1.6 随机技术文件的编制应符合 GB/T 9969 的规定。

3.2 使用性能要求

3.2.1 转动浇包倾转 360 ℃，转动应灵活自如，无卡阻现象。

3.2.2 当螺栓不作用时，浇包吊攀应能承受 2 倍额定负载。

3.2.3 浇包在 2 倍额定负载下操作不少于 5 次，不应出现异常现象。

3.3 制造要求

3.3.1 浇包的桶体、吊攀、横梁、吊杆所用材料应符合 GB/T 700 的规定。

3.3.2 浇包包轴座所用材料应符合 GB/T 11352 的规定。

3.3.3 浇包中所用合金结构钢应符合 GB/T 3077 的规定。

3.3.4 包轴所用材料力学性能不应低于 35 号钢并应符合 GB/T 699 的规定。

3.3.5 齿轮箱所用铸铁件应符合 GB/T 9439 的规定。

3.3.6 所有连接螺栓、螺钉应符合 GB/T 16938 的规定。

3.3.7 传动部分的精度应不低于相对应的标准中规定的 8 级精度。

3.3.8 机械加工零件的未注公差尺寸的极限偏差应符合 GB/T 1804—2000 中规定的 m 级要求，形状和位置公差应符合 GB/T 1184—1996 中规定的 12 级公差要求。

3.3.9 浇包桶体应开有透气孔，孔径应为 ϕ6 mm～ϕ12 mm，孔距应为 100 mm～300 mm。

3.3.10 浇包主安全卡与吊杆两侧间隙之和不应大于 5 mm。

3.3.11 包体尺寸允差应符合 GB/T 1804—2000 中规定的 V 级公差要求。

3.3.12 浇包所有焊接件的焊接接头应符合 GB/T 985.1 和 GB/T 985.2 的要求，焊接质量应符合 JB/T 9873 的要求。

3.3.13 包衬应设置占包衬厚度 20％～25％的保温层，保温层的设置应保持包衬的承载强度。

3.4 外观要求

3.4.1 浇包金属外表面应涂有防腐蚀层，涂层应均匀完整、无漏漆、腐蚀现象，包体内表面应用防锈底漆涂刷。

3.4.2 浇包外观应符合 JB/T 1644 的要求。

3.5 安全要求

3.5.1 浇包应能自锁或锁定，锁定装置应安全可靠。

3.5.2 浇包应设置安全卡，安全卡转动应灵活、安全、可靠，安全卡座与包体应焊牢。

3.5.3 承接铁液起吊前应将安全卡锁定。

3.5.4 吊攀、吊杆的强度设计安全系数不应小于 10，横梁、包轴的强度设计安全系数不应小于 5。在承受最大应力时，传动部分的安全系数不应低于 1.2。

3.5.5 包轴加工后应进行探伤检查，检查结果应符合 JB/T 5000.15 中的规定。

3.5.6 包衬侵蚀减薄增加的浇包增容不应超过浇包额定容量的 5％。

3.5.7 浇包的包轴和减速器应设置防止铁液溅入的安全防护装置。

4 试验方法

4.1 倾转角度试验

使浇包倾转，其倾转角度和性能应符合3.2.1的规定。

4.2 浇包装载试验

将浇包装载2倍额定容量的负载进行试验，装载的次数不应少于5次，应符合3.2.2和3.2.3的规定。

4.3 浇包安全卡与吊杆间隙的测定

浇包在加载前，用厚度塞规测量两吊杆内端与包轴座外端间的轴向间隙之和，然后加载额定负荷，再用厚度塞规测量上述轴向间隙之和，两次测量的差值，即为两吊杆内端与包轴座外端间的轴向间隙差值。

4.4 安全措施的检查

利用计算和/或图样分析来检查规定部件是否满足要求或者通过目视来检查是否达到应具备的要求和性能。

5 检验规则

5.1 出厂检验

5.1.1 每台浇包应经制造厂质检部门检验合格，并附有产品质量合格证明书方可出厂。

5.1.2 出厂检验按3.1.4～3.1.6、3.2.1、3.3.8～3.3.11、3.4规定的项目进行，所检项目应合格。

5.2 型式检验

5.2.1 有下列情况之一时，应进行型式检验：

a) 新产品或老产品转产的试制定型鉴定时；

b) 正式生产后如结构、材料、制造工艺有较大改变时；

c) 正常生产时应每两年进行一次；

d) 停产1年以上恢复生产时；

e) 国家质量监督机构提出型式检验要求时。

5.2.2 型式检验时抽检样品的数量：

——当每批产量小于或等于10台时抽检样品1台；

——当每批产量大于10台时抽检样品3台。

5.2.3 型式检验项目为本标准规定的全部项目，所检项目应全部合格。

5.2.4 当制造厂不具备型式检验条件时，允许在用户现场进行检验。

6 包装、标志与储运

浇包的包装、标志与储运应符合JB/T 1644—2005中7.1～7.5的规定。

ICS 25.120.30
J 61

中华人民共和国国家标准

GB/T 25715—2010

离心球墨铸管管模

Sphere nodular cast pipe mold finish machining project

2010-12-23 发布　　2011-07-01 实施

中华人民共和国国家质量监督检验检疫总局
中国国家标准化管理委员会　发布

前　　言

本标准按照 GB/T 1.1—2009 给出的规则起草。

本标准由中国机械工业联合会提出。

本标准由全国铸造机械标准化技术委员会(SAC/TC 186)归口。

本标准起草单位:山西多智管模制造有限公司、介休市质量技术监督局。

本标准主要起草人:任里、郝丕盛、宋丽娟、平京军、高年生、张锦元。

离心球墨铸管管模

1 范围

本标准规定了水冷金属型离心铸造球墨铸铁管管模规格、结构型式与尺寸、技术要求、试验方法、检验规则及标志、包装、运输、贮存。

本标准适用于以合金钢为原料，经锻造或挤压、机械加工、热处理等过程制成的离心球墨铸管管模（以下简称管模）。

2 规范性引用文件

下列文件对于本文件的应用是必不可少的。凡是注日期的引用文件，仅注日期的版本适用于本文件。凡是不注日期的引用文件，其最新版本（包括所有的修改单）适用于本文件。

GB/T 223.3 钢铁及合金化学分析方法 二安替比林甲烷磷钼酸重量法测定磷量

GB/T 223.11 钢铁及合金 铬含量的测定 可视滴定或电位滴淀法

GB/T 223.18 钢铁及合金化学分析方法 硫代硫酸钠分离-碘量法测定铜量

GB/T 223.23 钢铁及合金 镍含量的测定 丁二酮肟分光光度法

GB/T 223.26 钢铁及合金 钼含量的测定 硫氰酸盐分光光度法

GB/T 223.58 钢铁及合金化学分析方法-亚砷酸钠-亚硝酸钠滴定法测定锰量

GB/T 223.60 钢铁及合金化学分析方法 高氯酸脱水重量法测定硅含量

GB/T 223.68 钢铁及合金化学分析方法 管式炉内燃烧后碘酸钾滴定法测定硫含量

GB/T 223.71 钢铁及合金化学分析方法 管式炉内燃烧后重量法测定碳含量

GB/T 226—1991 钢的低倍组织及缺陷酸蚀检验法

GB/T 228 金属材料 室温拉伸试验方法

GB/T 229 金属材料 夏比摆锤冲击试验方法

GB/T 231.1 金属材料 布氏硬度试验 第1部分:试验方法

GB/T 1184—1996 形状和位置公差 未注公差值

GB/T 1804—2000 一般公差 未注公差的线性和角度尺寸的公差

GB/T 1979 结构钢低倍组织缺陷评级图

GB/T 5777—1996 无缝钢管超声波探伤检验方法

GB/T 10561—2005 钢中非金属夹杂物含量的测定 标准评级图显微检验法

GB/T 13295—2008 水及燃气管道用球墨铸铁管、管件和附件

GB/T 20066 钢和铁 化学分析测定用试样的取样和制样方法

JB/T 4730.4—2005 承压设备无损检测 第4部分:磁粉检测

3 术语和定义

下列术语和定义适用于本文件。

3.1

球墨铸铁　nodular cast iron

基体中的石墨呈球状的铸铁称为球墨铸铁。

3.2

插口　spigot

管或管件的凸状端口。

3.3

承口　socket

管或管件的凹状端口,连接下一部件的插口。

3.4

公称口径　nominal size

尺寸数值表征,对于管线的各种构件都是共同的,它是为了参考而用的一种方便的、经过修约的数字,与制造中所用的尺寸之间仅有对应关系。

4　规格、结构型式与尺寸

4.1　规格

4.1.1　管模的规格是以它所生产的球墨铸铁管的公称通径值为依据,管模的规格型号代号用公称口径 DN 和铸铁管内径表示,表示形式如下:

DN×××

其中,DN 表示管模代号(表示公称口径);×××表示球墨铸铁管的内径,单位为毫米(mm)。

4.1.2　管模的主要规格见表 1。

表 1　管模的主要规格

类别	直径/mm 和代号										
一类	ϕ100	ϕ150	ϕ200	ϕ300	ϕ400	ϕ500	ϕ600	ϕ700	ϕ800	ϕ1 000	ϕ1 200
	DN100	DN150	DN200	DN300	DN400	DN500	DN600	DN700	DN800	DN1000	DN1200
二类	ϕ80	ϕ250	ϕ350	ϕ450	ϕ550	ϕ650	ϕ750	ϕ850	ϕ900	ϕ1 100	—
	DN80	DN250	DN350	DN450	DN550	DN650	DN750	DN850	DN900	DN1100	—

4.2　结构型式

4.2.1　管模主要接口结构按球铁管接口型式分为 N1 型、X 型、S 型及 T 型,具体尺寸可参考 GB/T 13295—2008中的第 3 章分类及分级。

4.2.2　管模的结构型式如图 1 所示。

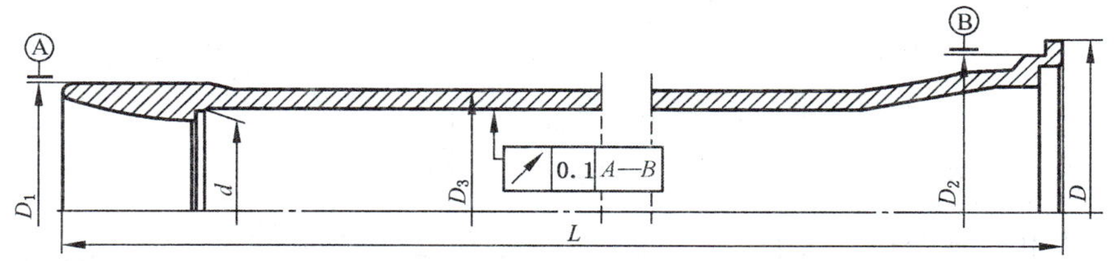

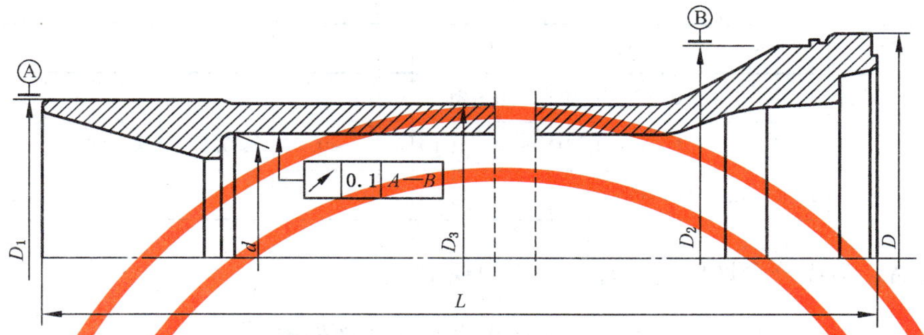

说明：

D ——管模承口端外径；

D_1 ——管模插口端外径；

D_2 ——管模测量基准；

D_3 ——管模外径；

d ——管模插口端内径；

L ——管模长度。

图 1 管模的结构

4.3 尺寸及偏差

管模的公称尺寸、承口尺寸与插口尺寸及偏差见表 2。

表 2 公称尺寸、承口尺寸与插口尺寸及偏差

单位为毫米

规格	尺寸				
	承口端外径尺寸 D	插口端外径尺寸 D_1	内径 d	外径 D_3	总长度 L
DN100	ϕ290 h12	ϕ183±0.1	$\phi116.8^{+0.1}_{0}$	ϕ161 h12	6 260
DN150	ϕ325 h12	ϕ209±0.1	$\phi168.9^{+0.1}_{0}$	ϕ213 h12	6 260
DN200	ϕ385 h12	ϕ288±0.1	$\phi221^{+0.1}_{0}$	ϕ265 h12	6 260
DN300	ϕ520 h12	ϕ387±0.1	$\phi325.2^{+0.1}_{0}$	ϕ376 h12	6 280
DN400	ϕ615 h12	ϕ502±0.15	$\phi429^{+0.1}_{0}$	ϕ485 h12	6 341
DN500	ϕ755 h12	ϕ610±0.15	$\phi531.6^{+0.1}_{0}$	ϕ591 h12	6 341
DN600	ϕ850 h12	ϕ730±0.15	$\phi634.5^{+0.1}_{0}$	ϕ693 h12	6 348
DN700	ϕ970 h12	ϕ835±0.15	$\phi737.5^{+0.1}_{0}$	ϕ805 h12	6 348
DN800	ϕ1 090 h12	ϕ932±0.2	$\phi841.6^{+0.15}_{0}$	ϕ924 h12	6 348
DN1000	ϕ1 350 h12	ϕ1 160±0.2	$\phi1\,048^{+0.15}_{0}$	ϕ1 145 h12	6 600
DN1200	ϕ1 569 h12	ϕ1 370±0.2	$\phi1\,257^{+0.15}_{0}$	ϕ1 371 h12	6 480

注：表中尺寸仅作为参考，也可根据具体要求在合同中规定。

5 技术要求

5.1 管模牌号及化学成分

5.1.1 管模牌号及化学成分应符合表 3 规定。

表 3 牌号及化学成分

单位为质量百分数(%)

<table>
<tr><th>牌号</th><th>C</th><th>Si</th><th>Mn</th><th>Cr</th><th>Mo</th><th>P</th><th>S</th><th>Ni</th><th>Cu</th></tr>
<tr><td>21CrMo10</td><td>0.16~0.23</td><td>0.20~0.40</td><td>0.20~0.40</td><td>2.30~2.60</td><td>0.30~0.40</td><td rowspan="3">≤0.010</td><td rowspan="3">≤0.005</td><td rowspan="2">≤0.50</td><td></td></tr>
<tr><td>30CrMo</td><td>0.23~0.30</td><td>0.17~0.37</td><td>0.40~0.70</td><td>0.80~1.10</td><td>0.15~0.25</td><td>≤0.20</td></tr>
<tr><td>15CrMoQ</td><td>0.12~0.18</td><td>0.17~0.37</td><td>0.40~0.70</td><td>2.25~2.60</td><td>0.40~0.50</td><td>≤0.35</td><td></td></tr>
</table>

5.1.2 管模成品化学成分允许偏差应符合表 4 的规定。

表 4 成品化学成分允许偏差

单位为质量百分数(%)

<table>
<tr><th colspan="2">钢号</th><th>C</th><th>Si</th><th>Mn</th><th>Cr</th><th>Mo</th><th>P</th><th>S</th></tr>
<tr><td>21CrMo10</td><td rowspan="3"></td><td rowspan="3">±0.01</td><td>±0.04</td><td rowspan="3">±0.03</td><td rowspan="3">±0.05</td><td>±0.02</td><td rowspan="3" colspan="2">±0.005</td></tr>
<tr><td>30CrMo</td><td rowspan="2">±0.03</td><td>±0.01</td></tr>
<tr><td>15CrMoQ</td><td>±0.02</td></tr>
</table>

5.2 管模毛坯

5.2.1 冶炼方法

管模毛坯用钢的冶炼应采用电炉冶炼加炉外精炼方法冶炼,亦可采用能满足本标准要求的其他冶炼方法。

5.2.2 力学性能

5.2.2.1 空心毛坯做抗拉强度试样、冲击韧性试样,取纵向试样,取样位置在壁厚 1/2 处;若为实心毛坯时,取样位置为距表面 1/3 半径处,取样数量为一拉二冲试样,冲击试验值可取平均值。

5.2.2.2 管模毛坯调质热处理后力学性能应符合表 5 的规定。

表 5 力学性能

牌号	屈服强度 MPa	抗拉强度 MPa	端面收缩率 %	延伸率 %	冲击功 J	调质后 HB
21CrMo10	≥680	≥780	≥50	≥12	≥50	≥240
15CrMoQ	≥680	≥780	≥50	≥12	≥50	≥240
30CrMo	≥680	≥780	≥35	≥10	≥21	≥200
注:管模全长硬度差不应大于 40 HB。						

5.2.3 金相组织

5.2.3.1 金相试样与力学性能试样在同一试块上取样。

5.2.3.2 低倍检查在酸浸低倍试片上不应有肉眼可见的气孔、夹杂、折叠、翻皮、裂纹、点状偏析、气泡及白点。

5.2.3.3 酸浸试片低倍组织一般疏松、锭型偏析均不应大于 GB/T 226—1991 中规定的 3 级。

5.2.3.4 高倍检查中钢中脆性夹杂物和塑性夹杂物均不应大于 GB/T 10561—2005 中规定的 2.5 级，残余夹杂物呈球状均匀分布，钢中带状组织不应大于 GB/T 10561—2005 中规定的 2.0 级，钢中魏氏组织不应大于 GB/T 10561—2005 中规定的 1 级。

5.2.4 非金属夹杂物

管模毛坯的非金属夹杂物按 GB/T 10561—2005 中的 ISO 评级图评级，A、B、C、D、DS 各类夹杂物级别分别不应大于 2.0 级。

5.2.5 无损探伤

5.2.5.1 管模毛坯经粗加工后应进行探伤检查，最终检验在调质后表面半精车后进行。

5.2.5.2 超声波检测评定级别应符合：

a) 壁厚小于等于 50 mm 时，人工槽深按 GB/T 5777—1996 表 1 中 C5 的规定，但最大槽深不应超过 1.5 mm；

b) 壁厚大于 50 mm 时，人工缺陷的尺寸最大槽深均为 2.0 mm；

c) 不应有裂纹、白点、折叠缺陷存在。

5.2.6 外形尺寸

粗加工毛坯外形尺寸应符合产品毛坯图样的规定。

5.2.7 交货状态

管模毛坯应以调质热处理状态交货，并附有熔炼单位的质量证明书。

5.2.8 标志

管模毛坯应打代号、冶炼炉号、锭号及牌号。

5.3 管模成品

5.3.1 尺寸精度

5.3.1.1 管模成品尺寸应符合产品图样的规定，管模成品尺寸公差应符合本标准的规定。

5.3.1.2 管模未注线性和角度尺寸的公差应符合 GB/T 1804—2000 中规定的 m 级要求。

5.3.1.3 管模径向跳动公差不应大于 ϕ0.1 mm，管模同轴度应符合产品图样的规定。

5.3.1.4 管模未注形状和位置公差应符合 GB/T 1184—1996 中规定的 9 级要求。

5.3.2 表面质量

5.3.2.1 管模外表面的粗糙度 Ra 不应大于 6.3 μm，管模内表面的粗糙度 Ra 不应大于 1.6 μm，特殊部位粗糙度 Ra 不应大于 3.2 μm。

5.3.2.2 管模内表面不应有肉眼可见的裂纹、划伤、压痕、锈蚀等缺陷存在。

5.3.2.3 管模外表面经磁粉检测后不应有裂纹。

5.3.3 无损检测

5.3.3.1 管模精加工后，应进行磁粉检测。

5.3.3.2 磁粉检测方法按 JB/T 4730.4 的规定进行，评定级别应符合 JB/T 4730.4—2005 中Ⅰ级的要求。

5.3.4 寿命

管模在正常使用和维护情况下，管模生产球墨铸铁管总数量(包括维修后)不应小于表 6 的规定。

表 6 管模生产球墨铸铁管总数量

单位为支

规格	总数量
DN80～DN100	3 800
DN150	3 600
DN200	3 300
DN250	3 200
DN300	3 000
DN350	2 800
DN400	2 000
DN450	1 800
DN500	1 800
DN600	1 600
DN700	1 300
DN800	1 200
DN900～DN1200	900

6 试验方法

6.1 化学成分

化学成分测定用试样的取样和制样方法按 GB/T 20066 的规定，分析方法按 GB/T 223.3、GB/T 233.11、GB/T 223.18、GB/T 223.23、GB/T 223.26、GB/T 223.58、GB/T 223.60、GB/T 223.68、GB/T 223.71 规定的相关方法或其他先进的方法。

6.2 力学性能

6.2.1 拉伸试样及试验方法按 GB/T 228 的规定进行。

6.2.2 冲击试验按 GB/T 229 的规定进行。

6.2.3 布氏硬度试验按 GB/T 231.1 的规定进行。

6.3 金相检验

低、高倍组织试验按 GB/T 226 规定，低、高倍组织评定按 GB/T 1979 规定进行。

6.4 非金属夹杂物

非金属夹杂物的检验按 GB/T 10561—2005 中附录 A 的规定进行。

6.5 无损检测

无损检测按下列方法进行：

a) 超声波检测按 GB/T 5777 规定；

b) 磁粉检测按 JB/T 4730.4 的规定。

6.6 尺寸与公差

6.6.1 管模毛坯尺寸用通用量具检验。

6.6.2 管模成品内、外径尺寸用精度为 0.01 mm 的千分尺、精度为 0.01 mm 的内径百分表或精度为 0.02 mm 的游标卡尺检验；长度用卷尺、精度为 0.02 mm 的游标卡尺或精度为 0.02 mm 的深度尺进行检验；锥度用测量大、小头内径尺寸差的方法检验。

6.6.3 管模成品内、外径向跳动用精度为 0.01 mm 的百分表检验。

6.7 表面质量

6.7.1 管模毛坯表面质量用目视方法和磁粉检测的方法检验。

6.7.2 管模成品内、外表面粗糙度用标准样块对比法及粗糙度仪检验。

6.8 标志

管模毛坯、成品标志用目视方法检验。

6.9 寿命

寿命检验方法按承制方与定购方协商确定，并在合同中注明，参照表 6。

7 检验规则

7.1 出厂检验

7.1.1 具体检验项目、抽样(取样)部位及数量见表 7。

表 7 检验项目、抽样(取样)部位及数量

序号	检验项目		抽样(取样)部位及数量	鉴定检验	质量一致性检验
1	化学成分(熔炼分析)		每一冶炼炉取一个试样	•	•
2	力学性能	拉伸试验	每冶炼炉号抽取一支，在冒口端 1/2 壁厚处取两个试样	•	•
3		冲击试验		•	•
4		硬度	在管模上每隔 1 m 检测两点(在 180°上)	•	•
5	低倍组织		每一冶炼炉号抽取一支，在冒口端取一个试样	•	•
6	非金属夹杂物		每一冶炼炉号抽取一支，在冒口端取两个试样	•	•
7	无损检测		逐支管模检验	•	•

表 7（续）

序号	检验项目		抽样(取样)部位及数量	鉴定检验	质量一致性检验
8	尺寸	管模毛坯	逐支管模检验	•	•
		管模		•	•
9	表面质量	管模毛坯	逐支管模检验	•	•
		管模		•	•
10	标志		逐支管模检验	•	•
11	寿命		按 5.3.4 规定	•	—

7.1.2 每根管模应经制造厂质量检验部门检验合格并附有产品质量合格证明书后，方可出厂。

7.1.3 出厂检验项目无损检测、机械加工为逐件检验，化学成分、力学性能每炉抽检。

7.2 型式检验

7.2.1 有下列情况之一时，应进行型式检验：

a) 新产品鉴定时；

b) 正式投产后，如结构、材料、工艺有较大改变可能影响产品性能时；

c) 停产 2 年以上，恢复正常生产时；

d) 正常生产时，2 年检验一次。

e) 国家质量检验机构提出检验要求时。

7.2.2 型式试验时抽检样品的数量：管模每批抽一支(同一冶炼炉号、同一冶炼条件、同一规格、同一热处理条件的管模为一批)。

7.2.3 型式检验项目应为第 4 章和第 5 章规定的内容，所检项目应全部合格。如有一项不合格加抽两支，对不合格项目进行复试，如再有一支不合格，则为不合格。

8 标志、包装、运输、贮存

8.1 标志

8.1.1 检验合格的产品，应在大端非配合面打标志，内容应包括：

a) 企业代号；

b) 出厂年月；

c) 出厂编号；

d) 产品代号。

8.1.2 产品交货时，出具产品质量证明书，内容至少应包括：

a) 生产厂名称；

b) 牌号及炉号；

c) 化学成分分析结果；

d) 检验结论；

e) 主要尺寸精度；

f) 执行标准编号；

g) 质量检验部门印章，检验人员签章及日期。

8.2 包装

管模内外表面涂防锈油后用塑料薄膜包裹。出口的采用木式托架两端密封结构木箱包装，包装箱内装一份管模合格证；国内的采用上下木简易包装。

8.3 运输

运输时管模应平卧，摆放平稳，严禁碰撞。

8.4 贮存

管模贮存在库房内，不应露天存放，并采取防锈措施（涂防锈油）等。

ICS 25.120.30
J 61

中华人民共和国国家标准

GB/T 25716—2010

镁合金冷室压铸机

Cold chamber die casting machines for magnesium alloys

2010-12-23 发布　　2011-07-01 实施

中华人民共和国国家质量监督检验检疫总局
中国国家标准化管理委员会　发布

前　　言

本标准由中国机械工业联合会提出。

本标准由全国铸造机械标准化技术委员会(SAC/TC 186)归口。

本标准主要起草单位:深圳领威科技有限公司、济南铸造锻压机械研究所、伊之密精密压铸科技有限公司、宁波东方压铸机床有限公司。

本标准主要起草人:刘相尚、卢军、杨晓娟、李业军、陈忠芳。

镁合金冷室压铸机

1 范围

本标准规定了镁合金冷室压铸机的型号、基本参数、技术要求、精度要求、试验方法、检验规则和标志、包装、运输、贮存。

本标准适用于镁合金压铸的卧式冷室压铸机(以下简称"压铸机")。用作镁合金压铸的立式冷室压铸机可参照执行。

2 规范性引用文件

下列文件中的条款通过在本标准的引用而成为本标准的条款。凡是注日期的引用文件,其随后所有的修改单(不包括勘误的内容)或修订版均不适用于本标准,然而,鼓励根据本标准达成协议的各方研究是否可使用这些文件的最新版本。凡是不注日期的引用文件,其最新版本适用于本标准。

GB/T 191 包装储运图示标志(GB/T 191—2008,ISO 780:1997,MOD)

GB 2893 安全色

GB 2894 安全标志及其使用导则

GB/T 3766 液压系统 通用技术条件(GB/T 3766—2001,eqv ISO 4413:1998)

GB 5083 生产设备安全卫生设计总则

GB 5226.1—2008 机械电气安全 机械电气设备 第1部分:通用技术条件(IEC 60204-1:2005,IDT)

GB/T 7932 气动系统通用技术条件(GB/T 7932—2003,ISO 4414:1998,IDT)

GB/T 7935 液压元件 通用技术条件

GB/T 9969 工业产品使用说明书 总则

GB/T 13306 标牌

GB/T 13384 机电产品包装技术通用条件

GB 20906—2007 压铸单元安全技术要求

GB/T 21269—2007 冷室压铸机

JB/T 5365.1 铸造机械清洁度测定方法 重量法

JB/T 5365.2 铸造机械清洁度测定方法 显微镜法

JB/T 6331.2 铸造机械噪声的测定方法 声压级测定

3 术语和定义

GB/T 21269 确定的以及下列术语和定义适用于本标准。

3.1

模垫 mold pad

空压射试验时,代替压铸模承受锁模力的垫块。

其工作表面的粗糙度 Ra 值为 0.8 μm;工作表面的平行度公差为 0.02/300。

3.2

空压射行程 dry injection stroke

压铸机安装模垫后,在进行空压射情况下,压射活塞实际运动的行程。

3.3

压射行程　injection stroke

压射缸活塞的全行程。

3.4

最大铸造投影面积　maximum projected area

在理论锁模力下比压为 40 MPa 时所能压铸的产品面积(锁模力＝比压×铸造面积)。

3.5

重复精度　iteration precision

相同条件下,压铸机每次动作的被测量的一致性程度。

4　技术参数

4.1　压铸机的主参数为锁模力。

4.2　压铸机的基本参数应符合表 1 的规定。

表 1 镁合金卧式冷室压铸机基本参数

锁模力 kN ≥	拉杠之间的内尺寸（水平×垂直） mm ≥	动模安装板行程 mm ≥	压铸模厚度 mm		压射位置（0 为中心） mm	压射力 kN ≥	压射室直径 mm	最大金属浇注量（镁） kg	压射室法兰直径 mm		压射室法兰凸出定模安装板高度 mm		压射冲头推出距离 mm ≥	液压顶出器顶出力 kN ≥	液压顶出器顶出行程 mm ≥	一次空循环时间/s ≤	最大铸造投影面积	
			min	max					公称值	极限偏差	公称值	极限偏差					比压/MPa	投影面积/cm²
2 800	560×560	460	250	650	0 −125	315	50 60 70	1.1 1.5 2.1	101.6		12		140	150	105	8	162 112.5 82.6	170 245 335
4 000	620×620	550	300	700	0 −175	405	60 70 80	1.9 2.6 3.4	130		12		200	180	125	10	144.4 106.1 81.2	275 375 490
6 300	750×750	650	350	900	0 −250	610	70 80 90	2.9 3.7 4.8	165		15		250	315	150	12	158.7 121.5 96	395 515 655
8 000	910×910	760	400	950	0 −250	665	80 90 100	4.9 6.3 7.8	200	f7 (GB/T 1801—1999)	20	0 −0.05	297	315	180	14	132.8 104.9 85	600 760 940
10 000	1 030×1 030	880	450	1 150	0 −300	865	90 100 110 120	6.8 8.4 10.2 12.2	240		20		300	500	200	16	136 110 91 76.5	730 905 1 095 1 305
12 500	1 100×1 100	1 000	450	1 180	0 −160 −320	1 075	100～ 140	9.3～ 18.2	240		25		320	570	200	19	137～ 70	910～ 1 785

表 1（续）

锁模力 kN ≥	拉杠之间的内尺寸（水平×垂直）mm ≥	动模安装板行程 mm ≥	压铸模厚度 mm		压射位置（0 为中心）mm	压射力 kN ≥	压射室直径 mm	最大金属浇注量(镁) kg	压射室法兰直径 mm		压射室法兰凸出定模安装板高度 mm		压射冲头推出距离 mm ≥	液压顶出器顶出力 kN ≥	液压顶出器顶出行程 mm ≥	一次空循环时间/s ≤	最大铸造投影面积	
			min	max					公称值	极限偏差	公称值	极限偏差					比压/MPa	投影面积/cm²
16 000	1 180×1 180	1 200	500	1 400	0 −175 −350	1 285	110～150	11.9～22.1	260	f7 (GB/T 1801—1999)	25	$^{0}_{-0.05}$	360	570	250	22	137～73	1 165～2 190
20 000	1 350×1 350	1 400	650	1 600	0 −175 −350	1 500	130～170	17.1～29.4	260		30		400	650	300	26	113～66	1 769～3 030
25 000	1 500×1 500	1 500	750	1 800	0 −200 −400	1 910	140～180	21～36	280		30		450	750	300	30	110～66	2 270～3 785
30 000	1 650×1 650	1 500	800	2 000	0 −250 −450	2 110	150～190	28～45	280		30		530	900	300	35	119～73	2 520～4 110
35 000	1 750×1 750	1 600	800	2 000	0 −300 −600	2 310	160～200	38～59	300		30		600	900	300	35	115.6～73.5	3 040～4 760
40 000	1 800×1 800	1 800	900	2 100	0 −300 −600	2 410	170～210	45～70	320		35		700	1 000	350	40	106～69.5	4 240～6 470
注：压铸机生产商可根据市场需求对基本参数进行适当调整。																		

5 技术要求

5.1 一般要求

5.1.1 压铸机应符合本标准的要求，并按照经规定程序批准的图样及技术文件制造。

5.1.2 液压系统和液压元件应符合 GB/T 3766 和 GB/T 7935 的有关规定。

5.1.3 电气系统应符合 GB 5226.1 的有关规定。

5.1.4 气动系统应符合 GB/T 7932 的有关规定。

5.1.5 压铸机上应有铭牌和液压、气动等系统的指示操作、润滑、安全警示等标牌。铭牌和标牌的内容、标志应正确，并符合有关标准的规定。标牌应符合 GB/T 13306 的规定。压铸机上允许镶、铸出清晰的厂名和商标。

5.1.6 压铸机应有可靠的润滑装置，锁模力在 1 600 kN 以上的压铸机应采用集中润滑系统，并应有检测功能和声光报警提示。

5.1.7 压铸机压射缸应有工艺参数测试用传感器接口。

5.1.8 液压系统应畅通无渗漏，在连续工作时工作液温度不应超过 55 ℃，当超过上述温度时应自动报警。

5.1.9 工作介质应符合技术文件的规定，压铸机液压系统清洁度应符合 JB/T 5365.2 的规定，清洁度代码为 23/20。

5.1.10 各操纵机构调节阀杆装配后应灵活可靠、定位正确。

5.1.11 对有承压通道的铸造零件，应经过耐压试验，试验压力为额定压力的 1.5 倍，保压时间为 3 min，不应有渗漏及零件损坏等不正常现象。

5.1.12 压铸机应有手动、半自动、自动工作模式。

5.1.13 压铸机随机供应的技术文件至少应包括使用说明书、合格证明书、装箱单，使用说明书应符合 GB/T 9969 的规定。

5.1.14 随机附带的易损件、密封元件及备件清单应齐全。

5.2 精度要求

5.2.1 动模安装板与定模安装板工作表面间的平行度应小于 GB/T 21269—2007 表 3 中的 a 值。

5.2.2 拉杠相互间的平行度应小于 GB/T 21269—2007 表 3 中的 a_1 值。

5.2.3 动模安装板、定模安装板与拉杠的垂直度为 0.2 mm/1 000 mm。

5.2.4 压射室轴线与压射活塞杆轴线的重合度应小于 GB/T 21269—2007 表 3 中 a_2 值。

5.2.5 重复精度：快压射速度重复精度不应超过设定数值的±3%。

5.3 整机外观质量

5.3.1 整机外观应清洁美观，外表面不应有明显的凸起、凹陷等缺陷。

5.3.2 油漆表面应色泽均匀，漆层牢固，无起泡、剥落等缺陷。

5.3.3 外露焊缝应平滑、均匀，不应有脱焊、虚焊现象。

5.3.4 外露加工表面不应有磕碰、划伤和锈蚀现象。

5.3.5 压铸机的零、部件外露结合面的边缘应整齐，不应有明显的错位现象。

5.3.6 装入沉孔的螺钉不应有突出零件表面；固定销一般应略凸出于零件表面；螺栓尾端应略凸出于螺母端面。

5.3.7 电镀、发蓝、发黑零件的保护层应完整，不应有褪色、脱落和锈蚀现象。

5.3.8 机器上的各种管路、线路的外露部分，应布置紧凑、排列整齐、固定牢靠，不应与其他零部件发生摩擦或碰撞。

5.4 主要压射性能

5.4.1 主要压射性能见表 2。

表 2 主要压射性能

锁模力/kN	最大空压射速度/(m/s)	建压时间/ms
≤6 300	≥8	≤20
>6 300～30 000	≥8	≤25

5.4.2 慢压射速度应具有 0.05 m/s～0.5 m/s 调整范围。

5.5 蓄能器

5.5.1 每压射一次,蓄能器的压力下降不应超过工作压力的 10%。

5.5.2 蓄能器系统应设有释放或切断蓄能器液体压力的装置,蓄能器只允许充氮气。

5.5.3 使用蓄能器应由国家指定的安全监察机构批准的生产厂制造,并应有合格证书。

5.6 整机噪声

噪声声压级不应大于 85 dB(A)。

应特别考虑以下因素:

——选择低噪声泵,而不是将泵封闭起来;

——气动能量的释放,考虑采用消声器和废气过滤器;

——采取特别的紧固措施降低管路的振荡噪声;

——采用加强带或降噪材料,减轻面板的振动,降低噪声水平;

——尽可能将产生噪声设备远离有人的区域;

——采用声学封闭或其他设备隔离噪声。

5.7 安全要求

5.7.1 压铸机的安全性能应符合 GB 20906 的规定。

5.7.2 安全卫生设计应符合 GB 5083 的规定,压铸机的安全色和安全标志应符合 GB 2893、GB 2894 的规定。

5.7.3 锁模机构应设有电气、液压安全联锁保护装置。

5.7.4 必须有防止机器误动作的可靠措施。急停装置应灵敏可靠。

5.7.5 机器运行中的危险区域应加保护罩或保护网。

5.7.6 压铸型危险区的安全防护要求:

5.7.6.1 压铸型的锁模机构必须在合型后保证压铸型可靠锁紧。合、锁模程序必须与压射程序联锁,以避免未完成锁模程序前进行压射。

5.7.6.2 为防止开模后动模安装板在合模方向上意外的运动,应设置防止误合模保护装置。

5.7.6.3 各类防护装置的选用、设计和安装要求应符合有关标准的规定。

5.7.6.4 防护装置应同控制系统保持联锁,在防护装置未进入正确位置时,压铸机不能启动合模动作。

5.7.6.5 压铸模合模应采用双手控制。双手控制应符合 GB 5226.1—2008 中 9.2.6.2 的型式Ⅲ的规定。

5.7.6.6 压铸机的设计应能保证在熔融金属被压射入铸型后至少达到工艺要求的最短时间后开模,在这段时间中,压铸机所有的其他控制均应处于联锁状态。

5.8 选配装置

根据用户需要,可由制造厂与用户协议,提供切边压力机、浇料装置、取件装置、喷涂装置、液压抽芯装置、锁模力显示装置和压铸工艺参数测试装置等组成的成套机组。

5.9 空运转要求

5.9.1 空运转时间不应少于 4 h。

5.9.2 开、合模速度应灵敏可调。

5.9.3 压射速度应灵敏可调。

5.9.4 压铸机紧固联接处不应松动。

5.9.5 电气控制系统应灵敏可靠。

5.9.6 压铸机在空运转条件下噪声声压级不应大于 85 dB(A)。

5.9.7 急停装置应灵敏可靠。应有明显标志。

5.9.8 压铸机每次压铸的压力和速度调控误差,不大于设定值的 5%;具有闭环实时控制的压铸机,每次压铸的压力和速度误差,不大于设定值的 2%。

5.9.9 油泵电动机的旋转方向应有明显标志。

5.10 负荷运转要求

5.10.1 压铸机在负荷运转前应进行空运转试验。

5.10.2 在正常工作条件下,进行实物压铸试验,试验过程中,各种参数应符合设计要求。

5.10.3 每压射一次,蓄能器的压力下降值不应超过工作压力的 10%。

5.11 熔炉安全设计要求

5.11.1 熔炉设计应配备可靠的保护气体供应系统。

5.11.2 熔炉炉盖内管线配置要能使保护气体平均分布于液面。

5.11.3 炉体与炉盖的接合设计应确保镁液及保护气体不会泄漏。

5.11.4 控制系统应配备实时坩埚漏镁的检测与报警装置。

5.11.5 应配备过量浇注保护装置,防止过量浇注镁液溢出导致危险。

5.11.6 控制系统应配置紧急开关,紧急开关应能切断熔炉的主电回路。

6 试验方法

6.1 常规项目检验

6.1.1 在检查参数和尺寸时,用线性尺寸表示的参数一般采用相应的测量工具直接测量,也可用专门的检测装置检测。

6.1.2 锁模力用专门的锁模力检测装置检测。

6.1.3 压铸机精度按照 GB/T 21269—2007 中的 5.1、5.2、5.3 规定进行检测。

6.1.4 重复精度的检测

6.1.4.1 测试仪器:压射参数记录仪。

6.1.4.2 测试方法

连续空压射 20 次,用压射参数测试记录仪做出曲线记录进行比较,快压射速度每次重复精度不允许超过±3%。

6.1.5 一次空循环时间用秒表进行检测,其读数应从执行机构开始移动的瞬间起到它停止的时间止的时间间隔。

6.1.6 噪声按 JB/T 6331.2 的规定进行测定。

6.2 清洁度测定

6.2.1 油缸内部清洁度按 JB/T 5365.1 的规定进行测定。

6.2.2 液压系统的清洁度按 JB/T 5365.2 的规定进行测定。

6.3 最大空压射速度的测定

最大空压射速度按 GB/T 21269—2007 中的 7.3 规定进行检测。

6.4 压射力与建压时间的测定

压射力与建压时间按 GB/T 21269—2007 中的 7.4 规定进行检测。

6.5 最大金属浇注量的测定

最大金属浇注量由式(1)计算确定:

$$W = K\frac{\pi D^2}{4}L\rho \quad \cdots\cdots(1)$$

式中：

W——射料量，单位为千克(kg)；

K——压射室的充填系数，取 0.75；

D——压射室直径(最大)，单位为米(m)；

L——压射冲头的有效行程，单位为米(m)；

ρ——浇注合金密度，单位为千克每立方米(kg/m^3)；镁合金液态密度值：$1.8\times10^3\ kg/m^3$。

6.6 工作油温的检测

在运行 4 h 后，直接从油箱油温尺上读出。或用数字式测温仪表测量。

6.7 系统渗漏检测

连续运转 4 h 后进行检测，不允许有漏油现象。检测用目测。

6.8 系统压力测试

将液压系统的工作压力设定为额定值，动作功能和显示仪表应准确、正常。

6.9 电气系统测试

6.9.1 采用目测检查接地装置以及保护接地符号(或 PE)。

6.9.2 按 GB 5226.1—2008 中的 18.2 的要求进行检测，保护接地电路的连续性应符合其规定。

6.9.3 按 GB 5226.1—2008 中的 18.3 的要求进行检测，绝缘电阻应符合其规定。

6.9.4 按 GB 5226.1—2008 中的 18.4 的要求进行耐压试验，应符合其规定。

6.10 整机外观的检测

整机外观的检测采用目测。

6.11 整机噪声的检测

噪声按 JB/T 6331.2 的规定进行检测。

6.12 顶出力和顶出行程检测

6.12.1 顶出力测试条件及方法

a) 调节顶出限位杆开关，使顶出行程最大；

b) 将顶出压力值调到最大数值。

6.12.2 测试步骤及要求

a) 压力表读出最大数值，压力表值 p 单位 MPa；

b) 按公式(2)计算顶出力 F：

$$F = \pi/4 \times D_1{}^2 \times p \times 9.8 \times 1/100 \quad \cdots\cdots(2)$$

式中：

D_1——顶出油缸内径，单位为厘米(cm)；

p——工作压强，单位为兆帕(MPa)；

F——顶出力，单位为千牛(kN)。

6.13 储能器压力降的检测

每压射一次，蓄能器的压力降由蓄能器供油口压力来确定，测量点应接近供油口。

6.14 慢压射速度的测试

从压力、位移-时间曲线上读出。

6.15 连续空运转测试

空运转试验应符合 GB/T 21269—2007 中 7.6.1～7.6.8 要求。

7 检验规则

7.1 出厂检验

7.1.1 每台压铸机出厂前应经检验合格并附产品合格证后方可出厂。出厂检验项目如下：

a) 动模座板行程、拉杠之间内尺寸，压铸模厚度，液压顶出器顶出行程；

b) 本标准中5.1、5.2、5.3、5.5、5.6、5.7、5.8、5.9、5.11的内容；

c) 累计生产30台时，随机抽检1台进行压射性能和清洁度检测。

7.1.2 所检项目应全部合格。

7.2 型式检验

7.2.1 压铸机在下列情况下应进行型式检验：

a) 新产品试制或老产品转厂生产的试制定型鉴定；

b) 产品在设计、工艺、材料上作重大改变时；

c) 正常生产时，定期或积累一定产量后应周期性进行一次检验；

d) 产品停产一年以上，恢复生产时；

e) 国家质量监督机构提出进行型式检验的要求时。

7.2.2 型式检验样机数量，按生产批量确定。批量在10台以内，随机抽检1台；批量大于10台，随机抽检2台。

7.2.3 型式检验应对第6章中所有项目进行检验，所检项目应全部合格。

7.2.4 当型式检验制造厂不具备条件时，允许在用户现场做试验。

8 标志、包装、储运

8.1 压铸机零、部件和备件的外露加工表面的涂封防锈，应符合有关标准的规定。

8.2 压铸机的包装、标志、贮运应符合GB 2894、GB/T 13384、GB/T 191的有关规定，包装、储运前应放掉蓄能器中的氮气。

8.3 包装储运图示应符合铁路、公路、水路运输及机械化装载的规定。

8.4 根据合同要求可以简易包装或不包装。

ICS 25.120.30
J 61

中华人民共和国国家标准

GB/T 25717—2010

镁合金热室压铸机

Hot chamber die casting machines for magnesium alloys

2010-12-23 发布　　　　2011-07-01 实施

中华人民共和国国家质量监督检验检疫总局
中国国家标准化管理委员会　发布

前　言

本标准由中国机械工业联合会提出。

本标准由全国铸造机械标准化技术委员会(SAC/TC 186)归口。

本标准主要起草单位:深圳领威科技有限公司、济南铸造锻压机械研究所、伊之密精密压铸科技有限公司、宁波东方压铸机床有限公司。

本标准主要起草人:刘相尚、卢军、杨晓娟、李业军、陈忠芳。

镁合金热室压铸机

1 范围

本标准规定了镁合金热室压铸机的基本参数、技术要求、精度要求、试验方法、检验规则和标志、包装、运输、贮存。

本标准适用于生产镁合金压铸件的热室压铸机(以下简称压铸机)。

2 规范性引用文件

下列文件中的条款,通过在本标准的引用而成为本标准的条款。凡是注日期的引用文件,其随后所有的修改单(不包括勘误的内容)或修订版均不适用于本标准,然而,鼓励根据本标准达成协议的各方研究是否可使用这些文件的最新版本。凡是不注日期的引用文件,其最新版本适用于本标准。

GB 150 钢制压力容器

GB/T 191 包装储运图示标志(GB/T 191—2008,ISO 780:1997,MOD)

GB 2893 安全色

GB 2894 安全标志及其使用导则

GB/T 3766 液压系统 通用技术条件(GB/T 3766—2001,eqv ISO 4413:1998)

GB 5083 生产设备安全卫生设计总则

GB 5226.1—2008 机械电气安全 机械电气设备第1部分:通用技术条件(IEC 60204-1:2005,IDT)

GB/T 7932 气动系统通用技术条件(GB/T 7932—2003,ISO 4414:1998,IDT)

GB/T 7935 液压元件 通用技术条件

GB/T 9969 工业产品使用说明书 总则

GB/T 13306 标牌

GB/T 15706.1 机械安全 基本概念与设计通则 基本术语和方法(GB/T 15706.1—2007,ISO 12100-1:2003,IDT)

GB/T 15706.2 机械安全 基本概念与设计通则 技术原则(GB/T 15706.2—2007,ISO 12100-2:2003,IDT)

GB/T 17421.1—1998 机床检验通则 第1部分:在无负荷或精加工条件下机床的几何精度(eqv ISO 230:1996)

GB 20906 压铸单元 安全技术要求

GB 23821 机械安全 防止上下肢触及危险区的安全距离(GB 23821—2009,ISO 13857:2008,IDT)

JB/T 5365.1 铸造机械清洁度测定方法 重量法

JB/T 5365.2 铸造机械清洁度测定方法 显微镜法

JB/T 6331.2 铸造机械噪声的测定方法 声压级测定

JB/T 8356.1 机床包装 技术条件

3 术语和定义

下列术语和定义适用于本标准。

3.1

顶出力　ejection force

压铸机顶出铸件时，推杆板受到顶出机构所施加的静压力。

3.2

顶出行程　ejection stroke

压铸机顶出机构的最大运动距离。

3.3

最大射料量(Mg)　most metal shot weight

一次允许压射进入到模腔的最大镁合金液重量。

3.4

喷嘴位置　shot position

喷嘴在定模安装板上所处的位置。

3.5

一次空循环时间　once dry cycle time

压铸机按机动顺序所作的一次空循环所需要的时间。一次空循环时间指：合模、压射、压射回程、开模、顶出、顶出返回等诸动作时间的总和。

3.6

拉杠之间的内尺寸　space between tie bars

压铸机拉杠间在水平和垂直方向的内尺寸。

3.7

压铸模厚度　die height

压铸模合紧时的厚度，即压铸模合紧时压铸机动模安装板与定模安装板之间的距离。

3.8

压射室直径　diameter of pressure chamber

压射室内孔直径。

3.9

蓄能器　accumulator

液压管路中储存液体和气体压力介质的一种容器，压力液体将容器内的气体压缩，工作时气体膨胀，储存能量输出，主要作为液体动力的补充来源。

3.10

蓄能器压降　accumulator pressure drop

蓄能器释放能量后蓄能器内压力的降低值。

3.11

模垫　mold pad

空压射试验时，代替压铸模承受锁模力和压射力的垫块。

其工作表面的粗糙度 Ra 值为 0.8 μm；工作表面的平行度公差为 0.02/300。

3.12

慢速调试　slow speed testing

使压铸机作缓慢动作或低压而缓慢动作的一种控制方式。这种方式常用于调试或寻找故障。

3.13

慢压射　slow injection

压射冲头从初始位置到液态金属到达内浇口时的动作过程。

3.14

快压射　fast injection

在慢压射结束后压射冲头将液态金属快速压射充填型腔的过程。

3.15

慢压射速度　slow injection speed

在慢压射过程中压射冲头的平均速度。

3.16

快压射速度　fast injection speed

快压射过程中压射冲头的平均速度。

3.17

最大空压射速度　maximum dry injection speed

在空压射情况下的最大快压射速度。

4　基本参数

4.1　压铸机主参数为锁模力。

4.2　压铸机基本参数应符合表1的规定。

表1　镁合金热室压铸机基本参数

项目内容	基　本　参　数				
锁模力/kN	1 000	1 600	2 000	2 800	4 000
拉杠之间的内尺寸（水平×垂直）/mm	409×409	460×460	510×510	560×560	620×620
动模安装板行程 L mm	300	380	400	460	550
压铸型厚度/mm（min～max）	150～450	170～550	250～550	250～650	300～750
压射位置（0为中心）mm	0，—80	0，—80	0，—100	0，—125	0，—125
压射力/kN	89	108	130	158	185
压射室直径/mm	55，60，65	60，65，70	70，80，90	70，80，90	80，90，100
射料量（Mg）/kg	0.48，0.57，0.67	0.5，0.6，0.7	0.8，1.15，1.5	1，1.35，1.7	1.6，2，2.4
液压顶出器顶出力/kN	70	108	108	158	185
液压顶出器顶出行程 mm	70	95	100	100	120
一次空循环时间/s	5	6	7	7	8
压射行程/mm	150	150	175	200	230
离嘴行程/mm	250	315	340	340	340
系统工作压力 MPa	14	14	14	14	14

5 技术要求

5.1 一般要求

5.1.1 压铸机应符合本标准的要求，并按照经规定程序批准的图样及技术文件制造。

5.1.2 液压系统和液压元件应符合 GB/T 3766 和 GB/T 7935 的有关规定。

5.1.3 电气系统应符合 GB 5226.1 的有关规定。

5.1.4 气动系统应符合 GB/T 7932 的有关规定。

5.1.5 压铸机上应有铭牌和液压、气动等系统的指示操作、润滑、安全等标牌。铭牌和标牌的内容、标志应正确，并符合有关标准的规定。标牌应符合 GB/T 13306 的规定。压铸机上允许镶、铸出清晰的厂名和商标。

5.1.6 压铸机应有可靠的润滑装置，锁模力在 1 600 kN 以上的压铸机应采用集中润滑系统，并应有检测功能和声光报警提示。

5.1.7 压铸机压射缸应有工艺参数测试用传感器接口。

5.1.8 液压系统应畅通无渗漏，在连续工作时工作液温度不应超过 55 ℃，当超过上述温度时应自动报警。

5.1.9 工作介质应符合技术文件的规定，压铸机液压系统清洁度应符合 JB/T 5365.2 的规定，清洁度代码为 23/20。

5.1.10 各操纵机构调节阀杆装配后应灵活可靠、定位准确。

5.1.11 对有承压通道的铸造零件，应经过耐压试验，试验压力为额定压力的 1.5 倍，保压时间为 3 min，不应有渗漏及零件损坏等不正常现象。

5.1.12 压铸机应有手动、半自动、自动工作模式。

5.1.13 压铸机随机供应的技术文件至少应包括使用说明书、合格证明书、装箱单，使用说明书应符合 GB/T 9969 的规定。

5.2 精度要求

5.2.1 拉杠相互间的平行度应小于表 2 中的 a_1 值。

5.2.2 动模安装板与定模安装板工作表面间的平行度应小于表 2 中的 a 值。

5.2.3 动模安装板、定模安装板与拉杠的垂直度 0.2 mm/1 000 mm。

5.3 整机外观质量

5.3.1 整机外观应清洁美观，外表面不应有明显的凸起、凹陷等缺陷。

5.3.2 油漆表面应色泽均匀，漆层牢固，无起泡、剥落等缺陷。

5.3.3 外露焊缝应平滑、均匀、不应有脱焊、虚焊现象。

5.3.4 外露加工表面不应有磕碰、划伤和锈蚀现象。

5.3.5 压铸机的零、部件外露结合面的边缘应整齐，不应有明显的错位现象。

5.3.6 装入沉孔的螺钉不应有突出零件表面；固定销一般应略凸出于零件表面；螺栓尾端应略凸出于螺母端面。

5.3.7 电镀、发蓝、发黑零件的保护层应完整，不应有褪色、脱落和锈蚀现象。

5.3.8 机器上的各种管路、线路的外露部分，应布置紧凑、排列整齐、固定牢靠，不应与其他零部件发生摩擦或碰撞。

5.4 主要压射性能

最大空压射速度应大于 6 m/s。

5.5 蓄能器

5.5.1 每压射一次，蓄能器的压力下降不得超过工作压力的 10%。

5.5.2 蓄能器系统应设有释放或切断蓄能器液体压力的装置，蓄能器只允许充氮气。

5.5.3 蓄能器应符合 GB 150 的要求。

5.6 **整机噪声**

在空运转条件下,噪声声压级不应大于 85 dB(A)。

应特别考虑以下因素:

——选择低噪声泵;

——气动能量的释放,考虑采用消声器和废气过滤器;

——采取特别的紧固措施降低管路的振荡噪声;

——采用加强带或降噪材料,减轻面板的振动,降低噪声水平;

——尽可能将产生噪声设备远离有人的区域;

——采用声学封闭或其他设备隔离噪声。

5.7 **安全要求**

5.7.1 安全卫生设计应符合 GB 5083 的规定,压铸机的安全色和安全标志应符合 GB 2893、GB 2894 的规定。保护装置应按 GB/T 15706.1、GB/T 15706.2 和 GB 20906 的规定进行设计。安全距离应符合 GB 23821 的规定。

5.7.2 锁模机构应设有电气、液压安全联锁保护装置。

5.7.3 压铸机应有防止机器误动作的可靠措施。急停装置应灵敏可靠。

5.7.4 机器运行中的危险区域应加保护罩或保护网。

5.7.5 压铸型危险区的安全防护要求:

5.7.5.1 压铸机的锁模机构应在合型后保证压铸型可靠锁紧。合、锁模程序应与压射程序联锁,以避免未完成锁模程序前进行压射。

5.7.5.2 为防止开模后动模安装板在合模方向上意外的运动,应设置防止误合模保护装置。

5.7.5.3 压铸模区必须设置防护装置(防护门、防护罩或挡板),以对所有易遭受危险的人员(操作、调节、维修、润滑、清洁或其他有可能进入的人员)提供安全保障。

5.7.5.4 各类防护装置的选用、设计和安装要求应符合 GB/T 15706.2 和其他有关标准的规定。

5.7.5.5 防护装置应同控制系统保持联锁,在防护装置未进入正确位置时,压铸机不能启动合模动作。

5.7.5.6 在压铸机循环的合模环节,分型面的防护门应能一直连续的处于完全关闭状态。必须等到压射活塞开始返回时,分型面防护门方可打开。

5.7.5.7 压铸模合模应采用双手控制。双手控制应符合 GB 5226.1—2008 中 9.2.6.2 的型式Ⅲ的规定。

5.7.5.8 压铸机的设计应能保证在熔融金属被压射入铸型后至少达到工艺要求的最短时间后开模,在这段时间中,压铸机所有的其他控制均应处于联锁状态。

5.8 **熔炉安全设计要求**

5.8.1 熔炉设计应配备可靠的保护气体供应系统。

5.8.2 熔炉炉盖内管线配置要能使保护气体平均分布于液面。

5.8.3 炉体与炉盖的接合设计应确保镁液及保护气体不会泄漏。

5.8.4 控制系统应配备实时坩埚漏镁的检测与报警装置。

5.8.5 应配备过量浇注保护装置,防止过量浇注镁液溢出导致危险。

5.8.6 控制系统应配置紧急开关,紧急开关应能切断熔炉的主电回路。

5.9 **耐热零件要求**

5.9.1 鹅颈壶、压射头、活塞环、射嘴身、射嘴头等耐热零件应按规定的材质、加工工艺、热处理工艺进行生产,保证使用寿命要求和安全要求。

5.9.2 首次安装鹅颈壶、压射头等直接与镁液接触的耐热零件时,应先预热至 450 ℃。

5.9.3 暂停一段时间再开机时,压铸前应先将射嘴头头部的镁残留物清理干净。

5.10 **成套性**

5.10.1 镁合金压铸机的成套性范围包括:各种密封元件备件清单、专用工具及附件。

5.10.2 根据用户需要，可向制造厂提供压铸件切边的压力机、浇料装置、取件装置、喷涂装置、液压抽芯装置、锁模力显示装置和压铸工艺参数测试装置等组成的成套机组。

5.11 空运转要求

5.11.1 压铸机在出厂前应进行空运转试验，空运转时间不应少于 4 h。

5.11.2 开、合模速度应灵敏可调。

5.11.3 压射速度应灵敏可调。

5.11.4 压铸机紧固联接处不应松动。

5.11.5 电气控制系统应灵敏可靠。

5.11.6 压铸机在空运转条件下噪声声压级不应大于 85 dB(A)。

5.11.7 急停装置应灵敏可靠。

5.12 负荷运转要求

5.12.1 在正常工作条件下，实物压铸过程中，各种参数应符合设计要求。

5.12.2 每压射一次，蓄能器的压力下降值不应超过工作压力的 10%。

5.12.3 在进行实物压铸过程中，应达到 6.11 所规定的要求。

6 检测及试验方法

6.1 线性尺寸表示的参数可用相应的长度测量工具直接测量。

6.2 锁模力的检测

6.2.1 检测条件

a) 被检测拉杠和试验块的温度为室温。

b) 液压系统的工作压力应为额定工作压力。

6.2.2 检测方法

采用传感式锁模力测试仪进行检测。

a) 把试验块安装在固定模板中心位置处。

b) 在每根接杆上按图用专用扭力扳手装上测试仪。

c) 安装位置如图 1 所示。

d) 合模 8 次，从显示器上读取应变量 ε 的平均值。

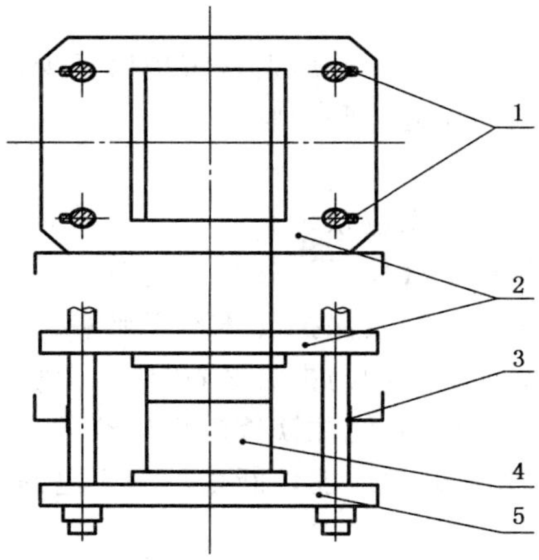

1——测试传感器；
2——动模安装板；
3——测试传感器；
4——模垫；
5——定模安装模板。

图 1 锁模力的检测

6.2.3 锁模力

锁模力按式(1)计算确定：

$$F=\pi D^2\varepsilon E/(9.8\times 10^6) \quad \cdots\cdots(1)$$

式中：

F——锁模力，单位为千牛(kN)；

D——拉杠直径，单位为厘米(cm)；

ε——四根拉杠平均应变量，由显示器读出；

E——材料弹性模量，单位为千牛每平方厘米(kN/cm²)，取 $E=21\ 000$ kN/cm²。

6.3 最大空压射速度，压射力的检测

用压力传感器检测或其他更精密的仪器检测。

6.3.1 最大空压射速度的测定

a) 测定条件

蓄能器压力：系统工作压力；

b) 判定

根据测出的压力、位移-时间曲线，在快速压射起始点后和终点前各减去10%的一段行程后求平均速度。

6.3.2 压射力的测定

6.3.2.1 测定条件

a) 蓄能器压力：系统额定工作压力；

b) 接通传感器的油路不能加阻尼。

6.3.2.2 压射力的判定

在测定的压力、位移-时间曲线上读出压射压力稳态值，然后按式(2)计算确定：

$$F_1=\frac{\pi D_1^2}{40}p \quad \cdots\cdots(2)$$

式中：

F_1——压射力，单位为千牛(kN)；

D_1——压射室直径，单位为厘米(cm)；

p——压射后压力稳态值，单位为兆帕(MPa)。

6.3.2.3 蓄能器压力降的检测

每压射一次，蓄能器的压力降由蓄能器供油口压力来确定，测量点应接近供油口。

6.4 最大金属射料量的检测

测得相应数据后按式(3)进行计算：

$$W=K\frac{\pi D_1^2}{4}L\rho \quad \cdots\cdots(3)$$

式中：

W——射料量，单位为千克(kg)；

K——压射室的充填系数取0.75；

D_1——压射室直径(最大)，单位为米(m)；

L——压射冲头的有效行程，单位为米(m)；

ρ——浇注合金密度，单位为千克每立方米(kg/m³)；有关镁合金密度值取：1.8×10^3 kg/m³。

注：因不同的镁合金牌号和在不同温度下的密度的差异，实际金属浇注量与理论计算量会有差异。

6.5 清洁度检验

6.5.1 油缸内部清洁度按 JB/T 5365.1 的规定进行检测。

6.5.2 液压系统的清洁度按 JB/T 5365.2 的规定进行检测。

6.6 整机噪声的检测

噪声按 JB/T 6331.2 的规定进行检测。

6.7 液压系统的检测

6.7.1 工作油温的检测

开机连续运行 4 h 以上从油箱的油温尺上读出，或由数字式测温仪表显示。

6.7.2 系统渗漏检测

负荷试验完毕后进行，不应有漏油现象。

6.7.3 系统压力检测

将液压系统的工作压力设定为额定值，动作功能和显示仪表应准确、正常。

6.8 电气系统检测

6.8.1 采用目测检查接地装置以及保护接地符号(或 PE)。

6.8.2 按 GB 5226.1—2008 中的 18.2 的要求进行检测，保护接地电路的连续性应符合其规定。

6.8.3 按 GB 5226.1—2008 中的 18.3 的要求进行检测，绝缘电阻应符合其规定。

6.8.4 按 GB 5226.1—2008 中的 18.4 的要求进行耐压试验，应符合其规定。

6.9 动模安装板与定模安装板工作表面间的平行度检测

6.9.1 检验方法

使动模安装板处于最大合型状态位置，按 GB/T 17421.1—1998 中 5.4.1.2.2 规定的方法，按12 个测点位置分别测量两座板内侧面对应点的距离读数值，计算最大与最小距离之差(见图 2)。

6.9.2 公差

测量值应小于表 2 中的 a 值。

单位为毫米

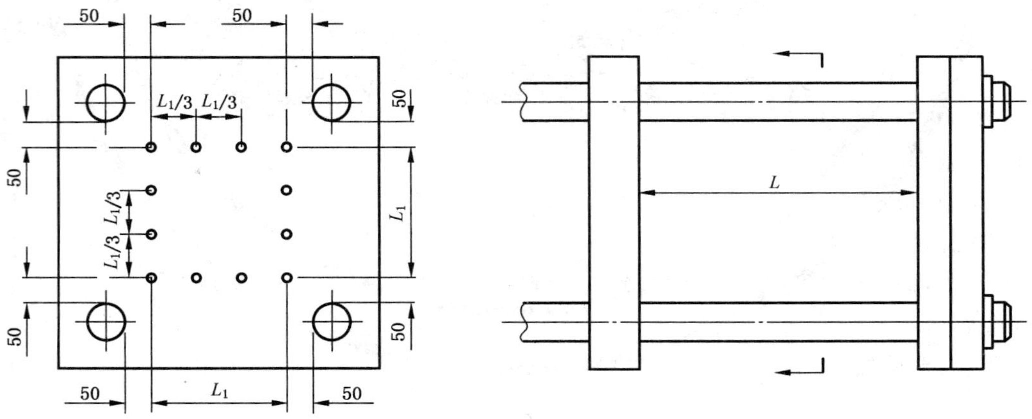

图 2 动模安装板与定模安装板工作表面间的平行度检测

6.10 拉杠相互间平行度的检测

6.10.1 检验方法

使动模安装板处于最大开档位置，按 GB/T 17421.1—1998 中 5.4.1.2.3.1 规定的方法，分别在距动、定模安装板 80 mm 处，测量相邻拉杠之间内侧对应点的距离差(见图 3)。

6.10.2 公差

测量值应小于表 2 中的 a_1 值。

单位为毫米

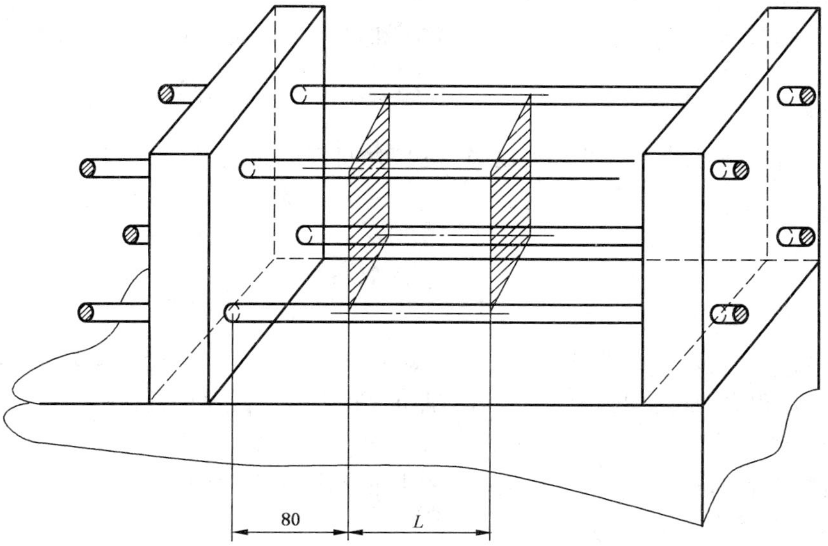

图 3　拉杠相互间平行度的检测

表 2　精度公差值

单位为毫米

测量长度 L	公差值	
	a	a_1
≤25	0.03	0.02
>25～40	0.04	0.025
>40～63	0.05	0.03
>63～100	0.06	0.04
>100～160	0.08	0.05
>160～250	0.10	0.06
>250～400	0.12	0.08
>400～630	0.15	0.10
>630～1 000	0.20	0.12
>1 000～1 600	0.25	0.15

6.11　整机外观的检测

整机外观的检测采用目测。

6.12　动模安装板行程、最大模具厚度、最小模具厚度检测

a)　用长度尺测出移动模板行程 S_m、模板最大开距 L_{max} 和调模距离 S'_m；

b)　计算最大模厚 H_{max}($H_{max}=L_{max}-S_m$)和最小模厚 H_{min}($H_{min}=L_{max}-S'_m$)。

6.13　空循环时间的检测

6.13.1　测试条件

a)　系统工作压力，最大流量；

b)　各液压缸有效行程。

6.13.2　检测

用秒表计时，其读数应从执行机构开始移动的瞬间起到它停止的瞬间为止的时间间隔。也可以用精度不低于秒表精度的计时仪器进行检测。

6.14　动模安装板、定模安装板与拉杠的垂直度检测

使用相应精确度的分度表，分别测量两个拉杠和动模安装板、定模安装板的垂直度，应不大于0.2 mm/1 000 mm。

6.15　连续运转测试

压铸机进行连续空循环时。如果发生故障，检修时间不应超过30 min，连续空循环运转时间重新开始计算。

7　检验规则

7.1　出厂检验

7.1.1　每台压铸机出厂前应经检验合格并附合格证后方可出厂。出厂检验项目如下：

a）动模座板行程、拉杠之间内尺寸，压铸模厚度，液压顶出器顶出行程；

b）本标准中5.1、5.2、5.3、5.5、5.7、5.10、5.11规定的内容；

c）累计生产30台时，随机抽检1台进行压射性能和清洁度检测。

7.1.2　所检项目应全部合格。

7.2　型式检验

7.2.1　压铸机有下列情况之一时应进行型式检验：

a）新产品试制或老产品转厂生产的试制定型鉴定；

b）产品在设计、工艺、材料上作重大改变时；

c）正常生产时，定期或积累一定产量后应周期性进行一次检验；

d）产品停产一年以上，恢复生产时；

e）国家质量监督机构提出进行型式检验的要求时。

7.2.2　型式检验样机数量，按生产批量确定。批量在10台以内，随机抽检1台；批量大于10台，随机抽检2台。

7.2.3　型式检验应对第6章中所有项目进行检验，所检项目应全部合格。

7.2.4　当型式检验制造厂不具备条件时，允许在用户现场做试验。

8　标志、包装、储运

8.1　压铸机零、部件和备件的外露加工表面的涂封防锈，应符合有关标准的规定。

8.2　压铸机的包装、标志、储运应符合GB 2894、JB/T 8356.1、GB/T 191的有关规定，包装、储运前应放掉蓄能器中的氮气。

8.3　包装储运图示应符合铁路、公路、水路运输及机械化装载的规定。

8.4　根据合同要求可以简易包装或不包装。

ICS 25.120.10
J 62

中华人民共和国国家标准

GB/T 25718—2010

电液锤 型式与基本参数

Electro hydraulic forging hammer—Type and basic parameter

2010-12-23 发布 2011-07-01 实施

中华人民共和国国家质量监督检验检疫总局
中国国家标准化管理委员会 发布

前　言

本标准由中国机械工业联合会提出。

本标准由全国锻压机械标准化技术委员会(SAC/TC 220)归口。

本标准起草单位:安阳锻压机械工业有限公司、济南铸造锻压机械研究所、深圳市华测检测有限公司。

本标准主要起草人:刘宏献、马立强、韩文清、郭冰、卢新利、张鑫、赵宏、朱平。

电液锤 型式与基本参数

1 范围

本标准规定了电液锤的型式与基本参数。

本标准适用于有砧座式，气液驱动和液压驱动的电液锤。

2 术语和定义

下列术语和定义适用于本标准。

2.1

双臂式自由锻电液锤 double arm electro hydraulic open die forging hammer

机身为左右立柱式结构，两立柱中部有拉紧杠相联接，锤头导轨分别安装在左右立柱上部的自由锻电液锤。

2.1.1

打击频次 hit number

最大行程下，打击能量达到公称打击能量时的连续打击频次。

2.2

单臂式自由锻电液锤 single electro hydraulic open die forging hammer

机身为单立柱式结构，锤头导轨支架与单立柱为一体或与单立柱用其他方法相连接的自由锻电液锤。

2.3

桥式自由锻电液锤 bridge type electro hydraulic open die forging hammer

机身由左右立柱、横梁、左右支架组合而成的封闭结构。下部分为左右立柱，中部由横梁将左右立柱相联接，上部为左右支架，锤头导轨分别安装在左右支架内起导向作用，左右支架与横梁相连接的自由锻电液锤。

2.4

模锻电液锤 electro hydraulic close die forging hammer

机身是由左右立柱、横梁、砧座或其他部件组合而成的封闭结构，锤头导轨分别安装在左右立柱上的电液锤。

2.4.1

连续打击次数及时间 continuous hit number and time

在最大行程下，打击能量达到公称打击能量时的连续打击次数及所用时间。

2.4.2

平均打击频次 frequency hit number

在最大行程下，打击能量达到公称打击能量时，间歇打击所能达到的频次。

2.5

数控模锻电液锤 numerical control hydraulic close die forging hammer

用数控系统控制，可精确控制打击能量的模锻电液锤。

2.5.1

最大打击频率　Maximum hit frequency

在最小行程下，打击能量达到公称打击能量时的连续打击频率。

2.5.2

最小打击频率　minimum hit frequency

在最大行程下，打击能量达到最小值（接近零）时的连续打击频率。

3　电液锤的型式

电液锤可分为以下型式：

——双臂式自由锻电液锤（见图 1）；

——桥式自由锻电液锤（见图 2）；

——单臂式自由锻电液锤（见图 3）；

——模锻电液锤（见图 4）；

——数控模锻电液锤（见图 5）。

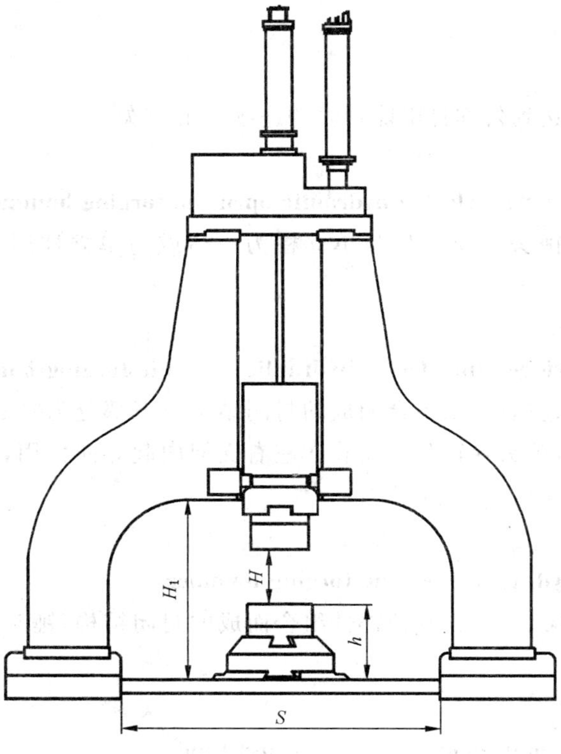

图 1　双臂式自由锻电液锤

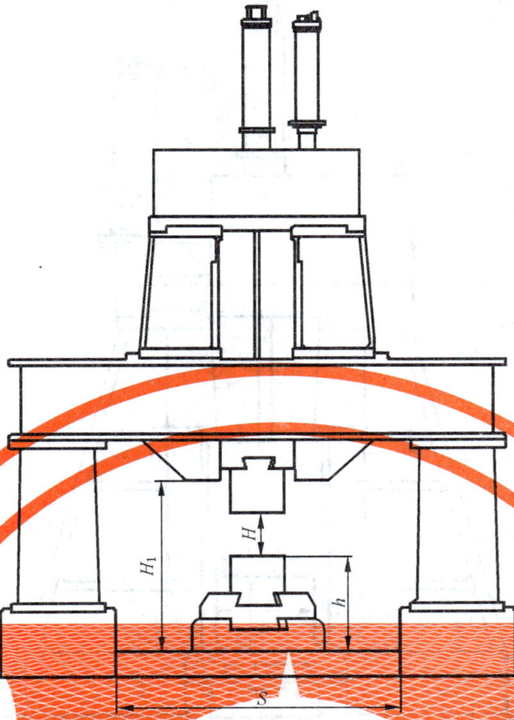

图 2 桥式自由锻电液锤

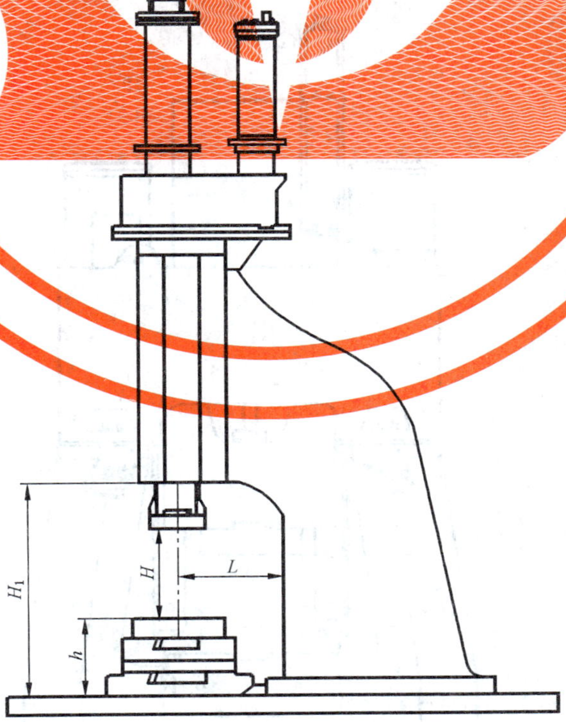

图 3 单臂式自由锻电液锤

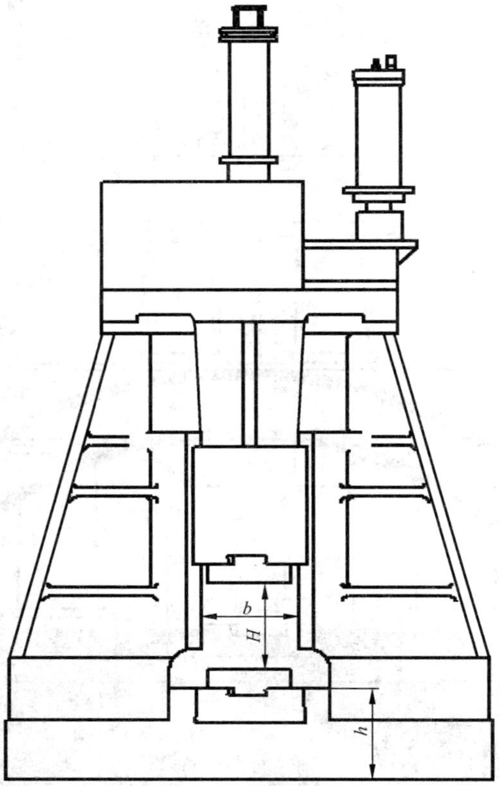

图 4　模锻电液锤

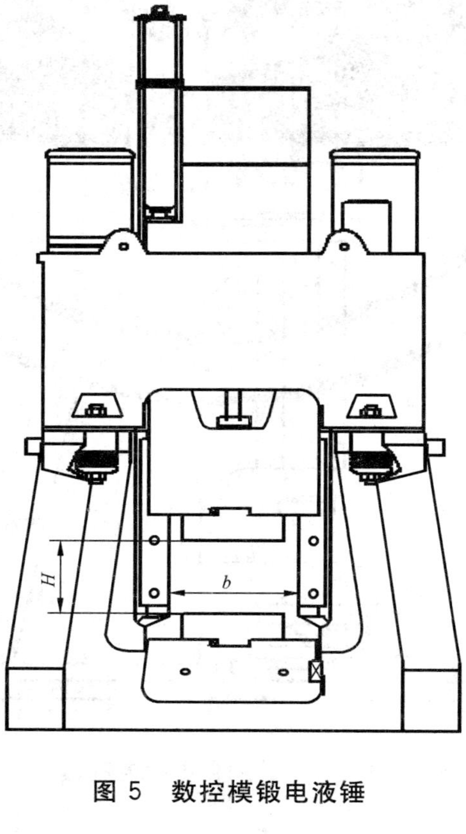

图 5　数控模锻电液锤

4 电液锤的基本参数

4.1 双臂式自由锻电液锤的基本参数应符合表1的规定。

表1 双臂式自由锻电液锤基本参数

公称打击能量 kJ	打击频次 min^{-1}	最大行程 H mm	工作区间 宽度 S mm	工作区间 高度 H_1 mm	下砧块上平面至 地面高度 h mm	砧座质量 kg
35	60	1 000	1 800	1 250	750	15 000
70	60	1 250	2 300	1 380	750	30 000
105	55	1 450	2 700	1 470	760	45 000
140	50	1 500	2 700	1 470	760	60 000
175	50	1 700	3 700	2 000	880	75 000
210	50	1 850	3 700	2 150	880	90 000
245	45	2 000	4 000	2 200	900	105 000
280	45	2 200	4 200	2 250	900	120 000
350	45	2 400	4 400	2 250	900	150 000

4.2 桥式自由锻电液锤的基本参数应符合表2的规定。

表2 桥式自由锻电液锤基本参数

公称打击能量 kJ	打击频次 min^{-1}	最大行程 H mm	工作区间 宽度 S mm	工作区间 高度 H_1 mm	下砧块上平面至 地面高度 h mm	砧座质量 kg
175	50	1 700	3 700	2 000	880	75 000
210	50	1 850	3 700	2 150	880	90 000
245	45	2 000	4 000	2 300	900	105 000
280	45	2 200	4 200	2 460	900	120 000
350	45	2 400	4 400	2 650	900	150 000

4.3 单臂式自由锻电液锤的基本参数应符合表3的规定。

表3 单臂式自由锻电液锤基本参数

公称打击能量 kJ	打击频次 min^{-1}	最大行程 H mm	锤杆中心线至 锤身距离 L mm	工作区间 高度 H_1 mm	下砧块上平面至 地面高度 h mm	砧座质量 kg
35	60	1 000	730	1 750	750	13 000
70	60	1 250	840	2 150	750	26 000
105	55	1 450	960	2 340	750	32 000
140	50	1 500	960	2 400	750	45 000
175	50	1 700	1 250	2 200	760	60 000
210	50	1 850	1 300	2 300	760	70 000
280	45	2 200	1 400	2 300	780	96 000

4.4 模锻电液锤的基本参数应符合表4的规定。

表4 模锻电液锤基本参数

公称打击能量 kJ	连打次数及时间 次/s	平均打击频次 min^{-1}	最大行程 H mm	模具最小闭合高度（不计燕尾） mm	导轨间距 b mm	下模座至地面高度 h mm	砧座质量 kg
25	8/7	45	1 000	220	540	840	20 000
50	7/7	45	1 200	260	600	850	40 000
75	7/7	45	1 250	350	700	930	60 000
125	7/7	40	1 300	400	740	850	100 000
200	6/6	40	1 350	430	900	865	160 000
250	5/7	30	1 400	450	1 000	875	200 000
400	3/5	30	1 500	500	1 200	900	320 000

4.5 数控模锻电液锤的基本参数应符合表5的规定。

表5 数控模锻电液锤基本参数

公称打击能量 kJ	最大打击频率 min^{-1}	最小打击频率 min^{-1}	最大行程 H mm	模具最小闭合高度（不计燕尾） mm	模具最大闭合高度（不计燕尾） mm	导轨间距 b mm
6.3	110	70	555	100	275	380
8	110	70	570	100	275	410
10	100	60	570	140	280	440
12.5	100	60	580	150	300	480
16	90	50	640	160	320	520
20	90	50	660	180	360	570
25	90	50	685	180	370	608
31.5	85	45	700	200	400	664
40	85	45	710	220	430	700
50	85	45	740	220	450	766
63	80	40	760	220	460	800
80	75	35	810	280	530	850
100	75	35	850	300	550	850
125	75	35	1 000	500	730	1 000
160	70	30	1 050	600	830	1 040

ICS 25.120.10
J 62

中华人民共和国国家标准

GB/T 25719—2010

电液锤 技术条件

Electro hydraulic forging hammer—Technical requirements

2010-12-23 发布 2011-07-01 实施

中华人民共和国国家质量监督检验检疫总局
中国国家标准化管理委员会 发布

前　言

本标准的附录 A 为规范性附录。

本标准由中国机械工业联合会提出。

本标准由全国锻压机械标准化技术委员会(SAC/TC 220)归口。

本标准起草单位:安阳锻压机械工业有限公司、太原科技大学、深圳市华测检测技术股份有限公司。

本标准主要起草人:王卫东、李永堂、刘福海、朱平、韩涛、马淑叶、王爱娟、李波、常民。

电液锤　技术条件

1　范围

本标准规定了电液锤的技术要求、试验方法、检验规则及标志、包装、运输和贮存。

本标准适用于电液锤(包括有砧座式自由锻电液锤、模锻电液锤、数控模锻电液锤),也适用于改造蒸-空锻锤的电液动力头。

2　规范性引用文件

下列文件中的条款通过本标准的引用而成为本标准的条款。凡是注日期的引用文件,其随后所有的修改单(不包括勘误的内容)或修订版均不适用于本标准,然而,鼓励根据本标准达成协议的各方研究是否可使用这些文件的最新版本。凡是不注日期的引用文件,其最新版本适用于本标准。

GB/T 191　包装储运图示标志(GB/T 191—2008,ISO 780:1997,MOD)

GB/T 3766　液压系统　通用技术条件(GB/T 3766—2001,eqv ISO 4413:1998)

GB 5226.1　机械电气安全　机械电气设备　第1部分:通用技术条件(GB 5226.1—2008,IEC 60204-1:2005,IDT)

GB/T 6576　机床润滑系统(GB/T 6576—2002,eqv ISO 5170:1977)

GB/T 7932　气动系统　通用技术条件(GB/T 7932—2003,ISO 4414:1998,IDT)

GB/T 9969　工业产品使用说明书　总则

GB/T 10923　锻压机械精度检验通则

GB/T 13306　标牌

GB 17120　锻压机械　安全技术条件

GB/T 23281　锻压机械噪声声压级测量方法(GB/T 23281—2009,ISO 11202:1995,NEQ)

GB/T 25718　电液锤　型式与基本参数

JB/T 1829　锻压机械　通用技术条件

JB/T 5775　锻压机械灰铸铁件　技术条件

JB/T 8356.1　机床包装　技术条件

JB/T 8467　锻钢件超声波探伤方法

JB/T 8609　锻压机械焊接件　技术条件

JB/T 9954　锻压机械液压系统清洁度

3　技术要求

3.1　基本要求

3.1.1　电液锤应符合JB/T 1829和本标准的规定,并按经规定程序批准的图样及技术文件制造。

3.1.2　铸铁件应符合JB/T 5775的规定,焊接件应符合JB/T 8609的规定。

3.1.3　使用说明书应符合GB/T 9969的规定。

3.1.4　重要锻件应进行超声波探伤(如锤杆、锤头、砧块等),超声波探伤应符合JB/T 8467的规定,并做好有关记录。

3.1.5　电液锤的随机备件、附件应能互换,并符合有关技术文件的规定。

3.1.6　电液动力头和机身所用的所有紧固件应采取防松措施,动力头与机身应有减震垫。

3.2 型式与基本参数

电液锤的型式与基本参数应符合 GB/T 25718 的规定。用户有特殊要求的除外。

3.3 性能

3.3.1 电液锤操作系统应安全可靠、灵活自如。

3.3.2 自由锻电液锤、模锻电液锤应能实现锤头提升、悬置、重击、轻击、慢降、压紧和急停收锤等工作规范；改变锤头的提升高度，即可改变电液锤的打击能量；数控模锻电液锤能实现提升、重击、轻击和慢降等工作规范，通过调整打击阀闭合时间的长短，可精确控制电液锤的打击能量，以满足锻造工艺要求的使用功能。数控模锻电液锤打击能量控制精确度为±3%。

3.3.3 电液锤的运动部件，如锤头系统(含锤头和锤杆)应在有效行程内灵活自如，无卡阻现象出现。

3.3.4 自由锻电液锤、模锻电液锤在正常的使用中，提锤应能使锤头从闭合位置上升至行程高度的任意位置；如不立即进行打击，允许悬置锤头有微量滑动，但 5 s 内的滑动距离不应大于 10 mm。

3.3.5 自由锻电液锤、模锻电液锤在实施打击的瞬间，如发现误操作应能立即实施急停收锤，此防误操作工作规范只在应急时使用。

3.3.6 数控模锻电液锤在慢降过程中应为点动动作，停止状态下 5 s 内滑动距离不应大于 5 mm。

3.3.7 应设置回程限止装置，以保证锤头系统在最大回程速度下无刚性冲撞。

3.3.8 用户有要求时，模锻电液锤、数控模锻电液锤应能带上顶料装置，顶料力应不小于锤头重力的 10 倍。

3.3.9 数控模锻电液锤打击能量的调整应方便。更换不同模具后，将模具闭合高度参数重新输入，打击能量应能自动调整。

3.4 外观

3.4.1 电液锤的外观质量应符合 JB/T 1829 的规定。

3.4.2 铸件外部表面清除型砂、粘砂、结疤、多肉以后，用 500 mm 的直尺检查不加工表面的平面度，偏差不应大于 2.5 mm。

3.4.3 外部不加工表面清除铁锈、型砂与油污后，根据表面情况打底、抹腻子、涂漆。砧座及埋入件只涂防锈漆。铆焊件可不抹腻子。腻子层厚度不应大于 1.5 mm，局部加厚处不应大于 3 mm。

3.4.4 机器表面不应有图样未规定的凸起或凹陷和粗糙不平，用板料加工的盖不应出现边缘不整齐的现象，其结合缝隙不应超过表 1 规定。

表 1

单位为毫米

零部件结合面的边沿尺寸	允许错偏量
≤500	1
>500≤1 000	2
>1 000	3
注：边沿尺寸系指直径或相应边长。	

3.4.5 电气、润滑、液压、冷却管道外露部分应布置紧凑，排列整齐，且用管夹固定，管子不应扭曲折叠，在弯曲处应圆滑，不应压扁或打折。

3.5 装配

3.5.1 装配质量应符合 JB/T 1829 的规定。

3.5.2 电气、液压、气动管路应固定牢固，不应与运动部件发生摩擦。

3.5.3 装配前应清洗管道、油管及充液装置。

3.5.4 全部液压、气动管路、管接头、法兰以及其他固定和活动连接均应连接可靠，密封良好，不应有油、气渗漏现象。

3.5.5 电液动力头重要固定结合面应紧密贴合，预紧后用 0.05 mm 塞尺检查，只允许局部塞入，其塞入部分长度累计不应大于可检长度的 10%。

3.6 液压系统

3.6.1 液压系统应符合 GB/T 3766 的规定。

3.6.2 液压系统油箱应有合理容积，油箱不应有渗漏现象；所配备的油液冷却器应保证油温不高于 60 ℃。

3.6.3 液压系统清洁度应符合 JB/T 9954 的规定。

3.6.4 液压系统中应设置滤油器。

3.7 润滑系统

3.7.1 润滑系统应符合 GB/T 6576 的规定。

3.7.2 重要的摩擦部位的润滑应采用集中润滑系统，只有当不能采用集中润滑系统时才可采用分散润滑装置。

3.8 气动系统

3.8.1 气动系统的结构与安全要求应符合 GB/T 7932 的规定。

3.8.2 气缸、气罐和蓄能器的充气介质应使用氮气。

3.9 电气设备

电气设备应符合 GB 5226.1 的规定。

3.10 噪声

空运转时的声音应正常，其 A 计权噪声声压级不应大于 90 dB(A)。测量方法应符合 GB/T 23281 的规定。

3.11 安装精度

3.11.1 安装精度的检验应符合 GB/T 10923 的规定。

3.11.2 自由锻电液锤的整体安装精度应符合表 2 的规定。

表 2

单位为毫米

序号	检验项目	允许偏差
1	砧座水平度	前后、左右方向均不超过 0.5/1 000
2	锤架上支承面对基础平行度	前后、左右方向偏差均不超过 0.5/1 000
3	工作缸对基础的垂直度	前后、左右偏差均不超过 0.5/1 000
4	锤头对砧子的平行度	前后、左右方向均不超过 0.5/1 000
5	锤头与锤架导轨的双面间隙	1～2

3.11.3 模锻电液锤的整体安装精度应符合表 3 的规定。

表 3

序号	检验项目	允许偏差/mm			
		模锻电液锤的公称打击能量/kJ			
		≤50	>50～125	>125～250	>250
1	锤头在最下位置时，锤头燕尾槽底面对模座燕尾槽底面的平行度	≤0.20/1 000	≤0.20/1 000	≤0.20/1 000	≤0.20/1 000
2	锤头在最下位置时，锤头燕尾槽侧面对模座燕尾槽侧面的偏移	≤0.30	≤0.50	≤0.80	≤0.80
3	锤头在最下位置时，锤头中心对模座键槽中心的偏移	≤1.50	≤2.00	≤3.00	≤3.00

表 3（续）

序号	检验项目		允许偏差/mm			
			模锻电液锤的公称打击能量/kJ			
			≤50	>50～125	>125～250	>250
4	两锤架导轨的平行度		≤0.10/1 000	≤0.10/1 000	≤0.10/1 000	≤0.10/1 000
5	锤头在最下位置时，锤头与锤架导轨侧隙	单边	0.20～0.30	0.20～0.30	0.20～0.40	0.25
		双边	0.40～0.60	0.40～0.60	0.40～0.80	0.50～1.00

3.11.4 数控模锻电液锤的整体安装精度应符合表 4 的规定。

表 4

序号	检验项目		允许偏差/mm			
			数控模锻电液锤的公称打击能量/kJ			
			≤50	>50～100	>100～125	>125
1	锤头在最下位置时，锤头燕尾槽底面对模座燕尾槽底面的平行度		≤0.10/1 000	≤0.10/1 000	≤0.10/1 000	≤0.10/1 000
2	锤头在最下位置时，锤头燕尾槽侧面对模座燕尾槽侧面的偏移		≤0.20	≤0.40	≤0.60	≤0.60
3	锤头在最下位置时，锤头中心对模座键槽中心的偏移		≤1.00	≤1.50	≤2.00	≤2.00
4	两锤架导轨的平行度		≤0.05/1 000	≤0.05/1 000	≤0.05/1 000	≤0.05/1 000
5	锤头在最下位置时，锤头与锤架导轨侧隙	单边	0.15～0.20	0.15～0.20	0.15～0.25	0.20～0.30
		双边	0.30～0.40	0.30～0.40	0.30～0.50	0.40～0.60

3.12 安全与防护

3.12.1 安全与防护应符合 GB 17120 的规定。

3.12.2 电液锤应有防止锤杆意外断裂而引起高压油喷泄的防护装置。

3.12.3 数控模锻电液锤应有防止锤头意外下落的安全销装置，安全销开关应与打击操作开关互锁。

3.12.4 电液锤上有可能对人身和设备造成损伤的部分，应采取相应的安全防护措施和警示。

4 试验方法

4.1 空运转试验

4.1.1 空运转试验时间不应少于 2 h。

4.1.2 在空运转试验时间内，连续试验时间不应小于 1.5 h。

4.1.3 试验时各部分应运转平稳，不应有不正常的尖叫声。

4.1.4 电机、油泵启动和停止试验，连续进行，不少于 3 次，应灵敏可靠。

4.1.5 电机、油泵空运转试验，不少于 30 min，应无异常。

4.1.6 全行程提锤、慢降、锤头悬置试验，连续进行 10 次，应灵活、轻便、平稳、准确，无卡滞现象，无异常声响。提锤时锤头应能快速提升；自由锻电液锤、模锻电液锤锤头悬置试验时，锤头在任何位置都能停住；慢降时锤头应缓慢下落，慢降过程中锤头在任何位置可随时停住；操纵部件处于打击位置时，锤头能快速实现打击。

4.1.7 按 GB/T 23281 的规定测定噪声，其声压级不超过 90 dB(A)。

4.1.8 电液动力头的空运转试验，应在试验台架上进行。

4.2 负荷运转试验

4.2.1 试验在用户使用现场结合当时的锻件进行，可试锻两种典型锻件，使用功能应发挥正常。

4.2.2 锤的打击能量采用镦粗铜柱法进行测量，试验用试件材料应符合附录A的规定。也可用典型镦粗工序所需锻击能量做比照性经验评定。

4.2.3 其他技术要求应在两个班次的连续工作后进行评定。

4.2.4 实际打击能量按下列公式计算：

$$E=\frac{1}{2}mv^2 \quad \cdots\cdots(1)$$

式中：

E——打击能量，单位为焦耳(J)；

m——落下部分实际质量，单位为千克(kg)；

v——上下砧块或上下模块闭合时的速度，单位为米每秒(m/s)。

4.2.5 自由锻电液锤、模锻电液锤最大打击能量不应小于GB/T 25718中规定的公称打击能量。

4.2.6 试验数控模锻电液锤打击能量控制精确度。

5 检验规则

5.1 电液锤的检验分为出厂检验和型式检验。

5.2 每台电液锤都应进行出厂检验。检验合格并填写产品合格证明书后才能出厂。

5.3 对于新产品、更新产品(包括结构、主要零件、工艺有较大改变的产品)，应进行型式检验。

5.4 电液锤出厂检验和型式检验的检验项目应符合表5的规定。

表5

检验项目	检验类别		技术要求	检验方法
	出厂检验	型式检验		
基本要求	+	+	3.1	直接测量和检查
基本参数	+	+	3.2	直接测量
性能	+	+	3.3	直接测量
外观	+	+	3.4	目测和直接测量
装配	+	+	3.5	直接测量和检查
液压系统	+	+	3.6	直接测量和检查
润滑系统	+	+	3.7	直接测量和检查
气动系统	+	+	3.8	直接测量和检查
电气设备	+	+	3.9	直接测量和检查
噪声	+	+	3.10	直接测量
安装精度	+	+	3.11	直接测量和检查
安全与防护	+	+	3.12	直接测量和检查
空运转试验	+	+	4.1	4.1
负荷运转试验	−	+	4.2	4.2
注：“+”表示进行检验，“−”表示不进行检验。				

6 标志、包装、运输和贮存

6.1 电液锤的各类标记和标牌应固定在锤身上明显的位置。

6.2 标牌的型式与尺寸应符合 GB/T 13306 的规定，在标牌上应标明：

a） 制造企业的名称；

b） 产品名称；

c） 产品型号；

d） 生产日期或出厂日期；

e） 产品编号。

6.3 电液锤的包装应符合 JB/T 8356.1 的规定。

6.4 每台电液锤均应随机附带下列文件：

a） 合格证明书；

b） 装箱单；

c） 使用说明书。

6.5 电液锤的包装应符合水路、陆路运输的规定，在运输时不应产生机械性损害；包装运输标志应符合 GB/T 191 的规定。

6.6 电液锤应在干燥、通风、防雨的地方贮存。

附 录 A
（规范性附录）
以镦粗铜柱测定打击能量的方法

A.1 试件准备

A.1.1 试件材料的选择

选用纯度大于99.9%的电解紫铜棒，牌号为T1或T2。

A.1.2 试件尺寸的选择

高径比 h_0/d_0 为1.5，直径 d_0 的选择应使变形程度 ε 在0.4～0.6（对数变形程度 $\varphi_h=0.511$～0.917）范围内，以取得良好的变形效果。若锻锤吨位较大，可同时使用2～3个铜柱试件，总能量为各试件变形能之和。铜柱试件的结构如图A.1所示。

单位为毫米

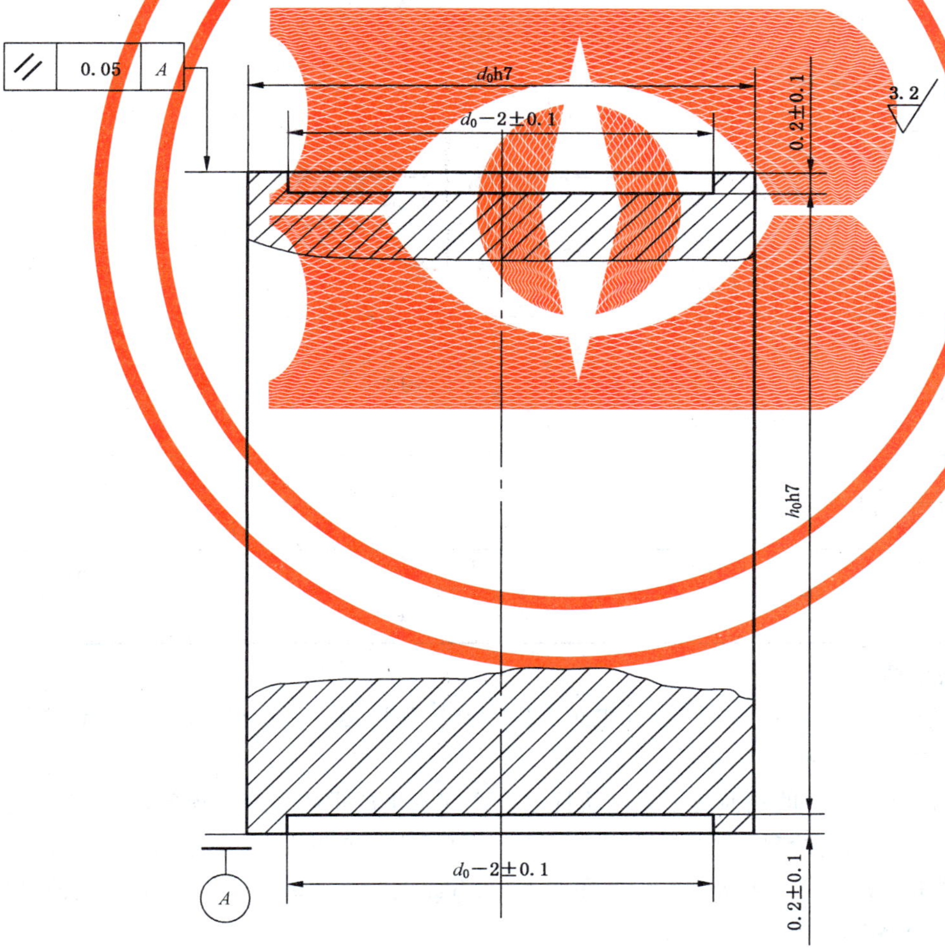

图 A.1 铜柱试件

表A.1、表A.2给出了不同打击能量锻锤铜柱试件尺寸，h_1 为试件锻后的规定高度。铜柱在单次打击镦粗后达到此高度，说明此锤的打击能量达到设计要求，可视为合格。

表 A.1 自由锻电液锤对铜柱的要求

打击能量/kJ		35	70	105	140	175	210	280	350
锻击前铜柱尺寸/mm	d_0	48	62	72	80	86	2×72	2×80	2×86
	h_0	72	93	108	120	129	93	120	129
锻击后铜柱高度 h_1/mm		36	46.5	53	62	65.5	46.5	62	65.5

表 A.2 模锻电液锤对铜柱的要求

打击能量/kJ	锻击前铜柱尺寸/mm		锻击后铜柱高度 h_1/mm
	d_0	h_0	
6.3	28	42	21.5
8	30	45	23
10	32	48	24.5
12.5	34	51	25.5
16	38	57	28.5
20	40	60	30
25	44	66	33.5
31.5	46	69	34.5
40	50	75	37
50	56	84	42.5
63	60	90	45
75	64	96	44
80	66	99	50
100	70	105	52
125	76	114	57
160	2×66	99	50
200	2×70	108	54.5
250	2×76	114	57
400	2×90	135	68.5

A.1.3 试件的热处理

试件要经过热处理，从棒料上锯下后，在电炉内以 500 ℃温度退火 1 h，炉内缓冷，达到软化目的。

A.1.4 试件的加工

在锻击镦粗过程中，试件的端面与上下砧块接触面之间发生严重的外摩擦现象，由于产生阻碍其相对移动的力的作用，导致试件变形后形成两端小，中间大的不均匀变形，这会影响计算精度。现设计成如图 A.1 形状，两端面只留下宽度为 1 mm 的环面，中间有深度为 0.2 mm±0.1 mm 的油池，使上下接触面之间形成良好的液体润滑状态，实现理想的均匀变形。

A.1.5 测试要求

掌握锻锤的操作要领，只允许单次重击，不许连击；上下砧面应平整，干净；铜柱试件上下凹面应充满牌号为 N68 或 N100 的润滑油。在锻锤下砧周围应设置防护装置，以防止锻击时试件飞出，造成人身事故。

A.2 锻锤打击能量计算

试件在锻锤上锻击镦粗，根据一次锻击后试件高度尺寸的变化来计算锻锤打击能量，计算步骤如下：

A.2.1 根据一次锻击后试件高度 h_1，按公式(A.1)求试件变形程度 ε：

$$\varepsilon=\frac{h_0-h_1}{h_0} \qquad \cdots\cdots(\text{A.1})$$

A.2.2 按公式(A.2)求试件对数变形程度 φ_h：

$$\varphi_h=\ln\frac{1}{1-\varepsilon} \qquad \cdots\cdots(\text{A.2})$$

A.2.3 按公式(A.3)计算平均变形速率 $\omega_m(s^{-1})$：

$$\omega_m=\frac{v}{h_0} \qquad \cdots\cdots(\text{A.3})$$

式中：

v——有砧座锤落下部分的最大打击速度，可采用设计值，单位为毫米每秒(mm/s)。

A.2.4 确定平均变形阻力 K_{ω_m}，可按已算得的 φ_h 和 ω_m 由图 A.2 中查得 K_{ω_m} 值。

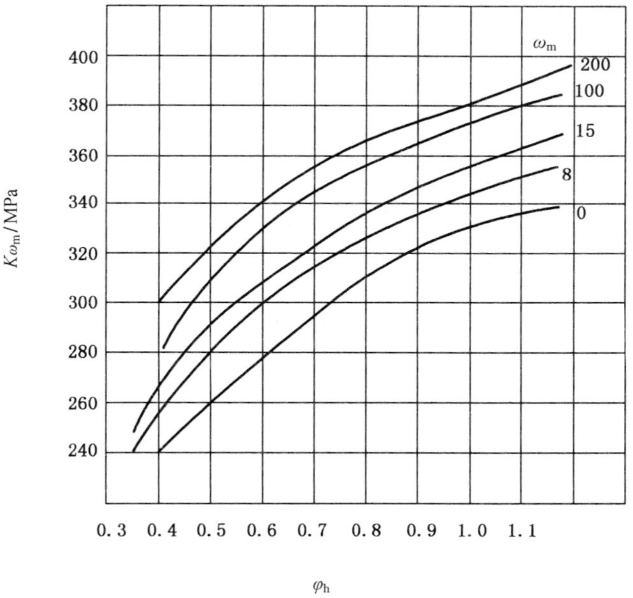

图 A.2 变形速率、对数变形程度及平均变形阻力之间的关系曲线

A.2.5 按公式(A.4)计算铜柱的变形功 A(kJ)：

$$A=\varphi_h K_{\omega_m} V\times10^{-6} \qquad \cdots\cdots(\text{A.4})$$

式中：

V——铜柱的体积，单位为立方毫米(mm^3)。

A.2.6 按公式(A.5)计算锻锤实际打击能量 E_0，单位为千焦(kJ)：

$$E_0=\frac{A}{\eta} \qquad \cdots\cdots(\text{A.5})$$

式中：

η——打击效率。

对于有砧座锤按公式(A.6)计算 η：

$$\eta=\frac{m_2}{m_1+m_2}(1-K^2) \quad \cdots\cdots(A.6)$$

式中：

m_1——落下部分质量，单位为千克(kg)；

m_2——砧座质量，单位为千克(kg)；

K——弹性恢复系数，对于紫铜柱，取 $K=0.08$。

A.2.7 上述计算方法，亦可作为设计试件之用。使变形程度 ε 在 0.4～0.6 范围内，先选定 d_0，h_0，ε 值，若标出的 A 值符合要求，说明选定的 d_0 和 h_0 值是合适的。

ICS 25.120.10
J 62

中华人民共和国国家标准

GB/T 25720—2010

空气锤　型式与基本参数

Pneumatic forging hammer—Type and parameter

2010-12-23 发布　　2011-07-01 实施

中华人民共和国国家质量监督检验检疫总局
中国国家标准化管理委员会　发布

前　言

本标准由中国机械工业联合会提出。

本标准由全国锻压机械标准化技术委员会(SAC/TC 220)归口。

本标准起草单位:安阳锻压机械工业有限公司、深圳市华测检测有限公司。

本标准主要起草人:张鑫、高书文、王卫东、郭冰、刘宏献、刘福海、周斌、朱平。

空气锤　型式与基本参数

1　范围

本标准规定了空气锤的型式与基本参数。

本标准适用于热态金属自由锻造的双作用空气锤。

2　术语和定义

下列术语和定义适用于本标准。

2.1

单体锤　one piece hammer

砧座与机身为一体的空气锤。

2.2

分体锤　two piece hammer

砧座与机身为两体的空气锤。

3　空气锤的型式

空气锤的型式分为单体锤和分体锤，单体锤见图1，分体锤见图2。

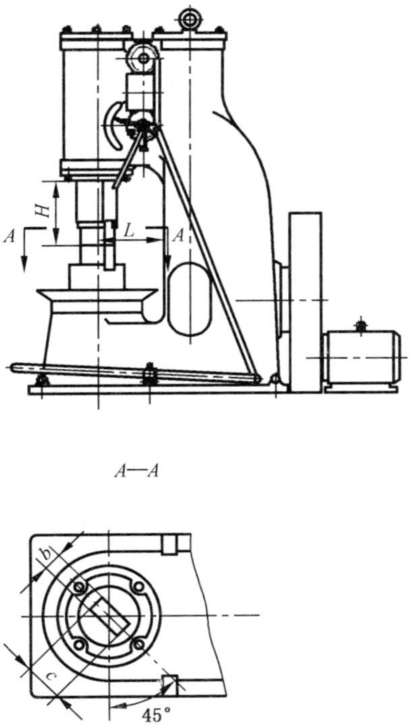

图 1　单体锤

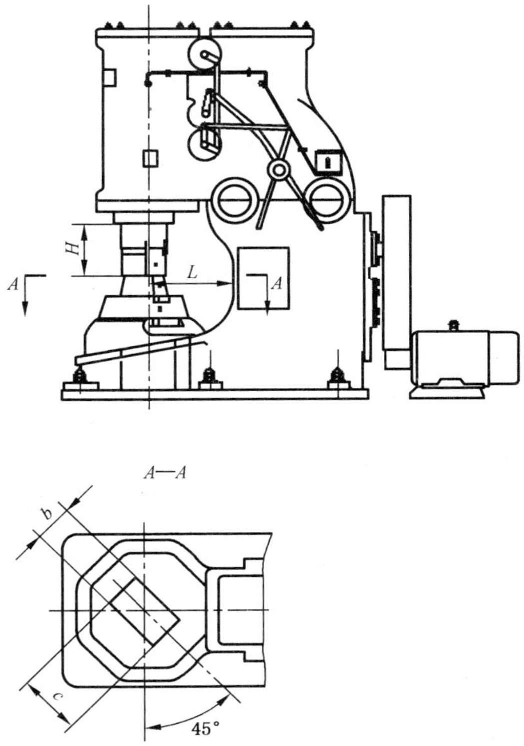

图 2　分体锤

4 空气锤的基本参数

4.1 单体锤的基本参数

单体锤的基本参数应符合图 1 和表 1 的规定。

表 1 单体锤的基本参数

型号	落下部分质量 kg	公称打击能量 J	锤头打击频次 min^{-1}	工作区间高度 H mm	锤杆中心线至锤身距离 L mm	上下砧块镜面尺寸 mm	
						长度 c	宽度 b
C41-9	9	90	245	135	120	60	35
C41-15	15	160	245	160	140	70	40
C41-25	25	270	250	240	200	100	50
C41-40	40	530	245	245	235	120	55
C41-55	55	700	230	270	270	135	60
C41-75	75	1 000	210	300	280	145	65
注：落下部分质量小于或等于 75 kg 的空气锤可制成单体锤。							

4.2 分体锤的基本参数

分体锤的基本参数应符合图 2 和表 2 的规定。

表 2 分体锤的基本参数

型号	落下部分质量 kg	公称打击能量 J	锤头打击频次 min^{-1}	工作区间高度 H mm	锤杆中心线至锤身距离 L mm	上下砧块镜面尺寸 mm		砧座质量 kg
						长度 c	宽度 b	
C41-40	40	530	245	245	235	120	55	400
C41-55	55	700	230	270	270	135	60	600
C41-75	75	1 000	210	300	280	145	65	750
C41-150	150	2 500	180	370	350	200	85	1 500
C41-250	250	5 600	140	450	420	220	100	2 500
C41-400	400	9 500	120	530	520	250	120	4 800
C41-560	560	13 700	115	600	550	300	140	6 720
C41-750	750	19 000	105	670	750	330	160	9 000
C41-1000	1 000	27 000	95	800	800	365	180	12 000
C41-2000	2 000	54 000	80	1 000	950	410	210	24 000
注 1：落下部分质量包括锤杆、上砧块、楔铁等相联接的零件的质量。 注 2：锤头的行程不应小于工作区间的高度 H。 注 3：砧座质量不包括砧垫、下砧块、楔铁等相联接的零件质量。								

4.3 公称打击能量的计算

公称打击能量 E 以上砧块向下运动，其下平面移动至表 2 所列锻件高度时的速度和质量计算，应按式(1)计算确定：

$$E=\frac{1}{2}mv^2 \qquad \cdots\cdots(1)$$

式中：

E——公称打击能量，单位为焦耳(J)；

m——落下部分的质量，单位为千克(kg)；

v——上砧块下平面向下运动至公称打击能量下的锻件高度(见表 3)时的速度，单位为米每秒(m/s)。

表 3　公称打击能量下的锻件高度

落下部分质量 kg	9	15	25	40	55	75	150	250	400	560	750	1 000	2 000
公称打击能量下的锻件高度 mm	20	25	30	35	35	40	45	50	60	70	80	90	145

ICS 25.120.10
J 62

中华人民共和国国家标准

GB/T 25721—2010

空气锤 技术条件

Pneumatic forging hammer—Technical requirements

2010-12-23 发布 2011-07-01 实施

中华人民共和国国家质量监督检验检疫总局
中国国家标准化管理委员会 发布

前　言

本标准的附录A是规范性附录。

本标准由中国机械工业联合会提出。

本标准由全国锻压机械标准化技术委员会(SAC/TC 220)归口。

本标准起草单位:安阳锻压机械工业有限公司、深圳市华测检测技术股份有限公司。

本标准主要起草人:王咏梅、韩涛、郭冰、周斌、范爱敏、华万红、孙华山、冯志刚、杨玉杰。

空气锤 技术条件

1 范围

本标准规定了空气锤的技术要求、试验方法、检验规则、标志、包装、运输和贮存。

本标准适用于热态金属自由锻造的空气锤。

2 规范性引用文件

下列文件中的条款通过本标准的引用而成为本标准的条款。凡是注日期的引用文件,其随后所有的修改单(不包括勘误的内容)或修订版均不适用于本标准,然而,鼓励根据本标准达成协议的各方研究是否可使用这些文件的最新版本。凡是不注日期的引用文件,其最新版本适用于本标准。

GB/T 191 包装储运图示标志(GB/T 191—2008,ISO 780:1997,MOD)

GB/T 469—2005 铅锭

GB/T 1184—1996 形状和位置公差 未注公差值(eqv ISO 2768-2:1989)

GB/T 1801—2009 产品几何技术规范(GPS) 极限与配合 公差带和配合的选择(ISO 1829:1975,MOD)

GB 5226.1 机械电气安全 机械电气设备 第1部分:通用技术条件(GB 5226.1—2008,IEC 60204-1:2005,IDT)

GB/T 9969 工业产品使用说明书 总则

GB/T 13306 标牌

GB 17120 锻压机械 安全技术条件

GB/T 23281 锻压机械噪声声压级测量方法(GB/T 23281—2009,ISO 11202:1995,NEQ)

GB/T 23282 锻压机械噪声声功率级测量方法(GB/T 23282—2009,ISO 3746:1995,NEQ)

GB/T 25720—2010 空气锤 型式与基本参数

JB/T 1829 锻压机械 通用技术条件

JB/T 5775 锻压机械灰铸铁件 技术条件

JB/T 8356.1 机床包装 技术条件

JB/T 8609 锻压机械焊接件 技术条件

JB 9973 空气锤 噪声限值

3 技术要求

3.1 基本要求

3.1.1 空气锤应符合JB/T 1829和本标准的规定,并按照经规定程序批准的图样及技术文件规定制造。

3.1.2 空气锤的安全与防护应符合GB 17120的规定。

3.1.3 铸铁件应符合JB/T 5775的规定,焊接件应符合JB/T 8609的规定。

3.1.4 使用说明书应符合GB 9969的规定。

3.1.5 随机备件、附件应能互换,并应符合有关技术文件的规定。

3.2 型式与基本参数

空气锤的型式和基本参数应符合GB/T 25720的规定。用户有特殊要求的除外。

3.3 性能

3.3.1 落下部分质量的偏差应在规定的落下部分质量的0～10%之间。

3.3.2 锤头实际打击频次的偏差(在锤头行程不小于工作空间高度3/4的条件下),不应超过额定打击频次的±5%。

3.3.3 各种工作规范的操作应灵活可靠,提锤时应能上升至悬吊位置。锤头处于悬吊位置时,上砧底面不应露出导程端面。

3.4 外观

3.4.1 空气锤的外观质量应符合JB/T 1829的规定。

3.4.2 铸件外部表面清除型砂、粘砂、结疤、多肉以后,用500 mm的直尺检查不加工表面的平面度,其误差不应大于2.5 mm。

3.4.3 外部不加工表面清除铁锈、型砂与油污后,应根据表面情况打底、抹腻子、涂漆。砧座及埋入件只涂防锈漆。铆焊件可不抹腻子。腻子层厚度不应大于1.5 mm,局部加厚处不应大于3 mm。涂漆应符合JB/T 1829的规定。

3.4.4 工作缸盖、压缩缸盖、气阀盖、分体结构的底座和气缸结合面的错偏量,不应超过表1的规定。

表1

单位为毫米

零部件结合面的边缘尺寸	允许错偏量
≤500	3
>500～1 250	4
>1 250～3 150	5
注:边缘尺寸指直径或相对应的边长。	

3.5 主要零件

3.5.1 机身

3.5.1.1 材料的主要机械性能指标为抗拉强度不低于200 MPa,抗弯强度不低于400 MPa,汽缸的硬度不低于表2的规定。

表2

铸件主要壁厚/mm	硬度/HB
>15～50	170
>50	163

气缸内壁的加工要求不低于GB/T 1801—2009中的9级公差,圆度公差值不应低于GB/T 1184—1996中的9级,表面粗糙度不大于$Ra1.6\ \mu m$。

3.5.1.2 气缸内壁不应有气孔、砂眼等影响工作性能的缺陷。

3.5.2 锤杆

3.5.2.1 材料的主要机械性能指标为屈服点不低于360 MPa,抗拉强度不低于610 MPa,经热处理后硬度不低于220 HB。

3.5.2.2 锤杆导向平面和杆部外圆的加工要求不低于GB/T 1801—2009中的9级公差,圆度公差不低于GB/T 1184—1996中的9级,两导向平面的平面度不低于GB/T 1184—1996中的7级,平行度不低于GB/T 1184—1996中的7级,轴线的对称度不低于GB/T 1184—1996中的9级,表面粗糙度不应大于$Ra1.6\ \mu m$。

3.5.2.3 燕尾槽底平面的平面度及对锤杆轴线的垂直度,均不低于GB/T 1184—1996中的7级要求。

3.5.3 压缩活塞

3.5.3.1 材料的主要机械性能指标为抗拉强度不低于 200 MPa，抗弯强度不低于 400 MPa，其硬度值不低于表 2 的规定。

3.5.3.2 活塞杆部外圆的加工要求不低于 GB/T 1801—2009 中的 9 级公差。表面粗糙度不应大于 $Ra1.6\ \mu m$。

3.5.4 活塞环应符合有关技术文件的规定。

3.5.5 上砧块和下砧块

3.5.5.1 上、下砧块工作面的硬度应在 40 HRC～45 HRC 范围内。

3.5.5.2 上、下砧块之上、下两平面的平行度不低于 GB/T 1184—1996 中的 6 级。

3.5.5.3 上、下砧块不应有锻造和热处理缺陷。

3.6 装配

3.6.1 对分体结构机身的气缸与底座经用烘装圈热装后（或用螺栓紧固后），其接触面之间的间隙不应大于 0.05 mm。若局部接触面之间的间隙大于 0.05 mm 时，则用 0.10 mm 的塞尺检查，插入深度不大于 20 mm，其累计长度不应超过接触面周长的 10%。

3.6.2 活塞环装入气缸后应与缸壁均匀接触，其不接触面在高度方向不应大于 1/3，在圆周方向局部不接触长度不应大于周长的 1/12，累计不应大于周长的 1/4。活塞环与气缸壁内壁的间隙应符合表 3 的规定。

表 3

落下部分重量/kg	活塞环和气缸内壁的间隙/mm
≤250	≤0.05
>250	≤0.10

3.6.3 上砧楔铁打入后，局部不接触面积不大于 10%，累计不接触面积不大于 25%，或每 25 mm×25 mm 面积内接触点不应小于 6 点。

3.6.4 传动齿轮啮合应均匀，接触斑点在齿高方向上不应小于 40%。在齿宽方向不应少于 50%。

3.6.5 啮合齿轮的轴向错位量不应超过表 4 的规定。

表 4　　单位为毫米

齿宽度 B	轴向错位量
$B \leq 100$	$0.05B$
$B > 100$	5

3.6.6 操纵机构应灵活、轻便、准确。手柄操纵力不大于 50 N，脚踏杆操纵力不大于 80 N。

3.7 电气设备

空气锤的电气设备应符合 GB 5226.1 的规定。

3.8 噪声

空气锤的噪声应符合 JB 9973 的规定。测量方法应符合 GB/T 23281、GB/T 23282 的规定。

4 试验方法

4.1 试验前的调整

在试验前应调整安装空气锤，下砧块工作面的水平度、上砧块与下砧块之间的间隙、气缸中心线对水平面的垂直度不应超过表 5 的规定。

表 5

序号	调整项目	示意图	检验方法	允差 mm
1	下砧块工作面的水平度	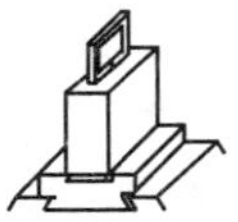	按图示把框式水平仪放在下砧块工作面上，调平下砧(下砧块、砧垫、砧座装在一起)	在 1 000 长度上为 0.1
2	上砧块与下砧块之间的间隙	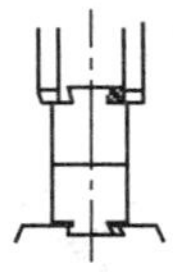	将上砧块落到已校平的下砧块工作面上，用塞尺测量接触面的间隙(如图)。误差以最大间隙值计	0.1
3	气缸中心线对水平面的垂直度		将上砧块落到已校平的下砧块工作面上，用塞尺测量导板与锤杆两侧导向平面的最大及最小间隙，垂直度误差以最大及最小间隙之差值(如图)计。同样，再用塞尺测量导程与锤杆两圆柱面的最大及最小间隙，应在与导向平面成 90°处测量(如图)，垂直度误差以最大及最小间隙之差值计	实测平均间隙的 2/3

4.2 试验条件

试验应在电压、润滑正常的条件下进行。

4.3 运转试验

4.3.1 运转试验时间不应少于 2 h。

4.3.2 在运转试验时间内，锤头连续行程时间不应小于 1.5 h，且行程不小于工作空间高度 3/4。

4.3.3 试验时各部分应运转平稳，不应有不正常的尖叫声。

4.3.4 运转试验应在正常的润滑条件下进行，润滑系统及接合面的密封处不应漏油漏气。

4.3.5 运转试验结束时，工作缸和压缩缸的温度应从测试孔或润滑孔进行测量，最高温升不应超过 70 ℃。

4.3.6 运转试验结束后，应进行提锤，连续打击，压锤三种工作规范的检查。检查操纵机构是否灵活、轻便、准确。在进行上述检查时，手柄操纵力不大于 50 N，脚踏杆操纵力不大于 80 N。

4.3.7 运转试验后，测量空气锤的噪声。

4.3.8 连续(自动)打击时，轻打不应出现重打。

4.3.9 运转试验结束后拆开缸盖，吊出锤杆及压缩活塞，检查缸壁、锤杆、活塞与活塞环，不应有拉伤和不正常的磨损等现象。

4.4 打击能量试验

4.4.1 用测量上砧块落下部分速度的方法确定锤的打击能量，应符合 GB/T 25720—2010 中 4.3 的规定。

4.4.2 亦可按附录 A 的规定确定锤的打击能量。

4.4.3 打击能量不应小于公称打击能量。

5 检验规则

5.1 空气锤的检验分为出厂检验和型式检验。

5.2 每台空气锤都应进行出厂检验。检验合格并填写产品合格证明书后才能出厂。

5.3 对于新产品、更新产品(包括结构、主要零件、工艺有较大改变的产品),应进行型式检验。

5.4 空气锤的出厂检验、型式检验应符合表6的规定。

表 6

检验项目	检验类别		技术要求	检验方法
	出厂检验	型式检验		
基本要求	+	+	3.1	直接测量和检查
基本参数	+	+	3.2	直接测量
主要尺寸	+	+	3.2	直接测量
性能	+	+	3.3	直接测量
外观	+	+	3.4	目测和直接测量
主要零件	+	+	3.5	直接测量
装配	+	+	3.6	直接测量
电气设备	+	+	3.7	测量和检查
噪声声压级	+	+	3.8	按GB/T 23281
噪声声功率级	—	+	3.8	按GB/T 23282
运转试验	+	+	4.3	按4.3
打击能量试验	—	+	4.4	按4.4
注:“+”表示进行检验,“—”表示不进行检验。				

6 标志、包装、运输和贮存

6.1 空气锤的各类标志和标牌应固定在锤身上明显的位置。

6.2 标牌的型式与尺寸应符合GB/T 13306的规定。在标牌上应注明:

a) 制造厂名称;

b) 产品名称;

c) 产品编号;

d) 生产日期或出厂日期;

e) 产品编号。

6.3 空气锤包装应符合JB/T 8356.1的有关规定。

6.4 每台空气锤均应随机附带下列文件:

a) 合格证明书;

b) 装箱单;

c) 使用说明书。

6.5 空气锤的包装应符合水路、陆路运输的规定,在运输时不应产生机械性损害;包装运输标志应符合GB/T 191的规定。

附　录　A
（规范性附录）
以镦粗铅柱测定打击能量的方法

A.1　铅柱材料应符合 GB/T 469—2005 中的 1 号铅，其尺寸应符合表 A.1 的规定，一次锻击后铅柱的高度不应大于表 A.1 的规定。镦粗铅柱测定打击能量的试验示意图见图 A.1。

表 A.1

落下部分质量/kg		9	15	25	40	55	75	150	250	400	560	750	1 000	2 000
铅柱尺寸 mm	直径 d_0	15	20	25	30	34	37	50	67	80	83	90	100	128
	高度 h_0	25	30	37.5	45	50	55.5	75	85	100	125	135	150	192
一次锻击后的铅柱高度 h_1/mm		16	18	23	26	27	32	43	50.2	59.5	65.5	67	73	96.5
打击能量/J		90	160	270	530	700	1 000	2 500	5 600	9 500	13 700	19 000	27 000	54 000

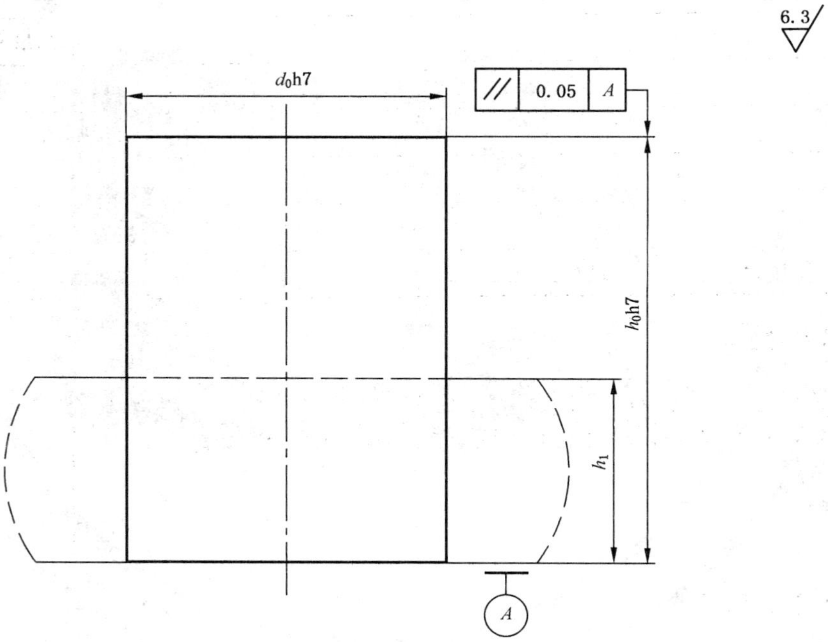

图 A.1　镦粗铅柱测定打击能量的试验示意图

A.2　实际打击能量 E_1 按式(A.1)计算。

$$E_1 = K \cdot d_0^3[2.7a + 4(a^2 + a^4)] \qquad \text{(A.1)}$$

式中：

E_1——打击能量，单位为焦耳(J)；

d_0——打击前铅柱直径，单位为毫米(mm)；

$a = (h_0 - h_1)/h_0$

h_0——打击前铅柱高度，单位为毫米(mm)；

h_1——一次打击后铅柱高度，单位为毫米(mm)；

$K = 0.01\ \text{J/mm}^3$。

ICS 97.180
Y 73

中华人民共和国国家标准

GB 25722—2010/ISO 9994:2005

打火机 安全与质量

Lighters—Safety and quality

(ISO 9994:2005, Lighters—Safety specification, IDT)

2010-12-23 发布 2011-06-01 实施

中华人民共和国国家质量监督检验检疫总局
中国国家标准化管理委员会 发布

前　言

本标准的第 3 章、第 4 章、第 5 章、第 6 章为强制性的，其余为推荐性的。

本标准等同采用 ISO 9994:2005《打火机　安全规则》(英文版)。

本标准纳入了 ISO 9994:2005/Amd.1:2008 的修正内容，这些修正内容涉及的条款已通过在其外侧页边空白位置的垂直双线(‖)进行了标示。

为便于使用，本标准做了下列编辑性修改：

a) 用“本标准”替代“本国际标准”；

b) 用小数点符号“.”代替小数点符号“,”；

c) 删除国际标准的前言。

本标准的附录 A 为资料性附录。

本标准由中国轻工业联合会提出。

本标准由全国五金制品标准化技术委员会(SAC/TC 174)归口。

本标准负责起草单位：宁波新海电气股份有限公司；参加起草单位：国家质量监督检验检疫总局危险品中心实验室、浙江大虎打火机有限公司、宁波兴达火机制造有限公司、宁波市打火机行业协会、温州市打火机行业协会、中华人民共和国湖南出入境检验检疫局。

本标准主要起草人：王利兵、黄新华、周大虎、刘刚、李宁涛、孙宁薇、李晶、彭梓。

打火机　安全与质量

1　范围

本标准规定了打火机的要求，以确保使用者在正常使用时，或可预见的不当使用情况下合理的安全程度。

本标准适用于所有已知的消费者常用香烟打火机、雪茄打火机和烟斗打火机。

本标准不适用于火柴及其他用来点燃除香烟、雪茄、烟斗以外物质的点火装置。

打火机作为产生火焰的工具，与其他火焰源一样，对使用者具有潜在的危害。本标准不能排除所有危害，但试图把对使用者的潜在危害减少到最小程度。

2　术语和定义

下列术语和定义适用于本标准。

2.1

打火机　lighter

一种手动操作的点火装置，用石化衍生物作燃料，通常用于以特意的方式点燃香烟、雪茄和烟斗，可以预料它也能用来点燃纸、灯芯、蜡烛和灯笼。

注：打火机并非设计用来当作蜡烛、手电筒或其他需要长时间燃烧的用途。

2.2

液体打火机　fluid lighter

一种附有外露灯芯的打火机，使用液态烃类物（如己烷）作燃料，标准蒸气压在 24 ℃时不超过 34.5 kPa。

2.3

气体打火机　gas lighter

一种使用液态烃类物（如正丁烷、异丁烷、丙烷）作燃料的打火机，标准蒸气压在 24 ℃时超过 104 kPa。

2.4

后混式打火机　postmixing burner lighter

燃料雾化（或气化）后和空气在燃烧时混合的气体打火机。

2.5

前混式打火机　premixing burner lighter

燃料和空气在点燃前已混合的气体打火机。

2.6

一次性打火机　disposable lighter

具有完整的燃料供给，但不能进行重复充灌的打火机。

2.7

可重复充灌式打火机　refillable lighter

能从外部重新充灌燃料或者能更换燃料箱的打火机。

2.8

可调节式打火机　adjustable lighter

具有可调节火焰装置，能让使用者调节火焰高度的打火机。

2.9

不可调节式打火机　non-adjustable lighter

无调节火焰高度装置的打火机。

注：火焰高度由打火机制造商设定。

2.10

自动调节式烟斗打火机　automatically adjusting pipe lighter

专门设计用来点燃烟斗的打火机，打火机从竖直位置倾斜时能自动增大火焰高度。

2.11

自熄式打火机　self-extinguishing lighter

一旦点燃，需要持续有效外力保持火焰，随着外力终止火焰随即熄灭的打火机。

2.12

非自熄式打火机　non-self-extinguishing lighter

点燃后不需要施加持续有效外力来维持火焰，但需要特意手动操作来熄灭火焰的打火机。

2.13

火焰高度　flame height

可见火焰顶部到风罩的直线距离；如果没有风罩，则是从火焰顶部到灯芯底部或燃烧阀嘴顶部的直线距离。

2.14

风罩　shield

全部或局部包裹气体打火机燃烧阀嘴或液体打火机灯芯的结构。

2.15

燃烧阀　burner valve

气体打火机控制燃料释放的部件。

2.16

燃烧阀嘴　burner valve orifice

燃烧阀燃料释放的顶端。

2.17

跳火　flaring

从稳定状态到不稳定状态的火焰高度变化。

2.18

持续自动点火　sustained self-ignition

由于非人为有意识的点火操作，例如跌落打火机，导致点火装置被激活，并引起火焰持续燃烧的现象。

2.19

爆火　spitting

溅火　sputtering

无雾化燃料飞溅或液体燃料以小液滴燃烧状态从主火焰中脱离的一种现象。

2.20

火焰　flame

燃料燃烧的结果，此过程中能产生热量和在正常或弱光条件下肉眼可以看得到光线。

2.21

点火　ignite

以预定方式操作配套的点火装置及燃料释放系统，使打火机产生火焰。

3 功能要求

3.1 火焰产生

为尽量避免意外点火或自动点火的可能性，打火机应用特意的手动操作进行点燃。该操作应至少遵循以下要求中的一项：

a) 使用者需要有效操作才能产生火焰并维持燃烧；

b) 使用者需要两次或多次独立操作才能产生火焰；

c) 产生火焰所需要的作用力应当等于或者大于15 N(见图1或图2)。

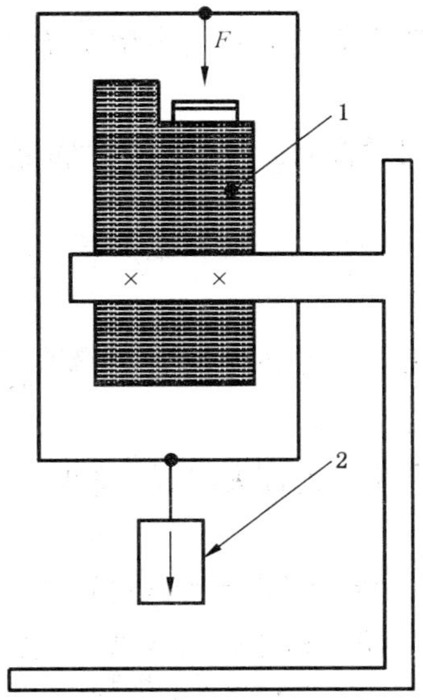

1——打火机；

2——质量；

F——火焰产生力。

图1 按3.1c)规定施加产生火焰的作用力——按钮式动作装置

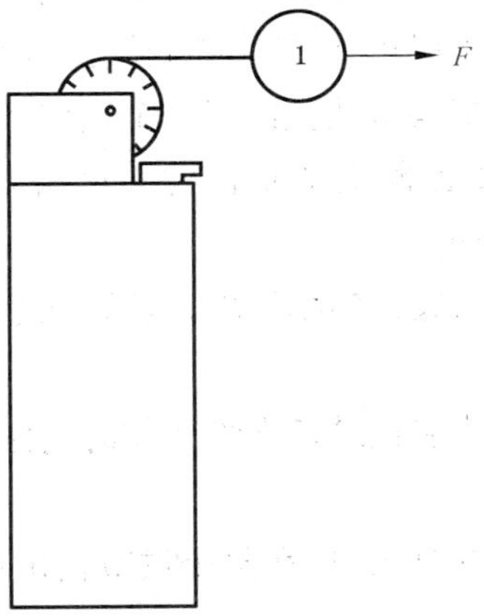

1——测力计；

F——火焰产生力。

图2 按3.1c)规定施加产生火焰的作用力——磨轮式动作装置

3.2 火焰高度

注：本标准对于前混式和后混式打火机规定的最大火焰高度，将定期重新考虑，随技术进步逐步减少。

3.2.1 不可调节式打火机

3.2.1.1 按照5.2条款对不可调节式液体打火机进行试验时，火焰高度不应超过120 mm。

3.2.1.2 按照5.2条款对不可调节式前混式和不可调节式后混式打火机进行试验时，火焰高度不应超过50 mm。

3.2.2 可调节式打火机

3.2.2.1 按照5.2条款对2.8条款定义的可调节式打火机进行试验时，使用者在不同使用条件下的最大火焰高度应符合下列要求。

3.2.2.2 可调节式后混式打火机，制造商应调节好火焰高度，使用者第一次点火不改变调节装置位置，火焰高度不应超过100 mm。

3.2.2.3 可调节式后混式打火机，使用者特意调节到制造商的最大火焰高度的设计极限，火焰高度不应超过120 mm。

3.2.2.4 可调节式前混式打火机，制造商应调节好火焰高度，使用者第一次点火不改变调节装置位置，火焰高度不应超过60 mm。

3.2.2.5 可调节式前混式打火机，使用者特意调节到制造商的最大火焰高度的设计极限，火焰高度不应超过75 mm。

3.2.2.6 可调节式前混式和可调节式后混式打火机，当调节到最小火焰高度时，火焰高度不应超过50 mm。

3.2.2.7 自动调节式烟斗打火机在任何位置时产生的火焰高度不应超过100 mm。

3.2.2.8 打火机最大能达到的火焰高度应通过事先设定或产品设计，或两者兼用的方式进行限制。

注：见附录A中第A.1章的接收质量限(AQL)和参考文献中的参考取样数量。

3.3 火焰高度调节

3.3.1 对于条款2.8定义的可调节式打火机，在正常使用状态下，使用者应需要特意的动作才能够减少或者增加火焰高度。可调节式打火机应当设有标记，表示要减少或增加火焰高度调节装置所需运动的方向。

3.3.2 对于火焰高度调节装置符合3.3.3条款和3.3.4条款的打火机，调节装置的指示方向应永久刻在或印在打火机上，这些标记应位于打火机火焰调节装置附近，使用者应清楚看到并理解。

3.3.3 对于有与火焰垂直的回转式火焰调节装置的可调节式气体打火机，应能完成以下操作：

a) 如果火焰调节装置位于打火机上部，打火机固定在火焰竖直向上位置，使用者面朝调火装置，左旋调节旋钮应当降低火焰高度；

b) 如果火焰调节装置位于打火机底部，使用者面朝调火装置，顺时针调节旋钮应当降低火焰高度。

3.3.4 对于沿平行火焰轴方向火焰调节装置进行火焰调节的气体打火机，应能根据移动方向增减火焰高度。

3.3.5 对于调节旋钮突出打火机体表的打火机，在整个调节范围内，应需要至少1 N的力在切线方向上进行调节(见图3)。

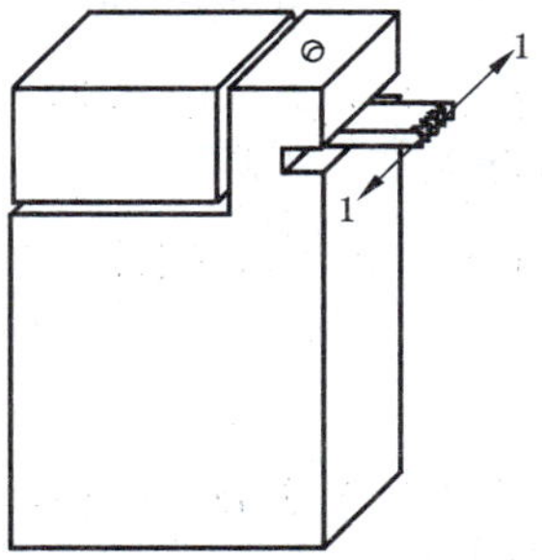

1——火焰调节力方向。

图 3　按 3.3.5 规定施加火焰调节作用力

3.4　抗溅火、爆火或跳火

按照 5.3 条款对 2.3 条款定义的气体打火机进行试验，火焰高度设置到最大火焰高度时不应有 2.19 条款定义的溅火、爆火或 2.17 条款定义的跳火。

3.5　火焰熄灭

当打火机以预定方式火焰熄灭时，如合上机盖或释放按钮或压杆，火焰熄灭时间应符合下列要求：

a) 按照 5.4 条款对不可调节式液体打火机和不可调节式后混式打火机进行试验，在其永久设定的火焰高度位置燃烧 10 s 后，其任何外露火焰应在 2 s 内完全熄灭；

b) 按照 5.4 条款对可调节式后混式打火机进行下列试验时，任何火焰应在 2 s 内完全熄灭：

1) 火焰高度设定在 50 mm 位置，或当最大火焰高度小于 50 mm 时，火焰高度设定其最大火焰高度位置，燃烧 10 s；

2) 火焰高度设定其最大火焰高度位置，燃烧 5 s。

c) 对于有风罩的后混式打火机，延时燃烧时间（即：持续燃烧）允许增加 2 s，但期间火焰不应超出风罩；

d) 按照 5.4 条款对永久设定火焰高度的不可调节式前混式打火机进行试验时，任何火焰应在 5 s 内完全熄灭；

e) 按照 5.4 条款对可调节式前混式打火机进行下列试验时，任何火焰应在 5 s 内完全熄灭：

1) 火焰高度设定在 50 mm 位置，或当最大火焰高度小于 50 mm 时，火焰高度设定其最大火焰高度位置，燃烧 10 s；

2) 火焰高度设定其最大火焰高度位置，燃烧 5 s。

注：对于前混式气体打火机，本标准规定的全部延时燃烧时间，将定期重新考虑，随技术进步逐步减少。

3.6　容积排量

按照 5.7 条款对待出货气体打火机进行试验，打火机燃料的液体部分所占比例不应超过燃料箱总容积的 85%。

4　结构整体性要求

4.1　外观

以预定方式握持或使用打火机时，打火机的表面不应有可能致使用者划伤或磨损的尖锐边缘。

4.2　燃料相容性

4.2.1　按照 5.5 条款进行试验，2.2 条款定义的液体打火机在与制造商建议使用的燃料长期接触时其部件不应破损变质，以致打火机不符合本标准。

4.2.2　按照 5.5 条款进行试验，2.3 条款定义的气体打火机与制造商建议使用的燃料直接接触时其部件不应破损变质，以致打火机不符合本标准或导致气体泄漏率超过 15 mg/min。

4.2.3　符合条款 4.2.1 和 4.2.2 的要求，并能以预定方式点燃的打火机，还应符合条款 3.1～3.5（含条款 3.1 和 3.5)规定的所有要求。不能以预定方式点燃的打火机视为合格。

4.3 抗燃料泄漏

4.3.1 可重复充灌式液体打火机应具有密闭的燃料箱,按照 5.6 条款进行试验,燃料箱的密闭装置在被使用者以预定方式装配后,应防止燃料的损失和泄漏。

4.3.2 可重复充灌式气体打火机应具有增压燃料箱,按照 5.6 条款进行试验,重复充灌阀应安全可靠,气体泄漏率应不超过 15 mg/min。

4.4 抗跌落

4.4.1 按照 5.8 条款进行试验,打火机应承受 3 次高度为(1.5±0.1)m 的跌落而不会影响随后的安全使用:

a) 燃料箱不破裂/破碎;及

b) 不出现 2.18 条款定义的持续自动点火。

此外,对于气体打火机,燃料泄漏率应不超过 15 mg/min。

4.4.2 符合以上条款并能以预定方式点燃的打火机,还应符合条款 3.1～3.5(含条款 3.1 和 3.5)规定的所有要求。不能以预定方式点燃的打火机视为合格。

如果跌落试验中风罩脱落,风罩能重新安装的,安装后试验继续进行。

4.5 抗高温

4.5.1 对气体打火机和装有非吸收燃料的密封箱的液体打火机,按照 5.9 条款进行试验,应承受 4 h 的 65 ℃温度。

4.5.2 符合 4.5.1 条款并能以预定方式点燃的打火机,在(23±2)℃稳定后,还应符合条款 3.1～3.5(含条款 3.1 和 3.5)规定的所有要求。不能以预定方式点燃的打火机视为合格。

4.6 抗内压

按照 5.10 条款进行试验,气体打火机应承受打火机制造商建议使用的燃料在 55 ℃时产生的 2 倍蒸气压。

4.7 燃烧行为

4.7.1 下列打火机当灯芯或燃烧阀嘴向下倾斜与水平成 45°角时(见图 4),应承受连续燃烧 5 s,不会出现任何引发危险情况的燃烧或部件变形:

a) 可调节式气体打火机,火焰高度设定在其最大火焰高度位置。

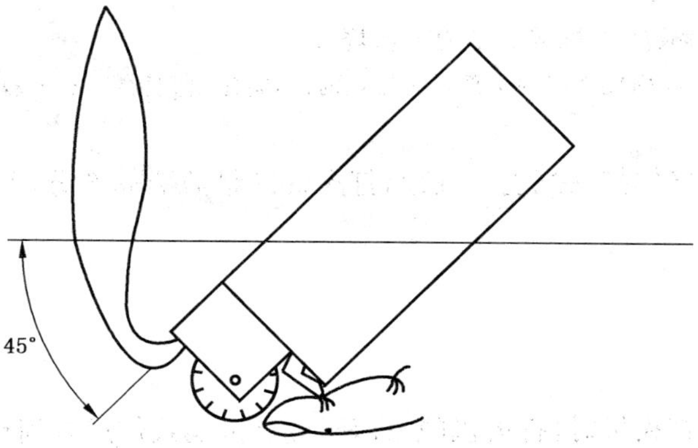

图 4 4.7.1 和 4.7.2 中描述的燃烧试验中打火机的位置

4.7.2 下列打火机当灯芯或燃烧阀嘴向下倾斜与水平成 45°角时(见图 4),应承受连续燃烧 10 s,不会出现任何引发危险情况的燃烧或部件变形:

a) 液体打火机;

b) 火焰高度在永久设定的火焰高度位置的不可调节式打火机;

c) 可调节式气体打火机,火焰高度设在 50 mm 位置,或当最大火焰高度小于 50 mm 时,火焰高度设在其最大火焰高度位置。

4.8 抗循环燃烧

按照5.11条款进行试验，下列打火机应承受燃烧20 s、反复10次的循环燃烧：

a) 液体打火机；

b) 火焰高度在永久设定的火焰高度位置的不可调节式打火机；

c) 可调节式气体打火机，火焰高度设在50 mm位置，或当最大火焰高度小于50 mm时，火焰高度设在其最大火焰高度位置。

符合此要求并能以预定方式点燃的打火机，还应符合条款3.1～3.5(含条款3.1和3.5)规定的所有要求。不能以预定方式点燃的打火机视为合格。

4.9 抗持续燃烧

按照5.12条款进行试验，下列打火机应承受竖直向上火焰持续燃烧2 min，且不应引发危险情况：

a) 液体打火机；

b) 火焰高度在永久设定的火焰高度位置的不可调节式打火机；

c) 可调节式气体打火机，火焰高度设在50 mm位置，或当最大火焰高度小于50 mm时，火焰高度设在其最大火焰高度位置。

5 试验方法

安全警告：使用本标准的试验者应当熟悉通常的实验室操作，如适用。本标准并不能指出与该标准应用有关的所有安全问题。因此在使用本标准前，使用者有责任建立合适的安全及健康措施，确定适用的规章限制。

5.1 试验样本

除非另有说明，试验样本均应是新的、完整的带燃料打火机，且在开始前没有机械损伤。

5.2 火焰高度试验

5.2.1 仪器

5.2.1.1 一个防火板做成的竖直标尺，水平刻度为5 mm的间隔，标尺底部应设置使打火机远离标尺25 mm的支架。

5.2.1.2 由不可燃材料制作的无风试验室。

5.2.2 步骤

5.2.2.1 试验应在无风试验室内进行。对于前混合式打火机，则建议试验在弱光条件下进行。

5.2.2.2 每次火焰高度试验之前，所有试验样本在(23±2)℃环境中稳定至少10 h。

5.2.2.3 将试验样本放于支架上，这样使火焰竖直向上。

5.2.2.4 点燃试验打火机，使火焰稳定约1 s，然后在5 s的燃烧过程内测量火苗高度，按最接近打火机后的防风板的5 mm刻度读数，来确定2.13条款定义的火焰高度。

5.3 溅火、爆火、跳火试验

5.3.1 总则

此试验不应包括2.2条款定义的液体打火机。

5.3.2 步骤

5.3.2.1 每次试验前，所有试验样本在(23±2)℃环境中稳定至少10 h。

5.3.2.2 对于2.8条款中定义的可调节式打火机，将火焰高度设在其最大火焰高度位置。

5.3.2.3 点燃打火机，以任意手持方式点燃5 s，观察2.19条款描述的爆火、溅火是否发生。

不合格：任何爆火、溅火视为不合格。

5.3.2.4 如果打火机试验合格，继续进行5.3.2.7条款试验前，打火机重新在(23±2)℃环境中至少稳定5 min。

5.3.2.5　如果用不同的气体打火机进行 5.3.2.7 条款的试验，继续进行 5.3.2.7 条款试验前，按照 5.3.2.1条款稳定每个打火机。

5.3.2.6　2.10 条款定义的自动调节式烟斗打火机不应进行 5.3.2.7 条款～5.3.2.12 条款的试验。

5.3.2.7　点燃打火机，使火焰竖直向上，观察火焰高度。然后将打火机向下旋转至与水平线成 45°角（见图 5），再次观察稳定火焰的高度或火焰的平均高度。然后熄灭打火机，恢复竖直向上位置。

不合格：如果在总的 5 s 内的任何时间火焰高度超过稳定状态火焰高度 50 mm，或最大火焰高度超过条款 3.2 所规定的最大值，则视为不合格。

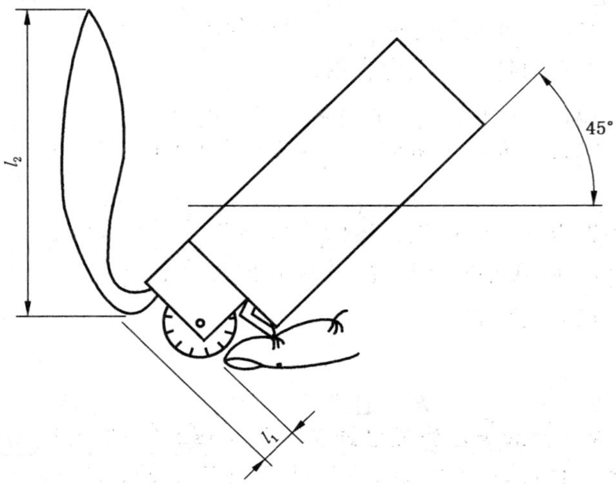

火焰高度 $= l_1 + l_2$

图 5　在 5.3.2.7 描述的火焰跳火试验中测量火焰高度

5.3.2.8　如果打火机试验合格，继续进行 5.2.3.10、5.2.3.11 和 5.2.3.12 条款试验前，打火机重新在 (23±2)℃环境中至少稳定 5 min。

5.3.2.9　如果用不同气体打火机进行 5.3.2.10、5.3.2.11 和 5.3.2.12 条款试验，按照 5.3.2.1 条款稳定每个打火机。

5.3.2.10　倒置打火机 10 s。

5.3.2.11　旋转打火机至竖直向上位置，然后点燃打火机。

5.3.2.12　观察燃烧 5 s 内的火焰高度。

不合格：任何火焰高度变化超过 50 mm 或火焰高度超过条款 3.2 规定的最大值，视为不合格。

5.4　熄火试验

5.4.1　仪器

如 5.2.1 条款所描述。

5.4.2　步骤

5.4.2.1　所有试验样本在(23±2)℃环境中稳定至少 10 h。建议在弱光条件下进行试验。

5.4.2.2　打火机紧靠火焰高度试验仪器，这样使火焰方向竖直向上。

5.4.2.3　点燃并按照 3.5a)或 3.5b)或 3.5d)或 3.5e)条款要求调节火焰高度。

5.4.2.4　熄灭火焰，让它冷却至少 1 min。

5.4.2.5　按照 3.5a)或 3.5b)或 3.5d)或 3.5e)条款中的燃烧时间点燃打火机，再以正常方式熄灭火焰。

5.4.2.6　测量并记录任何熄灭动作后的燃烧时间。

不合格：延迟燃烧时间(即：持续燃烧)超过条款 3.5 的要求，视为不合格。

5.5 **燃料相容性试验**

5.5.1 **总则**

本试验目的是确定打火机部件与制造商建议使用燃料接触，是否会引起任何形式的部件损坏或导致燃料泄露。

经条款 3.1～3.5(含条款 3.1 和 3.5)试验后的打火机，也可用于进行燃料相容性试验。

5.5.2 **仪器**

5.5.2.1 **对于液体打火机**

5.5.2.1.1 密闭容器。

5.5.2.1.2 设有防止气体或蒸气聚集的出气孔的控温箱，温度能保持在(40±2)℃。

5.5.2.2 对于气体打火机

5.5.2.2.1 设有防止气体或蒸气聚集的出气孔的控温箱，温度能保持在(40±2)℃。

5.5.2.2.2 温度在 35 ℃～45 ℃之间，精度为±1 ℃的测温器。

5.5.2.2.3 精度为 0.1 mg 的天平。

5.5.3 **步骤**

5.5.3.1 **对于液体打火机**

5.5.3.1.1 按照制造商建议的方法，向试验样本灌入制造商建议使用的燃料。

5.5.3.1.2 点燃试验样本，确保打火机以预定方式点燃。

5.5.3.1.3 把熄灭的试验样本放置于密闭容器中，其盖子和壳体处于打开位置。

5.5.3.1.4 向密闭容器中充灌制造商建议使用的燃料，试验样本完全浸泡于燃料中，密封密闭容器。

5.5.3.1.5 控温箱的温度稳定在(40±2)℃。

5.5.3.1.6 把容器在控温箱内放置 28 d。

5.5.3.1.7 将容器从控温箱取出，并将试验样本从容器中取出。

5.5.3.1.8 彻底干燥试验样本。

5.5.3.1.9 按照制造商建议的方式和燃料，重新充灌试验样本。

5.5.3.1.10 试验样本在(23±2)℃环境下稳定至少 10 h。

5.5.3.1.11 在所有方向上目视检查打火机液体燃料的泄漏。

不合格：任何燃料的泄漏，视为不合格。

5.5.3.1.12 能以预定方式点燃的打火机，还应符合条款 3.1～3.5(含条款 3.1 和 3.5)规定的所有要求。

5.5.3.1.13 不能以预定方式点燃的打火机视为合格。

5.5.3.1.14 此试验与试验样本生产时间密切相关，因此，该试验应使用新生产的打火机进行。

5.5.3.2 **对于气体打火机**

5.5.3.2.1 控温箱温度稳定在(40±2)℃。

5.5.3.2.2 把每个试验样本进行短时间点火，确保试验样本内仍有燃料。将熄灭的试验样本放入控温箱 28 d。

5.5.3.2.3 28 d 后，从控温箱里取出试验样本。

5.5.3.2.4 将试验样本在(23±2)℃环境下至少稳定 10 h。

5.5.3.2.5 用天平称量试验样本，确定试验样本的燃料泄漏率是否超过 15 mg/min。

不合格：燃料泄漏率超过 15 mg/min，或打火机液体燃料为空，均视为不合格。

若打火机的燃料箱全部或部分透明，透过燃料箱观察液体燃料剩余量。若未见液体燃料剩余，视为空打火机。

5.5.3.2.6 能以预定方式点燃的打火机，还应符合条款 3.1～3.5(含条款 3.1 和 3.5)规定的所有要求。不能以预定方式点燃的打火机视为合格。

如果打火机的燃料箱不是透明的，应根据 5.5.3.2.7 条款进行试验。

5.5.3.2.7 不透明的打火机同时又不能以预定方式点燃时，应通过下述方法确定其液体燃料是否为空：

a) 使用精度为 0.1 mg 的天平称量打火机；

b) 打开燃料箱(按压密封机构，或开启一次性打火机燃烧阀，或开启可重复充灌式打火机的注气阀)；

c) 连同所有部件再次称量打火机。

如果质量在±10 mg 范围无变化，则该打火机视为一个空打火机。

5.5.3.2.8 所有能以预定方式点燃的打火机都还应符合条款 3.1～3.5 规定的所有要求(含条款 3.1 和 3.5)。不能以预定方式点燃的打火机视为合格。

5.5.3.2.9 此试验与试验样本生产时间密切相关，因此，该试验应使用新生产的打火机进行。

5.6 重复充气试验

5.6.1 总则

本试验目的是确保打火机充灌阀不发生危险泄漏。

5.6.2 仪器设备

对于可重复充灌式气体打火机：需要短时间内对气体泄漏测量足够灵敏的天平。

5.6.3 步骤

5.6.3.1 对附有密封燃料箱的液体打火机

5.6.3.1.1 将设有密封燃料箱的打火机中的密封件从注气口拔掉。

5.6.3.1.2 按照制造商建议使用的燃料和方式，充灌燃料箱。

5.6.3.1.3 装好密封件，擦拭并干燥打火机。

5.6.3.1.4 观察密封件接缝或燃料箱本身是否有泄漏。

不合格：任何燃料明显泄漏，视为不合格。

5.6.3.2 对于可重复充灌式气体打火机

5.6.3.2.1 排空打火机的燃料箱，按照制造商建议使用的燃料和方式，重新充灌打火机。

5.6.3.2.2 用天平称量打火机，确定燃料泄漏率是否超过 15 mg/min。

不合格：燃料泄漏率超过 15 mg/min，视为不合格。

5.7 燃料体积排量试验

5.7.1 总则

本试验目的是确定燃料液体部分的排量相对于燃料箱总容积的体积比。此试验不应包括 2.2 条款定义的液体打火机。

5.7.2 试验样本

试验样本应由待发货打火机组成。

5.7.3 仪器

精度为 0.1 mg 的天平。

5.7.4 步骤

5.7.4.1 将所有试验打火机在(23±2)℃温度下稳定至少 10 h。

5.7.4.2 称量未使用过的试验打火机的质量，排空燃料，30 min 后重新称量排空后的打火机质量，以确定燃料质量。

5.7.4.3 使用燃料在(23±2)℃时的密度(g/cm^3)，按照如下公式计算燃料液体部分体积(V_1)：

$$V_1 = \frac{\text{燃料质量(g)}}{(23 \pm 2)℃\ \text{时的燃料密度}(g/cm^3)}$$

若不知燃料类型和成分，则燃料密度选用 0.54 g/cm^3。

5.7.4.4 在燃料箱上钻一直径不超过 6 mm 的孔,然后称量打火机。

5.7.4.5 采用注射器或其他工具,在(23±2)℃时用蒸馏水填充燃料箱,确保燃料箱内无气泡。

根据打火机及其燃料箱的出厂设计(尺寸、形状与壁厚),视需要在燃料箱上钻排气孔,使填充过程易排出空气。如使用排气孔,应在填充和钻孔后称量打火机。

5.7.4.6 称量灌水打火机。

5.7.4.7 用灌水打火机(见 5.7.4.6 条款)的质量减去空打火机的质量(见 5.7.4.4 条款),或者称量填充打火机所需水的质量,或采用其他方便方法来确定水的质量。

5.7.4.8 按如下公式计算打火机样本燃料箱体积:

$$V_0 = \frac{\text{水的质量(g)}}{(23 \pm 2)℃\ \text{水的密度}(\text{g/cm}^3)}$$

不合格:V_1/V_0 超过 0.85 视为不合格。

5.8 跌落试验

5.8.1 总则

本试验目的是确定打火机安全承受在使用过程中有可能发生跌落的能力。

经条款 3.1~3.5(含条款 3.1 和 3.5)试验后的打火机,也可用于进行跌落试验。

5.8.2 仪器和材料

5.8.2.1 混凝土表面。

5.8.2.2 测高仪器,标有高度(1.5±0.1)m。

5.8.2.3 天平,称量 1 min 内的燃料泄漏量,精度为 0.1 mg;或者称量 10 min 内的泄漏量,精度为 1.0 mg。

5.8.3 步骤

5.8.3.1 对于每种类型的打火机

试验样本应分成两组进行跌落试验:

样本 1:打火机应当在(23±2)℃环境中至少稳定 10 h。

对于可调节式打火机,火焰高度应设定在其最大火焰高度位置。

样本 2:打火机应在(−10±2)℃温度下保持 24 h,然后应在(23±2)℃温度下稳定至少 10 h。

对于可调节式打火机,火焰高度应设定在 50 mm 或最大值。

5.8.3.2 对于液体打火机

5.8.3.2.1 让每个试验样本从(1.5±0.1)m 高处自由跌落至混凝土地表面,三次跌落试验样本初始姿态为:

a) 底部朝下;

b) 底部朝上;

c) 水平。

附有罩壳的打火机跌落试验中,罩壳应关闭。

5.8.3.2.2 观察试验样本在每次跌落试验中是否有燃料箱破裂,或者出现持续自动点火。

不合格:燃料箱破裂/破碎或者持续自动点火,视为不合格。

5.8.3.3 对于气体打火机

5.8.3.3.1 让每个试验样本从(1.5±0.1)m 高处自由跌落至混凝土地表面,三次跌落试验样本初始姿态为:

a) 底部朝下;

b) 底部朝上;

c) 水平。

附有罩壳的打火机跌落试验中,罩壳应关闭。

5.8.3.3.2 观察试验样本在每次跌落试验中是否有燃料箱破裂，或出现持续自动点火。

不合格：燃料箱破裂/破碎或持续自动点火，视为不合格。

5.8.3.3.3 三次跌落试验后 5 min 内，用天平称量燃料泄漏率是否超过 15 mg/min。

不合格：泄漏率超过 15 mg/min，视为不合格。

5.8.3.4 所有符合条款 5.8.3.2 和条款 5.8.3.3 试验的打火机，能以预定方式点燃的打火机，还应符合条款 3.1～3.5（含条款 3.1 和 3.5）规定的所有要求。

5.8.3.5 不能以预定方式点燃的打火机视为合格。

5.9 高温试验

5.9.1 总则

本试验目的是确定燃料箱包括密封件是否能承受高温，避免燃料箱破裂或破碎，或影响日后打火机安全使用。

经条款 3.1～3.5（含条款 3.1 和 3.5）试验后的打火机，可用于进行高温试验。

5.9.2 仪器

5.9.2.1 设有防止气体集聚出气孔的控温箱，温度能保持在（65±2）℃。

5.9.2.2 精度为±2 ℃的测温仪。

5.9.2.3 天平，精度为 0.1 mg。

5.9.3 步骤

5.9.3.1 控温箱温度稳定在（65±2）℃。

5.9.3.2 把每个试验样本进行短时间点火，确保每个试验样本内仍有燃料。将熄灭的试验样本放入控温箱中至少 4 h。

5.9.3.3 在 4 h 后取出试验样本，在（23±2）℃下至少稳定 10 h。

5.9.3.4 对于液体打火机，在温度稳定之后，如果液体燃料排空，按照制造商建议使用的燃料和方式，重新充灌打火机。

不合格：燃料箱、密封部件破裂/破碎，视为不合格。

5.9.3.5 能以预定方式点燃的液体打火机，还应符合条款 3.1～3.5（含条款 3.1 和 3.5）规定的所有要求。不能以预定方式点燃的打火机视为合格。

5.9.3.6 对于气体打火机，在温度稳定之后，通过天平称量确定燃料泄漏率是否超过 15 mg/min。

不合格：气体燃料泄漏率超过 15 mg/min 或者打火机液体燃料为空，视为不合格。

如打火机全部或部分透明，透过燃料箱观察液体燃料剩余量。若未见液体燃料剩余，则打火机视为一个空打火机。

5.9.3.7 能以预定方式点燃的气体打火机，还应符合条款 3.1～3.5（含条款 3.1 和 3.5）规定的所有要求。不能以预定方式点燃的打火机视为合格。

如果打火机的燃料箱不是透明的，应根据 5.9.3.8 进行试验。

5.9.3.8 不透明的打火机同时又不能以预定方式点燃时，应通过下述方法确定其液体燃料是否为空：

a) 使用精度为 0.1 mg 的天平称量打火机；
b) 打开燃料箱（按压密封机构，或开启一次性打火机燃烧阀，或开启可重复充灌式打火机的注气阀）；
c) 连同所有部件再次称量打火机。

如果质量在±10 mg 范围无变化，则该打火机视为一个空打火机。

5.9.3.9 能以预定方式点燃的气体打火机都还应符合条款 3.1～3.5（含条款 3.1 和 3.5）规定的所有要求。不能以预定方式点燃的打火机视为合格。

5.10 内压试验

5.10.1 总则

本试验目的是确定打火机及其密封件是否能安全地承受超常规高内压。

此试验不应包括2.2条款定义的液体打火机。

5.10.2 试验样本

试验样本应是新的、燃料已排空的打火机，且未有机械损伤。

经条款3.1～3.5(含条款3.1和3.5)试验后的打火机，可用于进行内压试验。

5.10.3 仪器设备

能够产生2 MPa内压的任何装置。

5.10.4 步骤

5.10.4.1 在(23±2)℃左右的条件下进行试验。

5.10.4.2 以不超过69 kPa/s的速度给试验样本增加内压，最终达到2倍于制造商建议使用燃料55 ℃时的蒸气压。

5.10.4.3 观察试验过程中是否出现内压迅速降低的现象。

不合格：任何压力突降的现象，均视为不合格。

5.11 循环燃烧试验

5.11.1 总则

本试验目的是确定打火机是否能承受持续燃烧20 s，反复10次，每次间隔5 min试验，并且不影响以后的安全使用。

经条款3.1～3.5(含条款3.1和3.5)试验后的打火机，可用于进行循环燃烧试验。

5.11.2 步骤

5.11.2.1 对于液体打火机与不可调节式气体打火机

5.11.2.1.1 试验时火焰高度设定在其永久设定高度。

5.11.2.1.2 将试验打火机在(23±2)℃温度下稳定至少10 h。

5.11.2.1.3 点燃试验打火机使火焰竖直向上燃烧并持续燃烧20 s。

5.11.2.1.4 将熄灭的打火机放置5 min。

5.11.2.1.5 重复5.11.2.1.3条款和5.11.2.1.4条款试验9次，使试验总数达到10次。

5.11.2.1.6 将试验打火机在(23±2)℃温度下稳定至少10 h。

5.11.2.1.7 能以预定方式点燃的打火机，还应符合条款3.1～3.5(含条款3.1和3.5)规定的所有要求。‖

5.11.2.1.8 不能以预定方式点燃的打火机视为合格。

5.11.2.2 对于可调节式气体打火机

5.11.2.2.1 将火焰高度调至50 mm位置，或当最大火焰高度小于50 mm时，火焰高度设在其最大火焰高度位置。

5.11.2.2.2 将试验打火机在(23±2)℃温度下稳定至少10 h。

5.11.2.2.3 点燃试验打火机使火焰竖直向上并持续燃烧20 s。

5.11.2.2.4 将熄灭的打火机放置5 min。

5.11.2.2.5 重复5.11.2.2.3条款和5.11.2.2.4条款试验9次，使试验总数达到10次。

5.11.2.2.6 将试验打火机在(23±2)℃温度下稳定至少10 h。

5.11.2.2.7 能以预定方式点燃的打火机，还应符合条款3.1～3.5(含条款3.1和3.5)规定的所有要求。‖

5.11.2.2.8 不能以预定方式点燃的打火机视为合格。

5.12 持续燃烧试验

5.12.1 总则

本试验目的是确定打火机是否能承受2 min持续燃烧而不产生危险状况。

经条款3.1～3.5(含条款3.1和3.5)试验后的打火机,可用于进行持续燃烧试验。

5.12.2 仪器

由不可燃材料制成的无风试验室。

5.12.3 步骤

5.12.3.1 对于液体打火机与不可调节式气体打火机:

a) 试验火焰高度设在永久设定高度;

b) 将试验打火机在(23±2)℃温度下应稳定至少10 h;

c) 点燃试验打火机使火焰竖直向上燃烧2 min;

d) 在燃烧过程中观察试验样本。

不合格:燃烧过程中,出现:

——任何部件的持续燃烧;

——阀门部件的脱落;

——燃料箱破裂/破碎,无论有无火焰,均视为不合格。

用于持续燃烧试验的打火机不应再用于任何其他试验。

未能完成此项试验的打火机视为合格。

5.12.3.2 对于可调节式气体打火机:

a) 将火焰高度调至50 mm位置,当最大火焰高度小于50 mm时,火焰高度设在其最大火焰高度位置;

b) 将试验样本在(23±2)℃温度下应稳定至少10 h;

c) 点燃试验打火机使火焰竖直向上燃烧2 min;

d) 在燃烧过程中观察试验样本。

不合格:燃烧过程中,出现:

——任何部件的持续燃烧;

——阀门部件的脱落;

——燃料箱破裂/破碎,无论有无火焰,均视为不合格。

用于持续燃烧试验的打火机不应再用于任何其他试验。

未能完成此项试验的打火机视为合格。

6 使用说明和警告

6.1 总则

所有的打火机均应附有表达正确使用方法的安全信息(如说明或警告,或两者兼有),用文字或用安全符号形式来代替所有存在的文字说明和警告,或者两者同时使用,把正确的使用方法告诉给使用者。

6.2 位置

安全信息应在打火机机体上,或在随产品包装的说明书和手册上,或在销售点销售时的产品外包装上。安全信息的样式应强调最适用于此类打火机的警告。此安全信息应标注在明显位置上,其背景颜色、尺寸、样式应与其他信息有明显区别。

6.3 内容

对于所有打火机,在安全信息处应有特别标记词“**警告**”并应包括下列语句:

——“**远离儿童**”或“**放置于儿童触及不到的地方**”(此语句应突出并有明显区别);

——“点燃打火机时远离脸部及衣物”。

安全信息应按照打火机类型包括下列相应的要点:

a) “内装处于压力下的可燃气体”;

b) “内装可燃液体”;

c) “灌注时，将充灌可燃液体”；

d) “严禁置于超过 50 ℃环境中或在阳光下长时间曝晒”；

e) “严禁刺穿或投入火中”；

f) “确保使用后火焰已熄灭”；

g) “本打火机不能自动熄灭——要关闭罩壳熄火”(所有非自熄式打火机应标记本条)；

h) “可见火焰上方温度极高，务必十分小心，以避免烧伤或火灾”(所有前混式打火机应标记本条)；

i) “持续点燃时间不要超过 10 s”(所有前混式打火机应标记本条)。

6.4 安全符号

如果使用安全符号，它们应符合下列要求：

a) **“警告”**符号：

——背景：白色；

——三角边：黑色或者红色；

——图形符号：与三角边同色；

——这些符号与图 6 描述的应是同一意思；

——符号尺寸应至少为 10 mm。

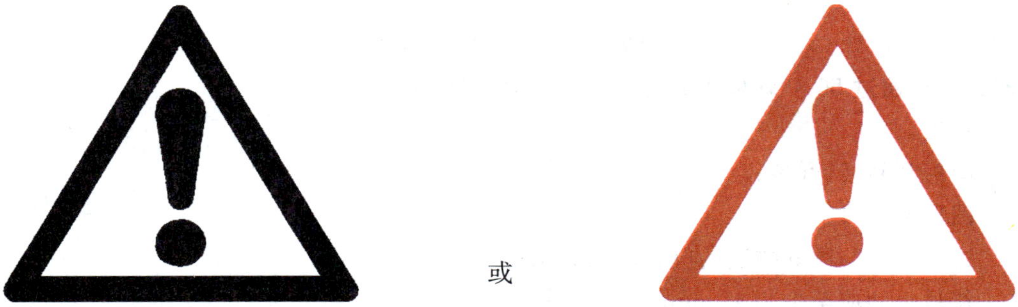

图 6 “警告”符号

b) **“远离儿童”**符号：

——背景：白色；

——圆形和斜线：红色；

——图形符号：黑色；

——这些符号与图 7 描述的应是同一意思；

——符号尺寸应至少为 10 mm。

图 7 “远离儿童”符号

c) **“小心易燃”**符号：

——背景：白色；

——三角边：黑色或者红色；

——图形符号：与三角边同色(黑色或者红色)；

——这些符号与图 8 描述的应是同一意思；

——符号尺寸应至少为 10 mm。

或

图 8 “小心易燃”符号

d) **“严禁置于超过 50 ℃环境中或在阳光下长时间曝晒”**符号：

——背景：白色；

——圆形和斜线：红色；

——图形符号：黑色；

——这些符号与图 9 描述的应是同一意思；

——符号尺寸应至少为 10 mm。

图 9 “严禁置于超过 50 ℃环境中或在阳光下长时间曝晒”符号

6.5 重复充灌说明

6.5.1 总则

可重复充灌打火机应分别按照 6.4.2 或 6.4.3 条款，包含适用和明确的使用说明及警告信息。

6.5.2 液体打火机

对于条款 2.2 所定义的液体打火机，应附有下列使用说明：

a) “仅可充灌……。”(制造商提供的燃液类型)；

b) “缓慢充灌，切勿溢出”；

c) “充灌后，请擦干打火机和手，然后点火”。

（此说明应印在贴附于火机的标签上，或直接印在打火机上。）

6.5.3 气体打火机

可重复充灌气体打火机，应附有正确进行充灌操作的详细书面说明，以确保安全完成充灌操作。这些说明应当包括制造商建议使用的燃料和相应确保重新充灌容器与打火机的燃料箱互相匹配的内容。

7 产品标记

所有打火机上均应有能识别制造商或经销商的永久商标或名称。

附　录　A

（资料性附录）

制造商对条款 3.2.1 和 3.2.2 中的火焰特性的标准极限和附加极限的接收质量限

A.1　成品打火机应符合下列接收质量限(AQL)。接收质量限(AQL)要求火焰高度应在标准极限内，以及在低于此标准极限的一个很小(或附加)极限内。

A.2　接收质量限(AQL)规定了成品介于或超过标准极限的可接收的最大百分比。制造商应确保成品介于或超过此标准极限的最大百分比不超过下面要求：

a)　对于 3.2.1.1 中的不可调节式液体打火机：
　　最大火焰高度超过 120 mm 的接收质量限(AQL),1%；
　　最大火焰高度介于 115 mm～120 mm 的接收质量限(AQL),10%。

b)　对于 3.2.1.2 中的不可调节式后混式和前混式打火机：
　　最大火焰高度超过 50 mm 的接收质量限(AQL),1%；
　　最大火焰高度介于 40 mm～50 mm 之间的接收质量限(AQL),10%。

c)　对于 3.2.2.2 中可调节式后混式打火机：
　　初始火焰高度超过 100 mm 的接收质量限(AQL),1%；
　　初始火焰高度介于 90 mm～100 mm 的接收质量限(AQL),10%。

d)　对于 3.2.2.3 中可调节式后混式打火机：
　　最大火焰高度超过 120 mm 的接收质量限(AQL),1%；
　　最大火焰高度介于 115 mm～120 mm 之间的接收质量限(AQL),10%。

e)　对于 3.2.2.4 中可调节式前混式打火机：
　　初始火焰高度超过 60 mm 的接收质量限(AQL),1%；
　　初始火焰高度介于 50 mm～60 mm 的接收质量限(AQL),10%。

f)　对于 3.2.2.5 中可调节式前混式打火机：
　　最大火焰高度超过 75 mm 的接收质量限(AQL),1%；
　　最大火焰高度介于 65 mm～75 mm 的接收质量限(AQL),10%。

参 考 文 献

为了满足附录A中第A.1章的接收质量限(AQL)要求,可以选用但不局限于下列出版的文件使用的方法。其他一些程式化设计和统计方法,可以由制造商自行采用。

为了分别满足标准极限或附加极限,或者两者,进行检验,应用下列文件:

[1] ISO 2859-1:1999, Sampling procedures for inspection by attributes—Parts 1: Sampling schemes indexed by acceptance quality limit (AQL) for lot-by-lot inspection

为了同时满足标准极限和附加极限进行检验,应用下列文件:

[2] "Trinomial Sampling plans to Match MIL-STD-105D", 1983 ASQC Quality Congress Transaction, ASQC, Milwaukee, USA

其中要记录火焰高度测量值,并且要确定产品稳定的正态分布,需要应用下列文件:

[3] ISO 3951-1:2005, Sampling procedures for inspection by variables—Part 1: Specification for single sampling plans indexed by acceptance quality limit (AQL) for lot-by-lot inspection for a single quality characteristic and a single AQL

其中建立了良好的工艺历史,以及拒收批次当中的不合格品已经被剔除时,使用下面的AQL表:

[4] Sampling Inspection Tables—Single and Double Sampling, Dodge and Romig, J. Wiley and Sons, Inc., New York, NY, USA

ICS 97.180
Y 73

中华人民共和国国家标准

GB 25723—2010/ISO 22702:2003

点火枪 安全与质量

Utility lighters—Safety and quality

(ISO 22702:2003,Utility lighters—General consumer-safety requirements,IDT)

2010-12-23 发布

2011-06-01 实施

中华人民共和国国家质量监督检验检疫总局
中国国家标准化管理委员会 发布

前　　言

本标准的第3章、第4章、第5章、第6章、第7章为强制性的，其余为推荐性的。

本标准等同采用ISO 22702:2003《点火枪　消费安全标准》(英文版)。

本标准纳入了ISO 22702:2003/Amd.1:2008的修正内容，这些修正内容涉及的条款已通过在其外侧页边空白位置的垂直双线(‖)进行了标示。

为便于使用，本标准做了下列编辑性修改：

a)　用“本标准”代替“本国际标准”；

b)　用小数点符号“.”代替小数点符号“,”；

c)　删除国际标准的前言。

本标准的附录A为资料性附录。

本标准由中国轻工业联合会提出。

本标准由全国五金制品标准化技术委员会(SAC/TC 174)归口。

本标准负责起草单位：宁波新海电气股份有限公司；参加起草单位：国家质量监督检验检疫总局危险品中心实验室、浙江大虎打火机有限公司、宁波兴达火机制造有限公司、宁波市打火机行业协会、温州市打火机行业协会、中华人民共和国湖南出入境检验检疫局。

本标准主要起草人：王利兵、黄新华、周大虎、刘刚、李宁涛、孙宁薇、李晶、彭梓。

引　　言

本标准覆盖了通常称作点火枪(也称作烧烤打火机、壁炉打火机、点火棒、气体火柴)的所有能产生火焰的消费品及类似的点火装置。本标准规定了点火枪的一些要求，保证了使用者在正常使用时，或可预见的不当使用情况下合理的安全程度。

点火枪作为产生火焰的工具，与其他火焰源一样，对使用者具有潜在的危害。本标准不能排除所有危害，但试图把对使用者的潜在危害减少到最小程度。

点火枪　安全与质量

警告：本标准并不能指出与该标准应用有关的所有安全问题。因此在使用本标准前，使用者有责任建立合适的安全及健康措施，确定适用的规章限制。

1　范围

本标准覆盖了通常称作点火枪（也称作烧烤打火机、壁炉打火机、点火棒、气体火柴）的所有能产生火焰的消费品，以及类似2.6条款定义的点火装置。

本标准不适用于火柴；也不适用于用以点燃香烟、雪茄和烟斗等产生火焰的产品。

2　术语和定义

下列术语和定义适用于本标准。

2.1

燃烧阀　valve

控制燃料供给和释放的点火枪部件。

2.2

燃烧阀嘴　nozzle

燃料阀释放燃料的顶端。

2.3

火焰高度　flame height

可见火焰顶部到枪管的直线距离。

2.4

跳火　flaring

从稳定状态到不稳定状态的火焰高度变化。

2.5

点火　ignite

操作点火装置及燃料释放系统，使点火枪以预定方式产生火焰。

2.6

点火枪　utility lighter

手持并带有手动操作点火系统的点火装置，在充分伸展状态下，长度大于或等于100 mm，充灌有条款2.9定义的燃料，主要用来点燃下列物品，如蜡烛、燃料壁炉、碳式或气体烧烤炉、露营炉、灯笼、燃气装置或标灯。

2.7

可调节式点火枪　utility lighter，adjustable

一种使用者可通过手动操作方式来调节火焰高度的点火枪。

2.8

一次性点火枪　utility lighter，disposable

一种具有预充灌燃料，且使用者不能进行重复充灌的点火枪。

2.9

燃料　fuel

24 ℃时标准蒸气压超过103 kPa的丁烷、异丁烷、丙烷或其他液态烃或其混合物。

2.10

不可调节式点火枪　utility lighter, non-adjustable

火焰高度由制造商设定且无火焰高度调节装置的点火枪。

2.11

可重复充灌式点火枪　utility lighter, refillable

能从外部重新充灌燃料或者能更换燃料箱的点火枪。

2.12

自熄式点火枪　utility lighter, self-extinguishing

一旦点燃，需要持续外力保持火焰，随着外力终止火焰随即熄灭的点火枪。

2.13

非自熄式点火枪　utility lighter, non-self-extinguishing

点燃后不需要施加持续有效外力来维持火焰，但需要特意的手动操作来熄灭火焰的点火枪。

2.14

枪管　shield

完全或者局部包裹点火枪燃烧阀嘴的结构。

2.15

持续自动点火　sustained self-ignition

由于非人为有意识的点火操作，例如跌落点火枪，导致点火装置被激活，并引起火焰持续燃烧的现象。

2.16

爆火　spitting

溅火　sputtering

非雾化燃料飞溅或液体燃料以小液滴燃烧状态从主火焰中脱离的一种现象。

2.17

燃料箱　fuel reservoir

燃料在释放前的储存装置。

2.18

点火系统　ignition system

通过产生火花将燃料点燃的系统，如压电装置或者电池。

2.19

前混式点火枪　premixing burner utility lighter

燃料和空气在点燃前已混合的点火枪。

2.20

后混式点火枪　postmixing burner utility lighter

燃料和空气在点燃处进行混合的点火枪。

2.21

火焰　flame

燃料燃烧的结果，此过程中能产生热量和在正常或弱光条件下肉眼可以看得到光线。

3　功能要求

3.1　火焰产生

为尽量避免意外点燃和自动点火的可能性，点火枪应用特意的手动操作进行点燃。该操作应至少遵循以下要求中的一项：

a) 使用者需要有效操作才能产生火焰并维持燃烧的系统；

b) 使用者需要两次或多次独立操作才能产生火焰的系统；

c) 产生火焰所需要的作用力应当等于或者大于 15 N 的系统(见图 1 中的试验方式)。

图 1　按 3.1c)描述的测量火焰产生操作力的检测设备的范例

3.2　火焰高度

3.2.1　总则

点火枪最大能达到的火焰高度应通过事先设定或产品设计，或两者兼用的方式进行限制。对于可调节式点火枪，使用者在第一次操作时，初始火焰高度也应受到限制。这些限制要求应符合 7.1 条款的规定。

3.2.2　不可调节后混式点火枪

对于条款 2.10 和条款 2.20 定义的不可调节后混式点火枪，在使用者的手里，按照 7.1 条款试验时，点火枪在竖直向上方向上的最大火焰高度不应超过 100 mm。参见附录 A 中第 A.1 章的接收质量限(AQL)和参考文献中的参考取样数量。

3.2.3　不可调节前混式点火枪

对于条款 2.10 和条款 2.19 定义的不可调节前混式点火枪，在使用者的手里，按照 7.1 条款试验时，点火枪在竖直向上方向上的最大火焰高度不应超过 75 mm。参见附录 A 中第 A.1 章的接收质量限(AQL)和参考文献中的参考取样数量。

3.2.4　可调节后混式点火枪

对于条款 2.7 和条款 2.20 定义的可调节后混式点火枪，当使用者特意调节到制造商的最大火焰高度的设计极限，按照 7.1 条款试验时，点火枪在竖直向上方向上的火焰高度不应超过 150 mm。参见附录 A 中第 A.1 章的接收质量限(AQL)和参考文献中的参考取样数量。

3.2.5　可调节前混式点火枪

对于条款 2.7 和条款 2.19 定义的可调节前混式点火枪，当使用者特意调节到制造商的最大火焰高度的设计极限，按照 7.1 条款试验时，点火枪在竖直向上方向上的火焰高度不应超过 75 mm。参见附录 A 中第 A.1 章的接收质量限(AQL)和参考文献中的参考取样数量。

3.2.6　可调节后混式点火枪(第一次点燃的火焰高度)

对于条款 2.7 和条款 2.20 定义的可调节后混式点火枪，制造商应调节好点火枪火焰高度，使用者第一次点火不改变调节装置位置，按照 7.1 条款试验时，点火枪在竖直向上方向上的火焰高度不应超过 100 mm。参见附录 A 中第 A.1 章的接收质量限(AQL)和参考文献中的参考取样数量。

3.2.7 可调节前混式点火枪(第一次点燃的火焰高度)

对于条款 2.7 和条款 2.19 定义的可调节前混式点火枪,制造商应调节好点火枪火焰高度,使用者第一次点火不改变调节装置位置,按照 7.1 条款试验时,点火枪在竖直向上方向上的火焰高度不应超过 60 mm。参见附录 A 中第 A.1 章的接收质量限(AQL)和参考文献中的参考取样数量。

3.2.8 可调节后混式点火枪(在最低设置的火焰高度)

对于条款 2.7 和条款 2.20 定义的可调节后混式点火枪,当使用者调节到制造商设计的最小火焰高度时,按照 7.1 条款试验时,点火枪在竖直向上方向上能达到的火焰高度不应超过 75 mm。

3.2.9 可调节前混式点火枪(在最低设置的火焰高度)

对于条款 2.7 和条款 2.19 定义的火焰高度可调节前混式点火枪,当使用者调节到制造商设计的最小火焰高度时,按照 7.1 条款试验时,点火枪在竖直向上方向上的火焰高度不应超过 50 mm。

3.3 火焰高度调整

3.3.1 对于 2.7 条款定义的火焰高度可调节式点火枪,在正常使用状态下,使用者应需要特意的动作才能够减少或者增加火焰高度。

3.3.2 如果火焰高度调节装置突出点火枪体表的点火枪,在整个调节范围内,应需要至少 1 N 的力在切线方向上进行调节(见图 2)。

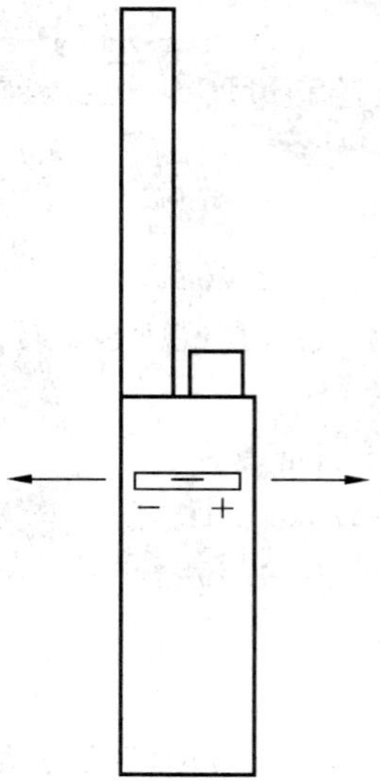

图 2 按 3.3.2 描述的规定施加火焰高度调节作用力的检测设备的范例

3.3.3 对于有与火焰垂直的回转式火焰调节装置的可调节式点火枪,应能完成下列操作:

a) 有火焰调节装置的点火枪固定在火焰竖直向上时,使用者面朝调火装置,左旋调节旋钮应当降低火焰高度;

b) 对于沿平行火焰轴方向火焰调节装置进行火焰调节的可调节式点火枪,应能根据移动方向增减火焰高度;

c) 如果火焰调节装置位于点火枪底部,使用者面朝调火装置,顺时针调节旋钮应当降低火焰高度。

可调节式点火枪应当设有表示降低或增加火焰高度调节装置所需要运动的方向的标记。调节装置的指示方向应永久刻在或印在点火枪上。这些标记应位于点火枪火焰调节装置附近,使用者应清楚看到并理解。

3.4 抗爆火、溅火和跳火

按照 7.2 条款对 2.6 条款定义的点火枪进行试验,在火焰高度设置在最大火焰高度时不应有 2.16 条款定义的爆火、溅火或 2.4 条款定义的跳火。

3.5 火焰熄灭

3.5.1 可调节后混式点火枪

按照7.3条款对可调节后混式点火枪，火焰高度设置在最大位置进行试验，燃烧10 s后，当点火枪以预定方式熄灭时，如释放按钮或压杆，其任何外露火焰应在3 s中完全熄灭。对于有枪管的后混式点火枪，延时燃烧时间允许增加3 s，但期间火焰不应超出枪管。

3.5.2 可调节和不可调节后混式点火枪

按照7.3条款对可调节后混式点火枪，火焰高度设在100 mm位置（或当最大火焰高度小于100 mm时，火焰高度设在其最大火焰高度位置），或永久设定火焰高度的不可调节后混式点火枪进行试验，燃烧20 s后，当点火枪以预定方式熄灭时，如释放按钮或压杆，其任何外露火焰应在3 s中完全熄灭。对于有枪管的后混式点火枪，延时燃烧时间允许增加3 s，但期间火焰不应超出枪管。

3.5.3 可调节和不可调节前混式点火枪

按照7.3条款对可调节前混式点火枪，火焰高度设在75 mm位置（或当最大火焰高度小于75 mm时，火焰高度设在最大火焰高度位置），或永久设定火焰高度前混式点火枪进行试验，燃烧20 s后，当点火枪以预定方式熄灭时，如释放按钮或压杆，其任何外露火焰应在6 s中熄灭。

注：本标准规定的全部延时燃烧时间6 s，将定期重新考虑，随技术进步逐步减少。

3.6 容积排量

按照7.11条款对待发货点火枪进行试验，点火枪燃料的液体部分所占比例不应超过燃料箱总容积的85%。

4 结构整体性要求

4.1 总则

点火枪应具有条款4.2～4.9规定的完整结构。

4.2 抗跌落

4.2.1 按照7.4条款对2.6条款定义的点火枪进行试验，点火枪应承受3次高度为(1.5±0.1)m跌落，不出现燃料箱破裂，不出现2.15条款中定义的持续自动点火，燃料泄漏率不超过15 mg/min以及不影响随后的安全使用。

4.2.2 符合4.2.1条款并能以预定方式点燃的点火枪，还应符合条款3.1～3.5(含条款3.1和3.5)规定的所有要求。

4.2.3 不能以预定方式点燃的点火枪，视为合格。

4.3 抗高温

4.3.1 按照7.5条款进行试验，点火枪应承受4 h的65 ℃温度。

4.3.2 符合4.3.1条款并能以预定方式点燃的点火枪，在(23±2)℃环境下稳定后，还应符合条款3.1～3.5(含条款3.1和3.5)规定的所有要求。

4.4 燃烧行为

4.4.1 火焰高度设在最大火焰高度位置的可调节式点火枪，或者永久设定火焰高度的不可调节式点火枪，应承受下列两个不同位置的10 s燃烧：

a) 火焰竖直向上；

b) 火焰向下倾斜与水平成45°角。

4.4.2 首先对火焰竖直向上燃烧的点火枪进行试验，应不会出现任何引发危险情况的燃烧或部件变形。

4.4.3 符合条款4.4.2并能以预定方式点燃的点火枪，在(23±2)℃环境下稳定5 min后，进行火焰向下倾斜与水平成45°角试验，如图3所示。应不会出现任何引发危险情况的燃烧或部件变形。

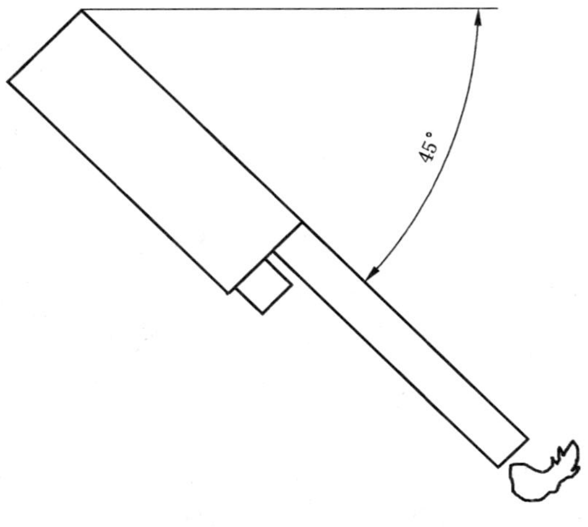

图 3 按 4.4.3 描述的燃烧试验样本的位置

4.5 抗持续燃烧

按照 7.6 条款进行试验，点火枪应承受持续燃烧 2 min，且不应引发危险情况。

4.6 抗循环燃烧

按照 7.7 条款进行试验，点火枪应承受燃烧 20 s，反复 10 次的循环燃烧。

4.7 外观

以预定方式握持或使用点火枪时，点火枪的表面不应有可能致使用者划伤或磨损的尖锐边缘。

4.8 燃料相容性

按照 7.8 条款进行试验，2.6 条款定义的点火枪在与制造商建议使用的燃料长期接触时其部件不应破损变质，以致点火枪不符合本标准或导致气体泄漏率超过 15 mg/min。

4.9 抗内压

按照 7.9 条款进行试验，点火枪燃料箱应承受点火枪制造商建议使用的燃料在 55 ℃时产生的 2 倍蒸气压。

5 重复充灌燃料

5.1 2.11 条款定义的可重复充灌式点火枪，应按照第 6 章包含适用和明确的使用说明及警告信息。

5.2 按照 7.10 条款进行试验时，可重复充灌式点火枪的重复充灌阀应安全可靠，气体泄漏率不超过 15 mg/min。

6 使用说明及警告

6.1 安全信息

6.1.1 总则

所有的点火枪均应附有表达正确使用方法的安全信息（如说明或警告，或两者兼有），用文字或用安全符号形式来代替所有存在的文字说明和警告，或者两者同时使用，把正确的使用方法告诉给使用者。

6.1.2 位置

安全信息应在点火枪枪体上，或在随产品包装的说明书和手册上，或在销售点销售时的产品外包装上。安全信息的样式应强调最适用于此类点火枪的警告。此安全信息应标注在明显位置上，其背景颜色、尺寸、样式应与其他信息有明显区别。

6.1.3 内容

6.1.3.1 对于所有的点火枪，在安全信息处应有特别标记词**“警告”**。

6.1.3.2 对于所有的点火枪，安全信息应包括下列语句：

a) **“远离儿童”**或者**“放置于儿童触及不到的地方”**(此语句应突出并有明显区别)；

b) “点燃点火枪时远离脸部及衣服”；

c) “不要用于点燃香烟、雪茄或者烟斗”。

6.1.3.3 安全信息应按照点火枪类型包括下列相应的要点：

a) “确保使用后火焰已熄灭”；

b) “严禁置于超过 50 ℃环境中或在阳光下长时间曝晒”；

c) “严禁刺穿或投入火中”；

d) “可见火焰上方温度极高，务必十分小心，以避免烧伤或火灾”(前混式点火枪应符合这个要求)；

e) “使用本产品时，遵循烤炉或其他用具制造商提供的所有使用说明和警告”；

f) “持续点燃时间不要超过 30 s”；

g) “充灌后等待 2 min 再使用点火枪”(可重复充灌式点火枪应符合这个要求)；

h) “内装处于压力下的可燃气体”；

i) “灌注时，将充灌可燃液体”。

6.1.4 **安全符号**

如果使用安全符号，它们应符合下列要求：

a) **“警告”**符号：

——背景：白色；

——三角边：黑色或者红色；

——图形符号：与三角边同色；

——这些符号与图 4 描述的应是同一意思；

——符号尺寸应至少为 10 mm。

或

图 4 “警告”符号

b) **“远离儿童”**符号：

——背景：白色；

——圆形和斜线：红色；

——图形符号：黑色；

——这些符号与图 5 描述的应是同一意思；

——符号尺寸应至少为 10 mm。

图 5 “远离儿童”符号

c) **“小心易燃”**符号：

——背景：白色；

——三角边：黑色或者红色；

——图形符号：与三角边同色（黑色或者红色）；

——这些符号与图 6 描述的应是同一意思；

——符号尺寸应至少为 10 mm。

或

图 6 “小心易燃”符号

d) **“严禁置于超过 50 ℃环境中或在阳光下长时间曝晒”**符号：

——背景：白色；

——圆形和斜线：红色；

——图形符号：黑色；

——这些符号与图 7 描述的应是同一意思；

——符号尺寸应至少为 10 mm。

图 7 “严禁置于超过 50 ℃环境中或在阳光下长时间曝晒”符号

6.2 重复充灌说明

2.11条款定义的可重复充灌式点火枪，应附有正确进行充灌操作的详细书面说明，以确保安全完成充灌操作。这些说明应当包括制造商建议使用的燃料和相应确保重新充灌容器与点火枪的燃料箱互相匹配的内容。

7 试验方法

7.1 火焰高度试验

7.1.1 总则

规定此步骤的目的是为了确定点火枪火焰高度的测量方法。

7.1.2 仪器

一个防火板做成的竖直标尺，刻度为5 mm的间隔，标尺底部应设置使点火枪远离标尺25 mm的支架。试验应在不可燃材料制作的无风试验室中进行。

7.1.3 试验样本

试验样本应为充灌有符合制造商规格的燃料的点火枪。

7.1.4 步骤

7.1.4.1 进行点火枪火焰高度试验前，点火枪在(23±2)℃的环境下稳定至少10 h。

7.1.4.2 将点火枪放在标尺的支架上，这样使火苗竖直向上。

7.1.4.3 点燃点火枪，使火焰稳定约1 s，然后在5 s的燃烧过程内测量火苗高度，按最接近点火枪后的防风板的5 mm刻度读数，来确定火焰高度。

注：对于前混式点火枪，建议试验在弱光条件下进行试验。

7.2 爆火、溅火和跳火试验

7.2.1 总则

本试验目的是确定点火枪没有爆火、溅火和跳火。

7.2.2 试验样本

试验样本应为充灌有符合制造商规格的燃料的点火枪。

7.2.3 步骤

7.2.3.1 在进行7.2.3.3试验前，所有点火枪在(23±2)℃的环境下稳定至少10 h。

7.2.3.2 如果点火枪是条款2.7定义的可调节式点火枪，火焰高度设定在其最大火焰高度位置。

7.2.3.3 点燃点火枪，在以下3个位置燃烧12 s过程中，观察2.16条款定义的爆火、溅火：

a) 火焰水平方向燃烧4 s；

b) 火焰向下倾斜与水平成45°角方向燃烧4 s；

c) 火焰竖直向上方向燃烧4 s。

7.2.3.4 随后点燃点火枪，使火焰竖直向上，观察火焰高度，旋转点火枪，使点火枪向下倾斜与水平成45°角。在总的10 s时间内，火焰高度变化超过50 mm或火焰高度超过条款3.2规定的最大值，视为不合格；如果点火枪合格，在进行7.2.3.5试验前，样品在(23±2)℃的环境下稳定至少5 min。

7.2.3.5 按照图8测量火焰高度(L_1+L_2)。

注：如果用不同的点火枪来进行条款7.2.3.3、7.2.3.4、7.2.3.5所述的试验，试验前点火枪根据条款7.2.3.1进行稳定。

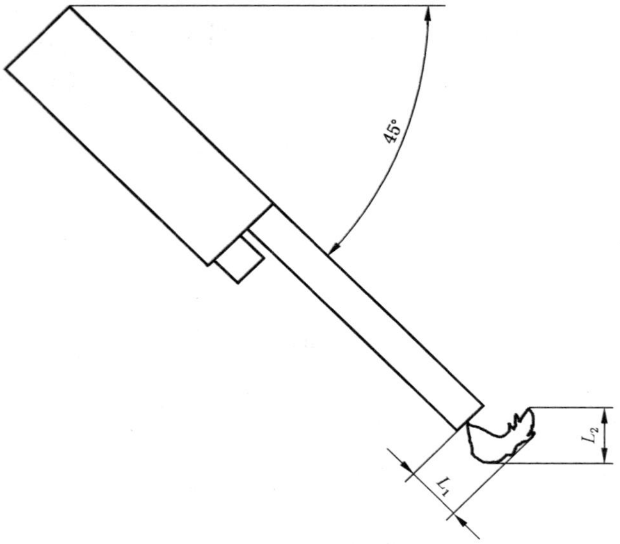

图 8　在 7.2.3.5 描述的火焰不稳定试验中测量火焰高度

7.2.3.6　倒置点火枪 10 s，旋转点火枪至火焰竖直向上位置，立即点燃点火枪，观察燃烧 10 s 内的火焰高度。任何火焰高度变化超过 50 mm 或火焰高度超过条款 3.2 规定的最大值，视为不合格。

7.3　熄火试验

7.3.1　总则

本试验目的是为了确定点火枪火焰能否安全熄灭。

7.3.2　试验样本

试验样本应为充灌有符合制造商规格的燃料的点火枪。

7.3.3　仪器

如条款 7.1.2 所描述的试验火焰高度方法同样的仪器。

7.3.4　步骤

7.3.4.1　试验样本在(23±2)℃的环境下稳定至少 10 h。

注：建议在弱光条件下试验。

7.3.4.2　将点火枪放在标尺的支架上，这样使火焰竖直向上。点燃并按照条款 3.5.1、3.5.2 和 3.5.3 的要求调节火焰高度。熄灭火焰，让点火枪至少冷却 1 min。然后点火枪向下与水平线成 45°角，点燃并按条款 3.5.1、3.5.2 和 3.5.3 的要求的总时间燃烧，以正常方式熄灭火焰，测量并记录任何熄灭动作后的燃烧时间。如果延迟燃烧时间超过了条款 3.5.1、3.5.2 和 3.5.3 规定的总时间，视为不合格。

7.3.4.3　如果同一点火枪需要重复进行熄火试验，试验样本在(23±2)℃的环境下重新稳定至少 10 h。

7.4　跌落试验

7.4.1　总则

本试验目的是为了确定如果把点火枪掉到坚硬的表面是否会导致燃料箱破裂、持续自动点火以及漏气率超过 15 mg/min 并影响随后的安全使用。

7.4.2　重要意义

跌落测试提供的信息，显示点火枪是否具备安全承受在使用过程中有可能发生跌落的能力。

7.4.3　仪器

7.4.3.1　混凝土表面。

7.4.3.2　测高仪器，标有高度 1.5 m。

7.4.3.3　精度为 0.1 mg 的天平。

7.4.4 试验样本

7.4.4.1 总则

试验样本应为新的、完整的、正常充灌燃料的点火枪，且在开始前没有机械损伤。经条款 3.1～3.5（含条款 3.1 和 3.5）试验后的点火枪，可用于跌落试验。

7.4.4.2 样本 1

点火枪置于温度为(23±2)℃的环境中应至少稳定 10 h，对于可调节式点火枪，火焰高度设在其允许的最大火焰高度位置。

7.4.4.3 样本 2

点火枪置于(−10±2)℃的环境中保持 24 h，然后在温度为(23±2)℃的环境中稳定至少 10 h。对于可调节式点火枪，火焰高度设在 75 mm 位置或最大火焰高度位置。

7.4.5 步骤

7.4.5.1 让每个试验样本从(1.5±0.1)m 高处自由跌落至混凝土地表面，三次跌落试验样本初始姿态为：燃烧阀嘴竖直向上，燃烧阀嘴竖直向下，燃烧阀嘴水平。

7.4.5.2 观察每个试验样本在跌落时是否存在使附近任何人产生危险的燃料箱破裂或持续自动点火，有任何一种现象应为不合格。

7.4.5.3 三次跌落后的 5 min 内，用天平称量来确定点火枪气体泄漏率是否超过 15 mg/min。气体泄漏率超过 15 mg/min 为不合格。

7.4.5.4 符合条款 7.4.5.1 和 7.4.5.3 的点火枪，能以预定方式点燃的点火枪，还应符合条款 3.1～3.5（含条款 3.1 和 3.5）规定的所有要求。

7.4.5.5 不能以预定方式点燃的点火枪视为合格。

7.5 高温试验

7.5.1 总则

本试验目的是确定燃料箱包括密封件是否能承受高温。

7.5.2 意义

高温试验的信息，显示燃料箱包括密封件是否具备，避免燃料箱破裂，气体泄漏率超过 15 mg/min 及影响随后点火枪安全的能力。高温试验后点火枪液体燃料为空视为不合格。

7.5.3 仪器

7.5.3.1 控温箱，设有防止气体集聚的出气孔，温度能保持在(65±2)℃。

7.5.3.2 精度为±2 ℃的测温仪。

7.5.3.3 天平，精度为 0.1 mg。

7.5.4 试验样本

试验样本应为新的、完整的、正常充灌燃料的点火枪，且在开始前没有机械损伤。经条款 3.1～3.5（含条款 3.1 和 3.5）试验后的点火枪，可用于高温试验。

7.5.5 步骤

7.5.5.1 控温箱温度稳定在(65±2)℃。

7.5.5.2 点燃每个试验样本，确认点火枪燃料非空，然后熄灭。

7.5.5.3 将试验样本放在控温箱中 4 h。

7.5.5.4 4 h 后，取出试验样本将它放在(23±2)℃的环境中稳定至少 10 h。

7.5.5.5 在温度稳定后，1 min 后称量确定气体泄漏率是否超过 15 mg/min。气体泄漏率超过 15 mg/min 视为不合格。

7.5.5.6 如果燃料箱是部分或者全部透明的，透过燃料箱观察液体燃料剩余量。若未见液体燃料剩余视为不合格。

7.5.5.7 如果燃料箱是不透明的，尝试点燃点火枪。如果以预定方式点燃，继续进行条款 7.5.5.8 的

试验;如果不能点燃:

a) 使用精度为0.1 mg的天平称量点火枪;

b) 打开燃料箱(按压密封机构,或开启一次性点火枪燃烧阀,或开启可重复充灌式点火枪的注气阀);

c) 连同所有部件再次称量点火枪。

如果质量在±10 mg范围无变化,点火枪是空点火枪,视为不合格。

7.5.5.8 能以预定方式点燃的点火枪,还应符合条款3.1～3.5(含条款3.1和3.5)规定的所有要求。

7.5.5.9 不能以预定方式点燃且有燃料的点火枪视为合格。

7.6 持续燃烧试验

7.6.1 总则

本试验的目的是确定点火枪是否能持续燃烧2 min,且不造成任何部件的持续燃烧,或者无论有无火焰的燃料箱破裂。

7.6.2 试验样本

试验样本应为新的、完整的、正常充灌燃料的点火枪,且在开始前没有机械损伤。经条款3.1～3.5(含条款3.1和3.5)试验后的点火枪,可用于持续燃烧试验。

7.6.3 仪器

由不可燃材料制成的无风试验室。

7.6.4 步骤

7.6.4.1 可调节式后混合点火枪,火焰高度设在75 mm(或其最大火焰高度小于75 mm时,火焰高度设在其最大火焰高度位置),或可调节式前混式点火枪,火焰高度设在60 mm(或其最大火焰高度小于60 mm时,火焰高度设在其最大火焰高度位置),或永久设定火焰高度的不可调节式点火枪。

7.6.4.2 点火枪在(23±2)℃的环境温度下稳定至少10 h。

7.6.4.3 每个点火枪在枪管端向下与水平45°角方向持续燃烧2 min。

7.6.4.4 在2 min的持续燃烧过程中,任何时间中出现7.6.1定义的现象视为不合格。

7.6.4.5 用于持续燃烧试验的点火枪,不应在用于本标准中的任何其他试验。

7.7 循环燃烧试验

7.7.1 总则

本试验目的是确定点火枪是否能承受持续燃烧20 s,反复10次,每次间隔5 min的循环燃烧。

7.7.2 重要意义

确定点火枪进行循环燃烧试验后是否会影响随后安全使用。

7.7.3 试验样本

试验样本必须是新的、完整的、正常充灌燃料的点火枪,且在开始前没有机械损伤。经条款3.1～3.5(含条款3.1和3.5)试验后的点火枪,也可用于循环燃烧试验。

7.7.4 步骤

7.7.4.1 可调节式后混合点火枪,火焰高度设在75 mm位置(或最大火焰高度小于75 mm时,火焰高度设在最大火焰高度位置),或可调节式前混式点火枪,火焰高度设在60 mm位置(或最大火焰高度小于60 mm时,火焰高度设在其最大火焰高度位置),或者永久设定火焰高度的不可调节式点火枪。

7.7.4.2 点火枪在(23±2)℃的环境温度下稳定至少10 h。

7.7.4.3 旋转点火枪,使枪管向下与水平成45°角方向,点燃并燃烧20 s。

7.7.4.4 允许将火焰熄灭的点火枪放置5 min。

7.7.4.5 重复进行条款7.7.4.3和7.7.4.4过程9次,使总数达到10次。

7.7.4.6 将试验样本在(23±2)℃的环境温度中至少 10 h。

7.7.4.7 能以预定方式点燃的点火枪,还应符合条款 3.1～3.5(含条款 3.1 和 3.5)规定的所有要求。‖

7.7.4.8 不能以预定方式点燃的点火枪视为合格。

7.8 燃料相容性试验

7.8.1 总则

本试验目的是确定点火枪部件与制造商建议使用燃料接触,否则会引起任何形式的部件损坏或导致空燃料或燃料泄漏率超过 15 mg/min。

7.8.2 试验样本

试验样本必须是新的、完整的、正常充灌燃料的点火枪,且在开始前没有机械损伤。经条款 3.1～3.5(含条款 3.1 和 3.5)试验后的点火枪,可用于燃料相容性试验。

7.8.3 仪器

7.8.3.1 设有防止气体或蒸气聚集的出气孔的控温箱,温度能保持在(40±2)℃。

7.8.3.2 35 ℃～45 ℃温度之间,精度为±1 ℃的测温器。

7.8.3.3 精度为 0.1 mg 的天平。

7.8.4 步骤

7.8.4.1 控温箱温度稳定在(40±2)℃。

7.8.4.2 点燃每个试验样本,确认点火枪仍有燃料,然后熄灭。

7.8.4.3 将试验样本放在控温箱 28 d。

7.8.4.4 取出试验样本,试验样本在(23±2)℃的环境下稳定至少 10 h。

7.8.4.5 在温度稳定后,1 min 后称量确定气体泄漏率是否超过 15 mg/min。气体泄漏率超过 15 mg/min 视为不合格。

7.8.4.6 如果燃料箱是部分或者全部透明的,透过燃料箱观察燃料剩余量。若未见燃料剩余视为不合格。

7.8.4.7 如果燃料箱是不透明的,尝试点燃点火枪。如果以预定方式点燃,继续进行条款 7.8.4.8、7.8.4.9的试验;如果不能点燃:

a) 使用精度为 0.1 mg 的天平称量点火枪;

b) 打开燃料箱(按压密封机构,或开启一次性点火枪燃烧阀,或开启可重复充灌式点火枪的注气阀);

c) 连同所有部件再次称量点火枪。

如果质量在(±10 mg)范围无变化,点火枪是空点火枪,视为不合格。

7.8.4.8 能以预定方式点燃的点火枪,还应符合条款 3.1～3.5(含条款 3.1 和 3.5)规定的所有要求。‖

7.8.4.9 不能以预定方式点燃且有燃料的点火枪视为合格。

7.9 内压试验

7.9.1 总则

本试验目的是确定点火枪及其密封件是否能安全地承受超常规高内压。

7.9.2 重要意义

内压试验的信息,显示点火枪及其密封件承受内部 2 倍于燃料在 55 ℃时蒸气压的能力。

7.9.3 仪器

能够产生 3 MPa 内压的设备。

7.9.4 试验样本

试验样本必须是新的、完整的、正常充灌燃料的点火枪,且在开始前没有机械损伤。经条款 3.1～

3.5(含条款3.1和3.5)试验后的点火枪,可用于内压试验。

7.9.5 **步骤**

7.9.5.1 在环境温度为(23±2)℃下进行试验。

7.9.5.2 以不超过69 kPa/s的速度给试验样本增加内压,最终达到2倍于制造商建议使用燃料55 ℃时的蒸气压。

7.9.5.3 如果试验过程中,没有任何压力迅速降低的现象,该点火枪燃料箱及其密封件视为合格。

7.10 **重复充灌试验**

7.10.1 **总则**

本试验目的是确保可重复充灌式点火枪的充灌阀不发生危险泄漏。

7.10.2 **步骤**

排空点火枪燃料,按照制造商建议使用的燃料和方法来重复充灌可重复充灌式点火枪,通过天平称量点火枪,来确定点火枪的气体泄漏率是否超过15 mg/min。气体泄漏率超过15 mg/min视为不合格。

7.11 **燃料容积排量试验**

7.11.1 **总则**

本试验目的是确定燃料液体部分的排量相对于燃料箱容量的体积比。

7.11.2 **仪器**

精度为0.1 mg的天平。

7.11.3 **试验样本**

试验样本应由待发货点火枪组成。

7.11.4 **试验步骤**

7.11.4.1 所有试验样本在(23±2)℃的环境温度下至少放置10 h。

7.11.4.2 称量未使用过的点火枪或燃料箱质量,然后排空燃料,30 min后重新称量排空后的点火枪或燃料箱质量,以确定燃料质量。

7.11.4.3 使用(23±2)℃下的燃料密度,按照如下公式计算燃料液体部分的体积(V_1),单位为立方厘米。

$$V_1 = \frac{m_f}{\rho_f}$$

式中:

m_f——燃料质量,单位为克(g);

ρ_f——(23±2)℃下的燃料密度,单位为克每立方厘米(g/cm³)。

7.11.4.4 如果已知燃料型号和成分,则使用该燃料的密度;如果不知道,则燃料密度选用0.54 g/cm³。

7.11.4.5 在燃料箱上钻一直径不超过6 mm的孔,然后称量点火枪或燃料箱。

7.11.4.6 采用注射器或其他工具,在(23±2)℃时用蒸馏水填充燃料箱,确保燃料箱内无气泡。

7.11.4.7 根据点火枪及其燃料箱的出厂设计(尺寸、形状与壁厚),视需要在燃料箱上钻排气孔,使填充过程易排出空气。如使用排气孔,应在填充和钻孔后称量点火枪或燃料箱。

7.11.4.8 称量灌水点火枪。

7.11.4.9 用灌水点火枪或燃料箱的质量减去空点火枪或燃料箱的质量,或者称量填充点火枪或燃料箱所需水的质量,或采用其他方便方法来确定水的质量。

7.11.4.10 按照如下公式计算燃料箱的体积(V_0),单位为立方厘米。

$$V_0 = \frac{m_w}{\rho_w}$$

式中：

m_w——水的质量，单位为克(g)；

ρ_w——(23±2)℃时水的密度，单位为克每立方厘米(g/cm^3)。

7.11.4.11 V_1/V_0 超过 0.85 的点火枪，视为不合格。

8 产品标记

所有点火枪上均应有能识别制造商或经销商的永久商标或名称。

附 录 A
（资料性附录）
制造商对条款 3.2.2～3.2.7 中的火焰特性的标准极限和附加极限的接收质量限（AQL）

A.1 成品点火枪应符合下列接收质量限（AQL）。这些接收质量限（AQL）要求火焰高度应该在标准极限内，以及在低于此标准极限的一个很小（或附加）极限内。

A.2 为此目的，接收质量限（AQL）是指规定了成品介于或超过标准极限的可接收最大百分比。制造商应确保成品介于或超过此标准极限的最大百分比不超过第 A.3 章～第 A.8 章的规定。

A.3 对于 3.2.2 中所述的不可调节后混式点火枪：

最大火焰高度大于 100 mm 的接收质量限（AQL）是 1%；

最大火焰高度介于 90 mm～100 mm 之间接收质量限（AQL）是 10%。

A.4 对于 3.2.3 中所述的不可调节前混式点火枪：

最大火焰高度大于 75 mm 的接收质量限（AQL）是 1%；

最大火焰高度介于 60 mm～75 mm 之间接收质量限（AQL）是 10%。

A.5 对于 3.2.4 中所述的可调节后混式点火枪：

最大火焰高度大于 150 mm 的接收质量限（AQL）是 1%；

最大火焰高度介于 125 mm～150 mm 之间接收质量限（AQL）是 10%。

A.6 对于 3.2.5 中所述的可调节前混式点火枪：

最大火焰高度大于 75 mm 的接收质量限（AQL）是 1%；

最大火焰高度介于 60 mm～75 mm 之间接收质量限（AQL）是 10%。

A.7 对于 3.2.6 中所述的可调节后混式点火枪：

最大火焰高度大于 100 mm 的接收质量限（AQL）是 1%；

最大火焰高度介于 90 mm～100 mm 之间接收质量限（AQL）是 10%。

A.8 对于 3.2.7 中所述的可调节前混式点火枪：

最大火焰高度大于 60 mm 的接收质量限（AQL）是 1%；

最大火焰高度介于 50 mm～60 mm 之间接收质量限（AQL）是 10%。

参 考 文 献

为了满足附录A中第A.1章的接收质量限(AQL)要求,可以选用但不局限于下列出版的文件使用的方法。其他一些程式化设计和统计方法,可以由制造商自行采用。

为了同时满足标准极限和附加极限进行检验,应用下列文件:

[1] "Trinomial Sampling plans to Match MIL-STD-105D", 1983 ASQC Quality Congress Transaction, ASQC, Milwaukee, USA

为了分别满足标准极限或附加极限,或者两者,进行检验,应用下列文件:

[2] ISO 2859-1:1999, Sampling procedures for inspection by attributes—Parts 1: Sampling schemes indexed by acceptance quality limit (AQL) for lot-by-lot inspection

其中建立了良好的工艺历史,以及拒收批次当中的不合格品已经被剔除时,使用下面的AQL表:

[3] Sampling Inspection Tables—Single and Double Sampling, Dodge and Romig, J. Wiley and Sons, Inc., New York, NY, USA

其中要记录火焰高度测量值,并且要确定产品稳定的正态分布,需要应用下列文件:

[4] ISO 3951-1:2005, Sampling procedures for inspection by variables—Part 1: Specification for single sampling plans indexed by acceptance quality limit (AQL) for lot-by-lot inspection for a single quality characteristic and a single AQL

为了控制方式和产品正态分布,需要应用下列文件:

[5] Manual on Presentation of Data and Control Chart Analysis, ASTM STP 15D, ASTM, 1976
[6] Glossary and Table for Statistical Quality Control, American Society for Quality Control